レベルアップ・シリーズ

地デジ受信機のしくみ

アナログから大きく変わる
放送方式を理解しよう

川口 英/辰巳 博章 共著

ISDB-T

CQ出版社

まえがき

　日本で最初の地上デジタル放送（地デジ）が三大都市圏で開始されてから6年余りがたち，受信エリアもほぼ全国に拡大されて，多くの人が毎日の暮らしの中で地デジに接するようになりました．ハイビジョンの液晶テレビやプラズマ・テレビ，2006年に移動受信向けのワンセグ放送が開始されてから爆発的に普及したワンセグ携帯，カーナビなど，受信機の種類もさまざまであり，屋内から屋外まで地デジ受信の場は広がっています．

　すっかり身近になった地デジ受信機ですが，その動作のしくみを知ろうとすると，意外に苦労することになります．地デジの送信システムの概要や主要技術については，多くの書籍や雑誌において解説されており，また規格の詳細についてはARIB（社団法人 電波産業会）の標準規格で知ることができますが，受信機の動作について具体的に説明した資料は多くありません．

　アナログ・テレビの全盛時代には，受信機のしくみを詳しく解説した技術書があり，放送技術者やテレビ受信機の修理技術者は，それを学ぶことが必須となっていました．ところが，地デジになって受信機の技術が非常に高度化，複雑化するとともに，構成の大部分を占めるデジタル信号処理回路が高集積なICで実現されているため，実際の回路上の信号を追いながら動作を学ぶことは不可能になってしまいました．さらに，受信機の受信性能を向上させるための技術には，半導体メーカなどがそれぞれ独自に研究開発した内容も多く，それらの大部分は詳しく公開されていません．こういったことが，地デジ受信機のしくみを理解しにくくしています．

　しかし，地デジ受信機のしくみを知ることは，地デジの技術の本質を知ることに繋がります．地デジを受信するためには，単に送信側と逆の信号処理を行うだけではなく，あらゆる受信条件に適応するために受信機特有の技術が必要であり，それらの技術が地デジの特徴や問題点を示しているからです．本書は，地デジ受信機の動作の概要を信号処理のブロックごとに，なるべく図を交えて分かりやすく示しました．また，あわせて受信状態の評価に関する測定技術にも触れています．地デジの受信機と放送システムの理解に少しでも役立てていただければ幸いです．

2010年4月　川口　英

テレビジョン放送は大きな節目を迎えつつあります．1953年に開始されたアナログ・テレビ放送は，2011年7月24日をもって約60年の歴史に幕を閉じます．

　2000年に開始されたBSデジタル放送に続き，地上デジタル放送（地デジ）も2003年より開始され，私たちの視聴環境は大きく変わりつつあります．アナログ放送と比較して圧倒的な高品質，高機能化を実現したデジタル放送は，放送事業者や機器メーカにとっても，視聴者にとっても，大きな利益をもたらす革命的な変化ということができます．

　アナログ方式と地デジ方式の決定的な違いとして，規格そのものが大変懐の深い作りになっている点が挙げられます．アナログ放送には，機能的に拡張できる余地はほとんど残されていませんが，地デジ方式は，運用面の制限事項を解けば，より多彩なサービスを提供できるよう考慮されており，将来的な拡張にもじゅうぶん対応可能な作りになっています．現在（2010年）の運用状態は，いわば150 km/hで走行できるよう作られた高速道路を，90 km/hで走行しているような状態といっても良いでしょう．

　半面，アナログ放送の方式とは比較にならないほど高度かつ難解な方式であるため，採用されている技術やそのしくみを理解することは簡単ではありません．関連する規格はアナログ放送とは比べものにならないほど多岐に及びます．加えて，著作権保護に関する技術など，一般には開示されない規格も盛り込まれているため，もはや個人で受信回路を自作することは不可能な領域にまで達してしまっています．とは言え，これからは地デジがメディアの主役の座につくことは明白です．その特徴やしくみを正しく理解し活用できる技術者の存在は，今後ますます重要度を増していくことでしょう．

　本書では，一般的な地デジ受信機をモデルとして，電波の入り口から画音の表示までの原理やしくみを，ひととおり理解できるような構成になっています．業務として本格的に取り組んでいく方々や，さらに詳しく掘り下げたいという方々には，本書を足がかりとして，各分野の専門書や規格書の理解にも取り組んでいただければと思います．

　著者の一人として，本書が地デジに取り組む方々の理解の一助になることを切に願います．

2010年4月　辰巳博章

目　次

地デジ受信機のしくみ

まえがき ───────────────────────────── 3

Introduction　デジタル放送の歴史とデジタル化のメリット
テレビ放送のデジタル化 ───────────────── 13

- 1　デジタル放送の歴史 ─────────────────── 13
- 2　放送をデジタル化することのメリット ─────────── 16

第1章　放送波の波形比較とOFDMの概説
アナログ放送とデジタル放送の違い ─────── 19

- 1-1　地上波のテレビ電波を観測してみる ─────────── 19
- 1-2　アナログ放送の波形 ───────────────── 20
  - 放送波の振幅そのものが画像の明暗を表す　20
  - ビデオ信号に色の情報を盛り込む　21
  - 残留側波帯方式による電波の有効利用　21
  - 音声は周波数変調で伝送　23
  - アナログ放送のチャネル周波数　23
- 1-3　地デジの波形 ──────────────────── 24
  - ノイズのように見える地デジの放送波　24
  - 周波数スペクトラムを見ると帯域内でフラット　24
  - マルチ・キャリアのOFDM方式が使われている　24
  - スペアナで1本1本のキャリアは見えるか？　27
- 1-4　アナログ放送と地デジの受信機 ───────────── 29
- 1-5　アナログ放送と地デジの受信レベル ─────────── 30
  - 地デジは総電力を測る　30
  - 電界強度とは　31

第2章　放送の仕様と受信機の構成，実機の内部
地デジ受信機の概要 ─────────────────── 33

- 2-1　地デジの仕様と受信機の概要 ────────────── 33
  - 地デジの標準規格　33
  - 受信機のしくみ　37
- 2-2　実際の受信機の内部はどうなっている？ ────────── 38
  - 簡易型チューナはシンプルな構造　38

高級機と変わらない受信回路 **38**
　　　Column　受信機とチューナ，ワンセグとフルセグ **35**

RFアンプ，RFフィルタ，AGC，ミキサ，局部発振，IFフィルタで構成された
第3章　RFフロントエンドのしくみ ——————— 41

3-1　地デジを支えるアナログ技術 ——————— 41
3-2　RFアンプ ——————————————— 42
　　　アンテナが捕えた放送波を十分に増幅する **42**
　　　大入力でもひずまないようにするAGC **43**
　　　不要な信号を取り除くRFフィルタ **43**
3-3　局部発振器と周波数変換 ————————— 45
　　　高性能が求められる局部発振器 **45**
　　　実際の局部発振器を比較する **46**
3-4　IFアンプ ——————————————— 47
　　　IF信号を一定の電圧まで増幅 **47**
　　　受信チャネルの信号だけを抜き出す **47**
3-5　実際のフロントエンド・モジュールの内部 ——— 49
3-6　シリコン・チューナ ——————————— 50
　　　地デジ受信機におけるシリコン・チューナの現状 **50**
　　　ワンセグ受信用のシリコン・チューナ **54**
3-7　ケーブル・テレビにおける地デジの再送信 ——— 56
　　　パス・スルー方式 **56**
　　　トランス・モジュレーション方式 **58**
3-8　FTTHによる地デジの再送信 ——————— 58
　　　RF伝送方式 **58**
　　　IP伝送方式 **58**

ガード・インターバル，シンボル同期，周波数同期，周波数特性/位相誤差の補正…
第4章　OFDM復調技術の詳細 ——————— 59

4-1　OFDM変復調の基礎知識 ————————— 59
　　　セグメント方式による階層伝送 **59**
　　　OFDMの変復調は離散フーリエ変換そのもの **59**
　　　地デジの必殺技　ガード・インターバル **63**
4-2　OFDM復調の技術 ——————————— 65
　　　「変調の逆」だけでは受信できない **65**
　　　シンボル同期とキャリア周波数同期 **65**
　　　振幅や位相を補正してコンスタレーションを整える **68**
　　　キャリアのインターリーブを戻す **68**
　　　半導体メーカのノウハウが詰まった復調IC **70**

4-3 ダイバーシティ受信 — 71
- 地デジのダイバーシティ受信機 71
- ワンセグ携帯のダイバーシティ受信 74

4-4 ガード・インターバルの効果を確かめる — 74
- アナログ放送との比較 74
- ガード・インターバルの効果は絶大 76
- 受信機のバスタブ特性 78

Appendix 4-A コンステレーション — 80
- デジタル変調の品質が分かる 80
- コンステレーションとMER 80

Appendix 4-B 遅延プロファイル — 82
- 受信画像ではわからないマルチパスが見える 82
- 遅延プロファイルの測定原理 83
- 遅延プロファイル測定の必要性 83

Appendix 4-C TMCCとパイロット・キャリア — 84
- TMCC 84
- AC 85
- SPとCP 87
- TMCCとAC, SP, CPの配置(モード3 セグメント0の例) 87

第5章 デインターリーブと誤り訂正 — 89
誤り訂正符号化の概要と誤り訂正の効果を実験

5-1 誤りを訂正して送信側と同じMPEG-2 TSを復元する — 89
- ビット・デインターリーブ 90
- ビタビ復号法による畳み込み符号の復号 90
- TSのフレーム構成を再現する 93
- RS(リード・ソロモン)復号 94
- バイト・デインターリーブ 96
- エネルギー逆拡散 96

5-2 誤り訂正の効果を実験で確かめる — 97
- 使用機器と実験の方法 97
- 誤り訂正なしでは全く成り立たないデジタル放送 98

Column 二重符号化 95

Appendix 5-A ビット・エラー・レートBERとは — 101
- 受信画像と直接結びついた評価値 101
- BERの測定方法 101

第6章 地デジの受信評価と受信障害 ─ 105
地デジの受信状態の評価方法，地デジ特有の受信障害

6-1 地デジの受信状態を評価する方法 ─ 105
受信マージン **105**
受信マージンの測定方法 **106**
*C/N*と*MER*の関係 **110**
市販受信機のレベル表示機能 **111**

6-2 地デジの受信障害 ─ 112
電界強度の低下 **112**
マルチパスによる受信障害 **113**
SFNによる受信障害 **113**
Column SFN **115**

第7章 MPEG-2システム ─ 117
システム概要とパケット化，多重化，MPEG-2TSの分離方法

7-1 MPEG-2システムの概要 ─ 117
7-2 日本のデジタル放送の標準規格と運用規定 ─ 118
7-3 時分割多重でデータを多重化 ─ 119
7-4 PESとセクション ─ 121
PES(Packetized Elementary Stream) **121**
セクション **123**
7-5 TSパケットの構造 ─ 125
7-6 PSIによって多重化の構成が分かる ─ 128
7-7 PIDとPSIの種類 ─ 128
7-8 基準信号の同期と時間情報 ─ 133
7-9 MPEG-2 TSの解析手順 ─ 134
7-10 テーブル情報のテレビ画面での利用例 ─ 139

Appendix 7-A 階層変調と放送TS ─ 142
階層変調 **142**
ワンセグ受信機の部分受信 **144**
放送TSと試験装置 **145**
7-B 周波数スキャンのしくみ ─ 147
周波数スキャンの動作フロー **147**
7-C MPEG-2システムの規格と実際の運用 ─ 151
DVB(Digital Video Broadcasting) **151**
ARIB(Association of Radio Industries and Businesses)社団法人電波産業会 **152**
ATSC(Advanced Television Systems Committee) **153**

第8章 動画圧縮と音声圧縮の概要 — 映像と音声の圧縮のしくみ —————— 155

8-1 MPEG-2ビデオと動画圧縮の原理 ————————— 156
動画圧縮はデジタル化に必須　156
可逆圧縮と非可逆圧縮　157
MPEG-2ビデオの概要　157
MPEG-2ビデオ・ストリームのデータ構造　163

8-2 高効率の動画圧縮を目指したH.264方式 ————————— 165
ワンセグで採用されたH.264とは　165
ワンセグでのプロファイルとレベル　166

8-3 音声圧縮の方式と原理 ————————— 167
放送方式によって異なる音声圧縮方式　167
音声圧縮の原理　168
MPEG-2 AACの概要　169
地デジの音声フォーマット　170

第9章 映像・音声のフォーマットと出力端子 — 映像・音声の仕様と出力端子の詳細 —————— 171

9-1 地デジの映像・音声フォーマット ————————— 171
映像フォーマット　171
映像の表示形式変換　173
音声モード　175
音声のダウン・ミックス　175

9-2 地デジ受信機の映像・音声出力端子 ————————— 176
アナログAV端子　176
S端子　177
コンポーネント端子　178
D端子　178
HDMI端子　180
i.Link　182
光デジタル音声端子　184

9-3 表示器のための映像信号処理 ————————— 184
映像フォーマット変換　185
フレーム補間　185
ズーム/映像合成　185
画質補正　185
タイミング・コントローラ　185

Appendix **9-A 無料スクランブルとコピー制御** ──────── 186
    無料スクランブル 186
    スクランブルの基本原理 187
    コピー制御 188

ワンセグ,データ放送,電子番組表,マルチビューTV…

第10章 地デジならではの新しいサービス ──────── 191

10-1 ワンセグ放送 ──────── 191
    ワンセグ放送の正式名称は部分受信 192
    ワンセグのベースバンド部の仕様 193
    定義上はテレビ放送ではないワンセグ 193
    ワンセグ応用の新しいサービス 194

10-2 データ放送 ──────── 194
    字幕もデータ放送 195
    データ放送の機能を利用したエンジニアリング・サービス 195
    データ放送のコンテンツ記述 196
    データ放送の多重化と伝送方式 197

10-3 地デジのEPGサービス ──────── 200
    EIT（Event Information Table）によるEPG提供 200
    もう一つの番組表となるGガイド 201
    EPGの更新方法 201

10-4 地デジならではの多彩な運用形態 ──────── 202
    イベント共有 202
    マルチ編成 202
    まだら放送 202
    マルチビュー・テレビ（MVTV） 203
    イベント・リレー 205
    臨時サービス 206
  Column チャネルと番組に関する余談 207

アナログ放送終了後の電波利用とマルチメディア放送

第11章 デジタル放送の未来 ──────── 209

11-1 アナログ放送終了後の電波利用 ──────── 209
    実現する携帯端末向け放送の基本的枠組み 210

11-2 携帯端末向けマルチメディア放送の三つの技術方式 ──────── 212
    ISDB-T_{SB} 212
    ISDB-T_{mm} 215
    Media FLO 215

Appendix | **11-A 世界の地上デジタル放送** ——————————— **217**
世界の地上デジタル放送の方式　217
携帯端末向けデジタル放送の動向　219
各方式の普及活動　220

第12章 | ガード・インターバルの効果も確かめられる
Excelを使ったOFDMのシミュレーション — **221**

12-1 シミュレーションでのOFDMパラメータ ——————— **221**
12-2 Excelファイルのダウンロード ————————————— **223**
12-3 まずはそのまま動かしてみよう ————————————— **223**
12-4 遅延波を任意に設定してシミュレート ——————————— **225**
12-5 シミュレーションの詳細 ————————————————— **226**

参考・引用文献 ————————————————————————— **229**
索引 ————————————————————————————————— **234**
著者略歴 ———————————————————————————————— **239**

地デジ受信機のしくみ

Introduction

デジタル放送の歴史とデジタル化のメリット
テレビ放送のデジタル化

　昨今，あらゆる分野でデジタル化が進んでいます．アナログ・レコードに代わってCD(コンパクト・ディスク)が登場したのを皮切りに，カセット・テープがMDに，ビデオ・デッキがDVDやブルー・レイに，フィルム・カメラがデジタル・カメラにというように，デジタル化の波は留まることを知らないかのようです．
　このデジタル化の波はテレビやラジオといった放送の分野にも例外なく押し寄せています．

1　デジタル放送の歴史

　図1は，日本のテレビ放送の歴史年表です．平成元年に開始されたBSアナログ放送は，映像はアナログ(AM変調)ですが，音声は48 kHzまたは32 kHzサンプルのPCM(Pulse Code Modulation)方式が採用されました．日本における放送のデジタル化の先駆けと言えます．平成4年に開始されたCS‑PCM音楽放送は，BSアナログ放送と同じPCM方式を採用した音声放送専門の有料放送でしたが，まだ有料放送自体が一般化していない時代だったため契約数が伸びず，放送開始から数年で大半の事業者が撤退してしまいました．このように，放送のデジタル化は音声部が先行していました．
　テレビ放送では，平成8年に開始されたパーフェクTV(現スカイパーフェクTV)が最初のデジタル・テレビ放送となります．有料の多チャネル放送として当初から順調に顧客を獲得し，今や専門放送の中では最大手となっています．

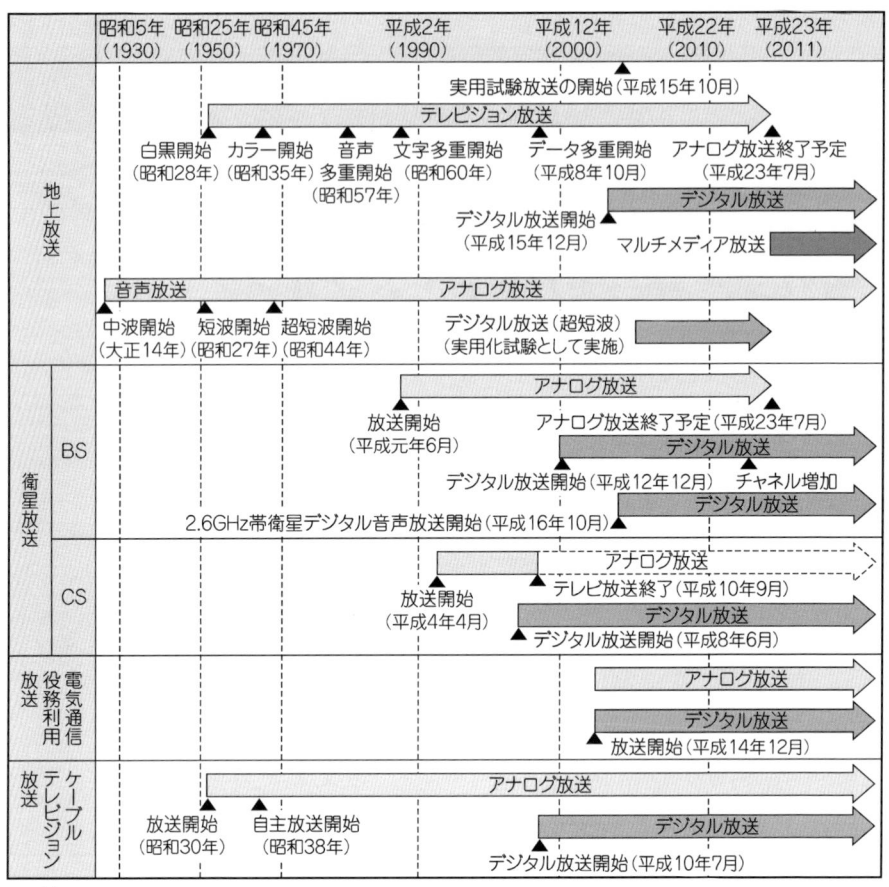

図1[(3)] 日本のテレビ放送の歴史年表

　デジタル・テレビ放送にとっての大きな転換点は，平成12年に放送が開始されたBSデジタル放送であると言えます．ISDB-Sという日本独自の放送方式を採用し，コンテンツはハイビジョンで放送され，データ放送や双方向サービス，放送波による受信機ソフトウェアのアップデート機能（第10章参照）など，後に地デジ（地上デジタル放送）でも採用される各種のサービスが本格的に始まりました．

　そして，平成15年12月に地デジが開始され，日本にも本格的なデジタル放送時代がやってきました．当初は，アナログ放送との混信を避けるために送信出力を絞って開始されましたが，アナ-アナ変換（アナログ-アナログ変換：地デジで利用する予定のチャネルを空けるために，アナログ放送が実施されているUHFチャネル

を他のUHFチャネルに変更すること．現在は終了済み）が進み，送信出力が上がるにつれて受信可能エリアも拡大し，平成20年末で約96％の視聴世帯をカバーするに至っています（総務省の公開情報より）．

　また，デジタル放送が受信可能なテレビやSTB（Set Top Box：セットトップ・ボックス）などの受信機の設置台数も平成21年8月時点で5,000万台を超えました．このまま進めば，アナログ・テレビ放送は予定どおり平成23年7月24日に終了することになります．

　地上アナログ放送は，約60年もの間，基本的な方式を変えずに継続されてきました．途中，カラー化という大きな変換点がありましたが，この時は白黒テレビでも問題なく受信できるよう，互換性を保った形で更新されました．これは，放送事業（特に地上波放送）が公共性を求められるサービスであり，それまで普及していたテレビで受信ができなくなるような事態を避ける必要があったからです．

　今回のアナログからデジタルへの切り替えのように，国で定められた方式をガラリと変更することは国家としても一大事と言えます．放送局は新しくデジタル放送の送信設備を導入しなければなりませんし，私たち視聴者も受信機やテレビを買い換えなければなりません．しかも日本全国で行われなければならないのですから，これは大変なことです．

　地デジの開始からアナログ放送の終了までに7年半もの移行期間が設けられたの

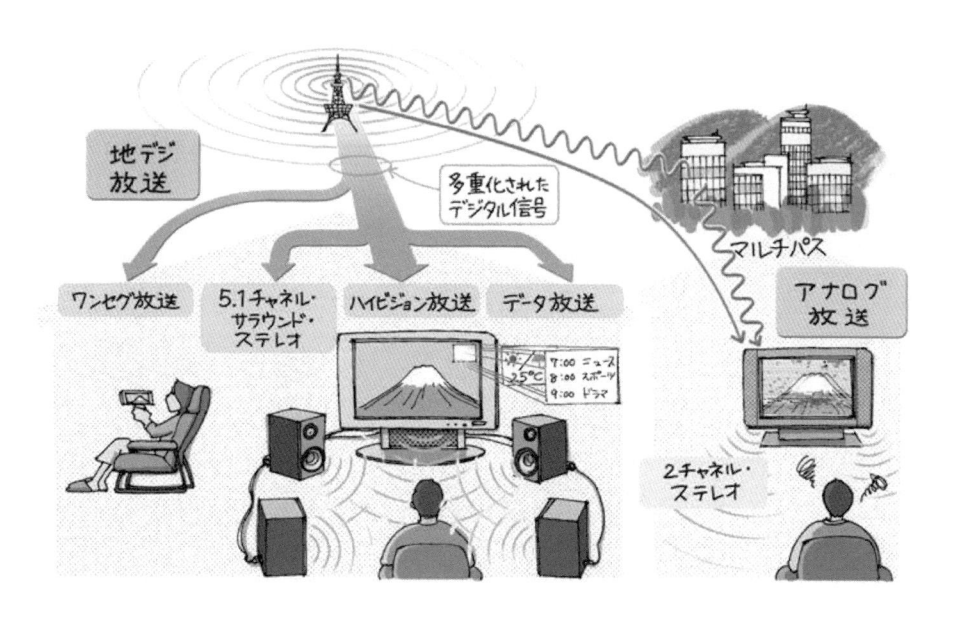

1　デジタル放送の歴史　　**15**

も，放送インフラと視聴者の準備が整うまでに相当の時間がかかると考えられたためです．

　このような一大事にもかかわらずデジタル化を進めるのには，デジタル化による利点が多くあるからです．

2　放送をデジタル化することのメリット

　Dpa（デジタル放送推進協会）のWEBサイトでは，デジタル放送の魅力として次の10点をあげて消費者に訴求しています．

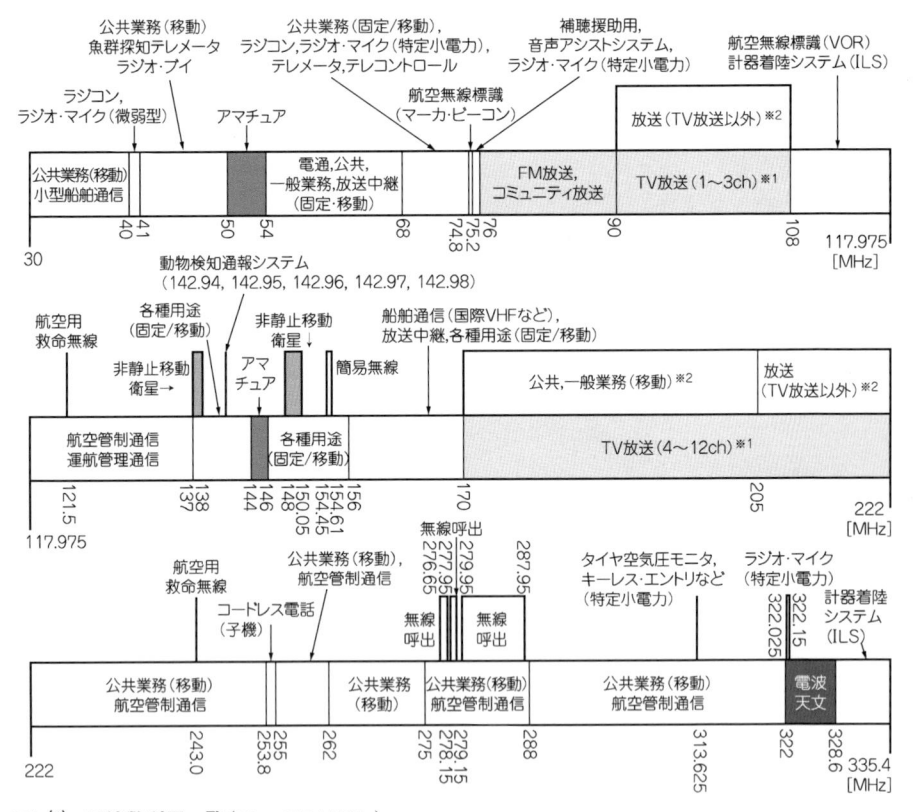

図2(4)　周波数利用一覧（30〜335.4 MHz）
＊1：テレビ放送による使用は2011年7月24日まで
＊2：2011年7月25日から使用
最新の情報については総務省の資料を参照してください．

1. 迫力の高画質！
2. ゴーストもなくクリア！
3. 臨場感あふれる高音質！
4. 録画もラクラク！EPG
5. これは便利！データ放送
6. 楽しみ広がる双方向サービス！
7. マルチ編成でスポーツ延長も最後まで！
8. 高齢者・障害者にもやさしい字幕放送

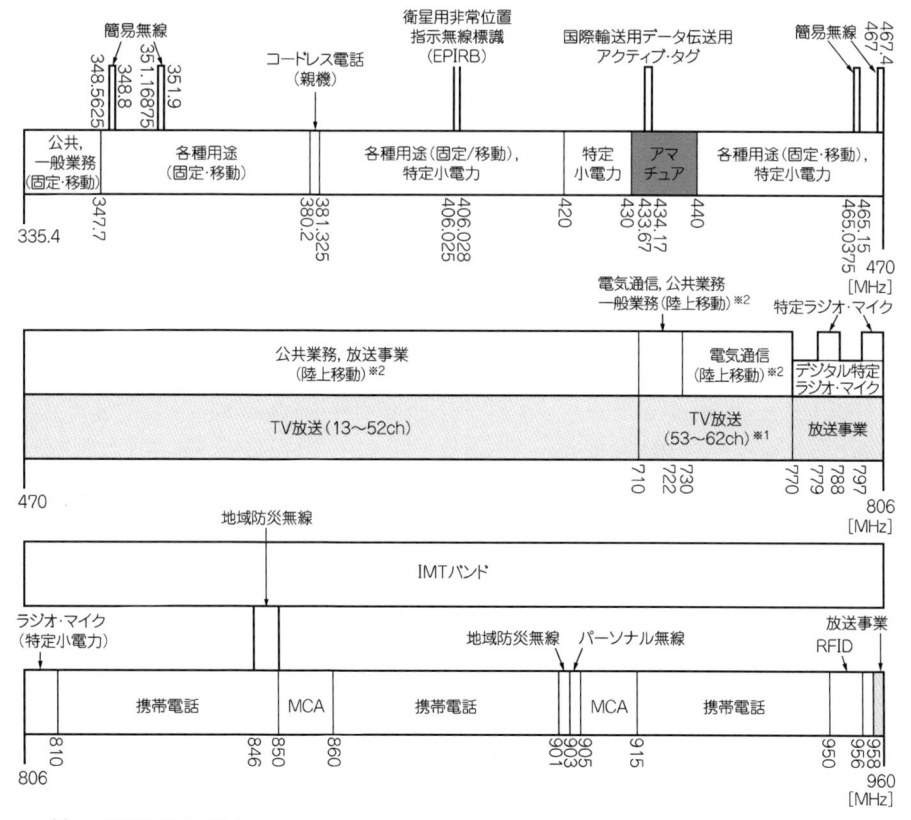

図3[(4)] 周波数利用一覧（335.4〜960 MHz）
＊1：テレビ放送による使用は2012年7月24日まで
＊2：陸上移動業務による使用は2012年7月25日から
　　　最新の情報については総務省の資料を参照してください．

2　放送をデジタル化することのメリット

9. ワンセグでいつでも情報キャッチ！
　10. デジタル化でチャネルが増える！

　デジタル化することの利点としてこれらは視聴者にとって大変魅力的ですが，ここで挙げられた10点はあくまで利用する立場（視聴者）からの話です．これだけでは国を挙げて大変革をする理由にはなりません．じつは，放送をデジタル化する大きな理由は他にあります．

　日本国内における電波利用に関する一覧は総務省から公開されていますが，その中からテレビ放送が関係する30～960 MHzのようすを**図2**と**図3**に示します．

　隙間なくビッシリと周波数ごとの使用目的が決められていることが分かります．また，テレビ放送に利用されている帯域が他に比べて広いことが分かります．

　日本の国土は山や離島など，電波の届きにくい地域が多くあり，アナログ放送をあまねく家庭に行き届くようにするには，UHFなどを利用して主放送と異なるチャネルで再送信や中継を行う必要がありました．テレビ放送の帯域，特にUHF帯域が広く割り当てられているのは，主にこうした理由によります．実際，VHFの1chからUHFの62chまで，ほぼすべてのチャネルが実際に使用されてきました．

　放送をデジタル化する一番の大きな理由は，この広大なテレビ放送の周波数帯域を効率的に利用して，空いた帯域を他のサービスや通信で有効利用することにあります．

　携帯電話をはじめとする昨今の情報機器の発達は目覚しいものがあります．無線LANやWi-Fi，Bluetoothなど，無線通信を前提とした規格とそれらの規格を利用した機器は飛躍的に増えました．また，VICSやITSなどといったサービスも，そう遠くない将来には本格化することが予想されます．テレビ放送が始まった50年前とは比較にならないことは言うまでもありません．放送のデジタル化で空いた帯域をこれらの機器で利用することが望まれています．

　地デジで採用されたISDB-Tと呼ばれるデジタル変調放送方式なら，もっと効率よく電波帯域を利用することができ，しかも先に述べたような高画質，高音質で高機能な放送が可能となるのです．まさに夢のような新方式と言えます．

　本書では，日本独自の放送方式であるISDB-T対応の受信機を中心に，デジタル放送の方式，規格，しくみなどについて解説していきます．

地デジ受信機のしくみ

第1章

放送波の波形比較とOFDMの概説
アナログ放送とデジタル放送の違い

　地デジの電波はUHFのアナログ放送と同じ周波数帯であり，アナログ放送と同じUHFアンテナで受信できますが，その変調方式は大きく異なっています．アナログ放送が単一キャリアによるAM方式であるのに対して，OFDM方式で送信されている地デジの電波は数千本のキャリアで構成されており，さまざまな特徴があります．

　アナログ放送とデジタル放送の信号処理の違いを図1-1に示します．
　本章では，地デジの電波がアナログ放送の電波とどのように違うのかを知るために，実際の放送波を観測します．

1-1　地上波のテレビ電波を観測してみる

　図1-2は，神奈川のある地点において，実際のUHF帯テレビ放送波の周波数スペクトラムを観測した波形です．東京タワーに向けて設置した受信アンテナにスペクトラム・アナライザを接続して観測したもので，波形の横軸が電波の周波数，縦軸が電波の強さを表しています．表示されている周波数は470 MHzから570 MHzで，この中に13チャネルから28チャネルまでが含まれます．
　ここで，14チャネルと16チャネルはアナログ放送，20チャネルから28チャネルは東京タワーから送信されている地デジの電波です．また，東京タワーからの電波ではありませんが，18チャネルも神奈川県の民放局の地デジ放送です．アナログ放送も地デジも，1チャネル当たりの周波数帯域幅は同じ6 MHzですが，その周波数スペクトラムはまったく異なっているのが分かります．このスペクトラム波

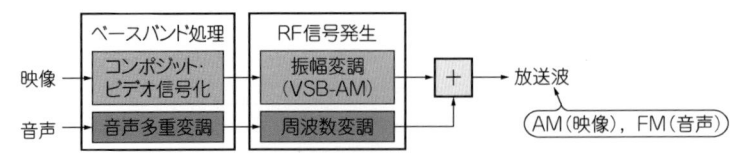

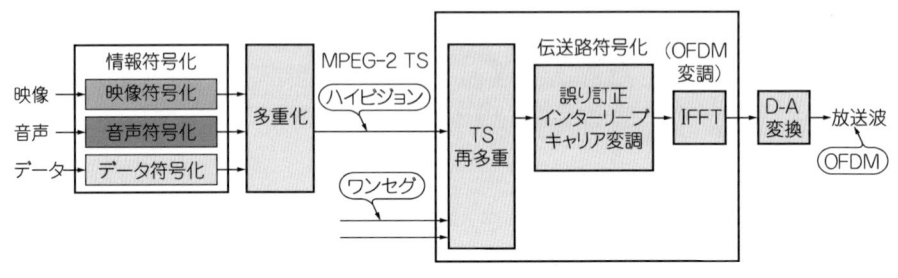

図1-1 放送の信号処理の違い
アナログ放送の放送波は、映像や音声の信号で直接変調されている．それに対して地デジでは、映像や音声を圧縮して効率よく伝送するための情報符号化と多重化、複数のプログラムを放送するための再多重化、データをデジタル変調で伝送するための伝送路符号化などを経て放送波が生成される．

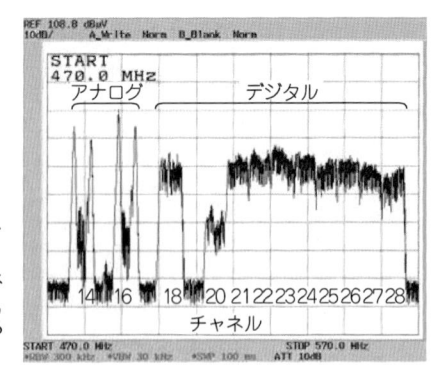

図1-2 UHF帯のテレビ放送波のようす（スタート：470 MHz，ストップ：570 MHz）
東京タワーからの地デジ放送波のなかで、20チャネルのレベルが極端に小さいのは東京都の県域放送で、送信出力が小さく送信アンテナの指向特性も異なるため、他のチャネルは首都圏の広域放送である．

形の違いの意味を，もう少し詳しく見ていきます．

1-2　アナログ放送の波形

◆放送波の振幅そのものが画像の明暗を表す

　アナログ放送では、画像を伝送するために、まず画像の輝度情報（明暗の情報）を

電圧値で表したビデオ信号を作ります．

　このビデオ信号には，送信側と受信側で画面上の画像位置を合わせるための同期信号が挿入されています．実際には，画面の縦と横の位置を合わせるために，水平同期信号と垂直同期信号の2種類が挿入されていますが，ここでは説明を省略します．

　アナログ放送の放送波は，ビデオ信号でVHF帯またはUHF帯のキャリア（搬送波）にAM（振幅変調）をかけることにより画像を伝送しています．AMの極性は「負変調」であり，画像が明るい部分の振幅が小さく，暗い部分の振幅が大きくなります．オシロスコープで観測したビデオ信号と変調波の波形を，**図1-3**に示します．

◆ビデオ信号に色の情報を盛り込む

　カラー放送では，輝度の情報だけでなく色の情報も伝送する必要があります．

　日本の地上アナログ放送で採用されているNTSC方式では，3.58 MHzのカラー・サブキャリア（色副搬送波）を色の情報で変調し，それを白黒のビデオ信号に加算したうえで，チャネル周波数の搬送波をAMで変調しています．

　色の情報の伝送には直交変調という方法が使われ，色の濃さや色合いを色副搬送波の振幅と位相で表す方法がとられています．その際に，受信側での振幅や位相の基準とするための，バースト信号という無変調の色副搬送波も挿入されます．

　このように，同期信号，輝度情報，色情報を一つの波形に盛り込んだビデオ信号を，コンポジット・ビデオ信号と言います．カラー画像のビデオ信号と変調波の波形を**図1-4**に示します．

◆残留側波帯方式による電波の有効利用

　アナログ放送のビデオ信号には，直流から4.2 MHzまでの周波数成分が含まれています．このビデオ信号をAMで伝送する場合，キャリアの上下に側波帯が生じるため，8.4 MHzの周波数帯域が必要となります．

　しかし，実際のアナログ放送では，AMにより生じる上下の側波帯のうち，下側波帯の一部をフィルタで除去することにより，6 MHzのチャネル帯域内で伝送できるような工夫がなされています（**図1-5**）．無線通信で使用されているSSB（単側波帯）方式と似ていますが，テレビ放送の場合は完全なSSBではなく，搬送波と下側波帯の一部を残していることが特徴であり，これをVSB（残留側波帯）方式と言います．

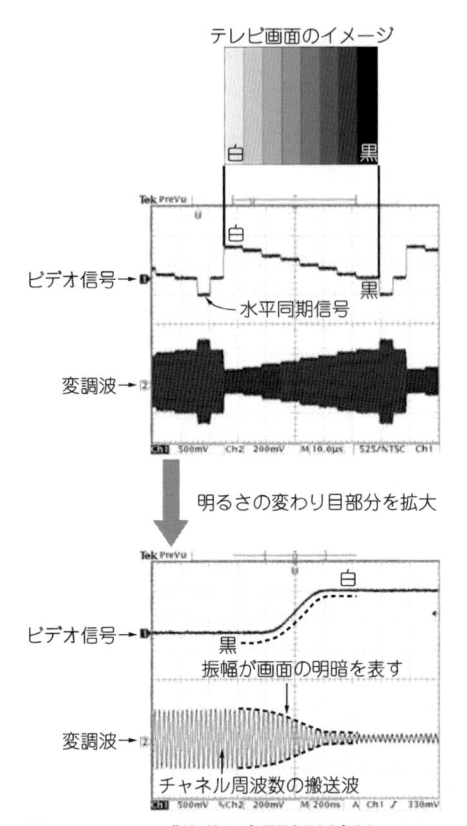

図1-3 アナログ放送の変調波形（白黒．ch1：500 mV/div, ch2：200 mV/div, 上図：10 μs/div, 下図：200 ns/div）
ビデオ信号の波形がそのまま変調波の振幅で表現されていることが分かる．これを電波として送り，受信機側では，変調波をAM検波することによって元のビデオ信号を得る．

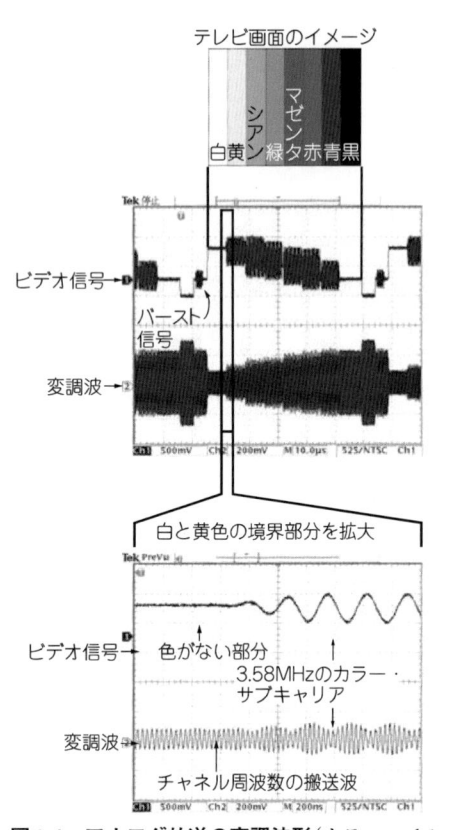

図1-4 アナログ放送の変調波形（カラー．ch1：500 mV/div, ch2：200 mV/div, 上図：10 μs/div, 下図：200 ns/div）
アナログのカラー放送は，もともと放送されていた白黒放送との互換性を持たせつつ色情報を付加したため，画像の明暗の伝送方法は白黒放送と同じである．画像に色のある部分だけ，それに応じたカラー・サブキャリアの変調信号が重畳される．

　無線通信のSSB方式は，主に音声の伝送を目的としているのに対して，テレビ放送では，直流成分を有するビデオ信号の波形をひずみなく伝送する必要性から，あえて搬送波を残すVSB方式がとられているわけです．
　このVSB方式は，限られた周波数資源と電波のエネルギーを有効利用するために考えられた，アナログ時代の技術です．

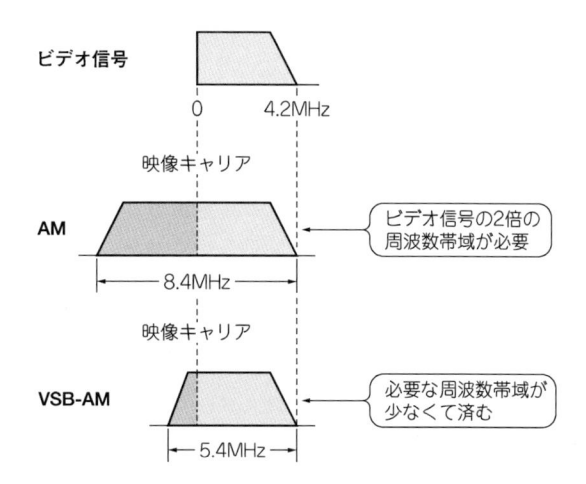

図1-5 VSB(残留側波帯)方式

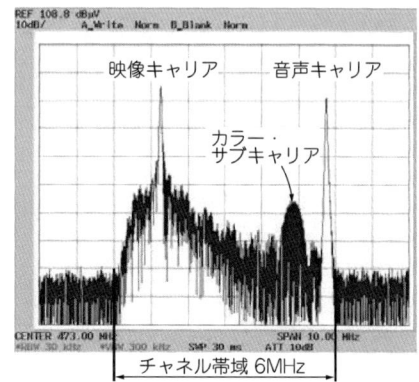

図1-6 アナログ放送の周波数スペクトラム(センタ：473 MHz，スパン：10 MHz)
映像キャリアと音声キャリアのレベルは常に一定だが，カラー・サブキャリアのレベルは画像の色の濃さ(色度)などによって変化する．写真は，画像の色が濃いときの波形である．

◆ 音声は周波数変調で伝送

　アナログ放送には，映像キャリアとは別に音声キャリアがあり，FM(周波数変調)によって音声が伝送されています．これは，FMラジオ放送とよく似た方式です．

　ステレオ放送の場合は，FMラジオとはやや異なる方式で副音声信号を重畳してステレオ化されていますが，この詳細は割愛します．音声キャリアの周波数は，映像キャリアの上側波帯と重ならないように，映像キャリアより4.5 MHz高い周波数となっています．

◆ アナログ放送のチャネル周波数

　アナログ放送のチャネル周波数は，一般に映像キャリア周波数で代表して表しま

す．映像キャリア周波数は，チャネル帯域の下限から1.25 MHz高い周波数に決められているので，例えばUHFの13チャネルの場合は，チャネル帯域470 MHzから476 MHzに対して，チャネル周波数は471.25 MHzです．

図1-6は，実際の放送波の周波数スペクトラムです．VSB方式によって，6 MHzのチャネル帯域内に映像信号と音声信号が収まっているようすが分かります．

1-3　　　　　　　　地デジの波形

◆ノイズのように見える地デジの放送波

アナログ放送では，オシロスコープで放送波の振幅波形を観測したり，スペクトラム・アナライザで周波数スペクトラムを観測したりすることによって，その変調の概要を把握することができました．では，地デジの場合はどうでしょうか．

図1-7は，地デジの放送波を，アナログ放送と同様にオシロスコープで観測した波形です．アナログ放送の放送波とは全く異なっていて，まるでノイズのような波形に見えます．

この放送波の波形を，さらに拡大して観測してみると，何らかの変調波形であることは分かりますが，いくらこの波形を眺めていても，どうような変調方式なのかを知ることは難しそうです．

◆周波数スペクトラムを見ると帯域内でフラット

こんどは，スペクトラム・アナライザで周波数スペクトラムを見てみましょう．図1-8は，地デジの放送波をスペクトラム・アナライザで観測した結果です．6 MHzのチャネル帯域のほとんどの部分が，ノイズのようなスペクトラム波形で占められています．

図1-9は，図1-8の波形を長時間平均化した結果です．チャネル帯域のうちの約5.6 MHzにわたって，ほぼ完全にフラットな波形となります．これは，この周波数範囲にわたって電波のエネルギーが均一に分布していることを示していて，あたかも5.6 MHzのバンド・パス・フィルタを通過したノイズのようなスペクトラムになっています．

◆マルチ・キャリアのOFDM方式が使われている

地デジはISDB-Tという方式であり，すでによく知られているように，OFDM (Orthogonal Frequency Division Multiplexing：直交周波数多重)で送信されてい

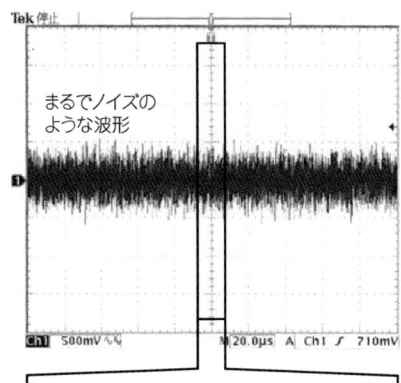

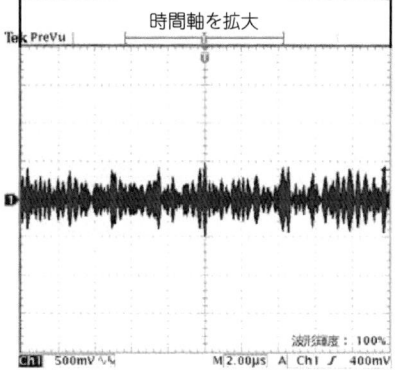

図1-7 地デジ放送波の振幅波形（500 mV/div，上図20 μs/div，下図2 μs/div）

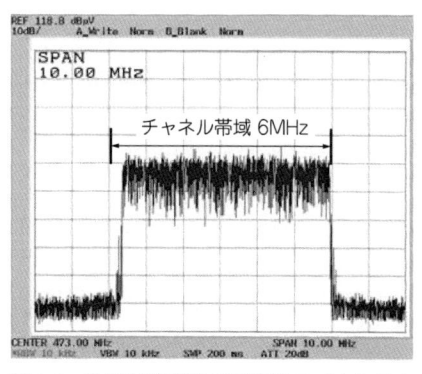

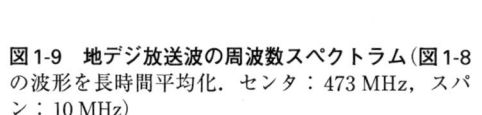

図1-8 地デジ放送波の周波数スペクトラム（センタ：473 MHz，スパン：10 MHz）
地デジの放送波の周波数スペクトラムをみると，6 MHzの帯域すべてが使われているわけではなく，左端（周波数の低いほう）に少し隙間がある．これは，隣接するチャネルとの間の干渉を避ける目的であり，この隙間をガード・バンドという．地デジのガード・バンド幅はチャネル帯域幅6 MHzの1/14（約430 kHz）である．

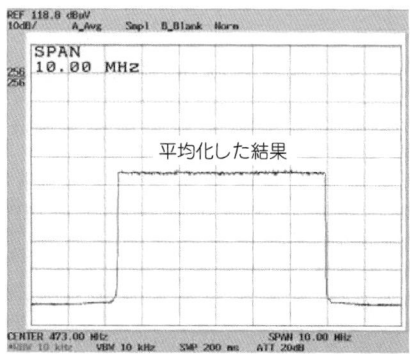

図1-9 地デジ放送波の周波数スペクトラム（図1-8の波形を長時間平均化．センタ：473 MHz，スパン：10 MHz）

ます．一つのチャネルの放送波は5,617本ものキャリアから成り立っていて，それらが約1 kHzの間隔でビッシリと並んでいるので，**図1-9**のような周波数スペクトラムが観測されるわけです（5,617本のキャリアのうち，実際にデータを送るデータ・キャリアは4,992本で，残りの625本は受信時の基準として必要なパイロット・キャリアなどである）．

図1-10は，OFDM方式の概念を簡単に示したものです．また，**図1-11**と**図1-12**

図1-10　OFDM方式の概念

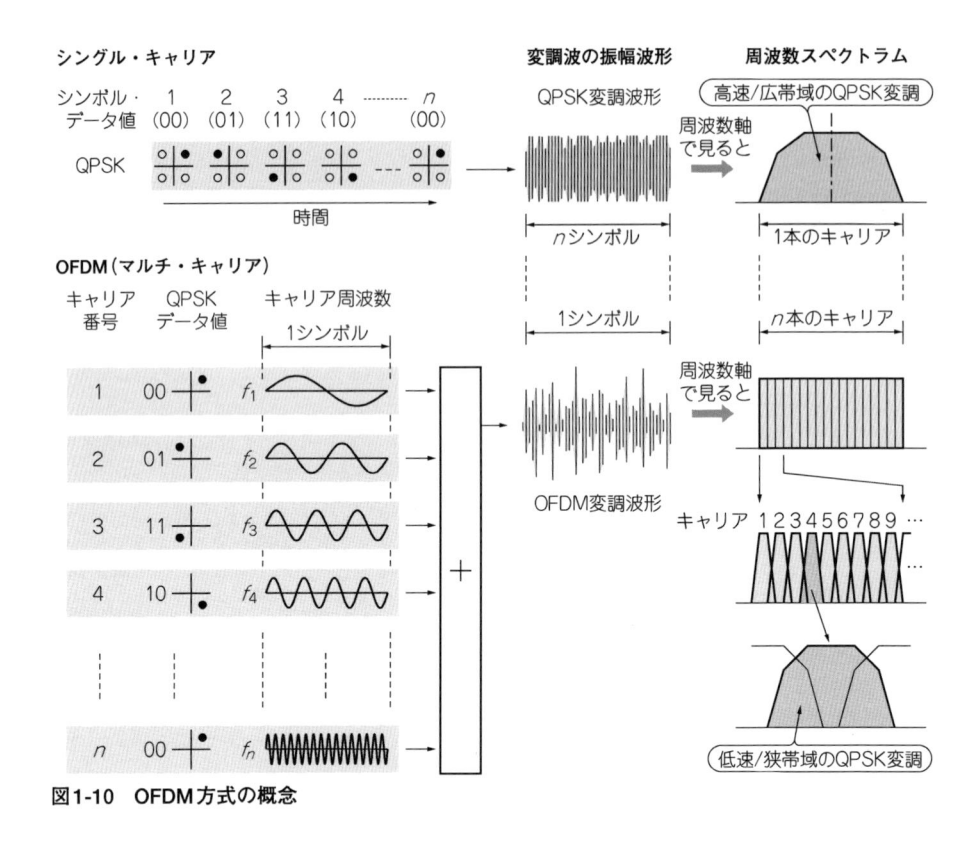

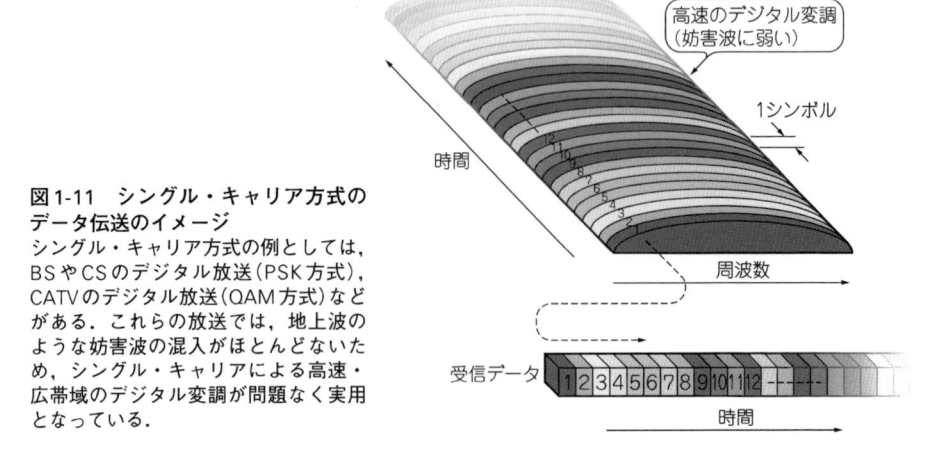

図1-11　シングル・キャリア方式のデータ伝送のイメージ

シングル・キャリア方式の例としては，BSやCSのデジタル放送（PSK方式），CATVのデジタル放送（QAM方式）などがある．これらの放送では，地上波のような妨害波の混入がほとんどないため，シングル・キャリアによる高速・広帯域のデジタル変調が問題なく実用となっている．

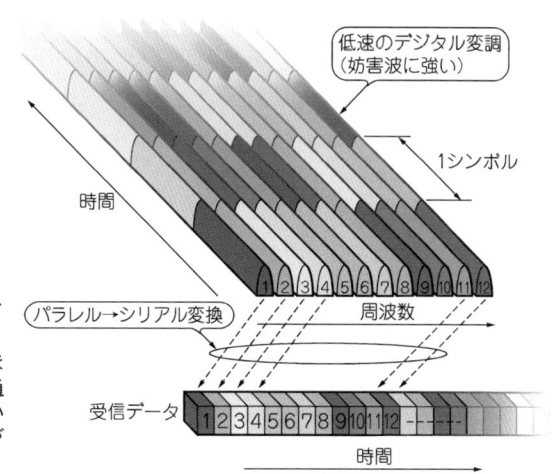

図1-12 OFDM方式のデータ伝送イメージ
OFDMの実用例としては，地デジのほか，無線LAN，ADSL，PLC（電力線通信）などがある．いずれも妨害波が多い環境で，その影響を受けにくい特徴が生かされている．

は，従来のシングル・キャリア方式とOFDM方式における，データ伝送のイメージを表したものです．

図1-12では，OFDMのキャリア数を12本として描いていますが，実際には約5,000本のキャリアで同時にデータを伝送することにより，シンボル・レート（デジタル変調のデータが変化する速さ）を約5千分の1にまで低速化しているため，OFDM方式ならではの利点が生まれます．

特に，ガード・インターバル（第4章で説明）を設けることにより，地上波特有のマルチパス波（建造物や地形の影響による遅延波）の影響を排除することができるのが大きな特徴です．

図1-10では，キャリア変調方式をQPSK（Quadrature Phase Shift Keying）として説明していますが，さらにデータ伝送効率の高い16 QAMや64 QAM（Quadrature Amplitude Modulation）でも，同じことが成り立ちます．実際の地デジのデータ・キャリアの変調方式は，ハイビジョン放送が64 QAM，ワンセグ放送がQPSKとなっています（QAMとQPSKについては第4章参照）．

◆スペアナで1本1本のキャリアは見えるか？

地デジの放送波が，5,617本のキャリアで成り立っていることは説明しましたが，ではそのキャリアの1本1本をスペクトラム・アナライザで観測することはできるのでしょうか．

図1-13は，OFDM波の周波数帯域の一部を，周波数スパン（表示範囲）10 kHz，

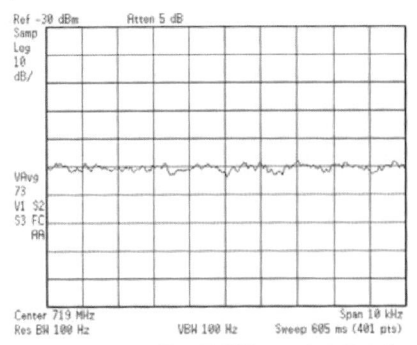

図1-13　OFDM波の周波数スペクトラム(センタ：719 MHz, スパン：10 kHz)

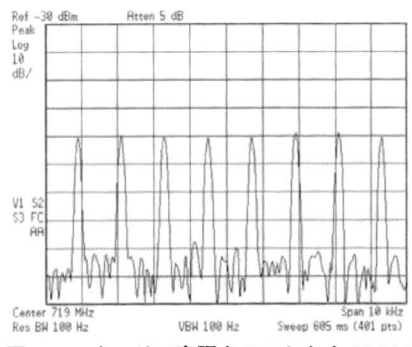

図1-14　キャリア変調をOFFにしたOFDM波の周波数スペクトラム(センタ：719 MHz, スパン：10 kHz)

（a）デジタル変調されたキャリアの周波数スペクトラム

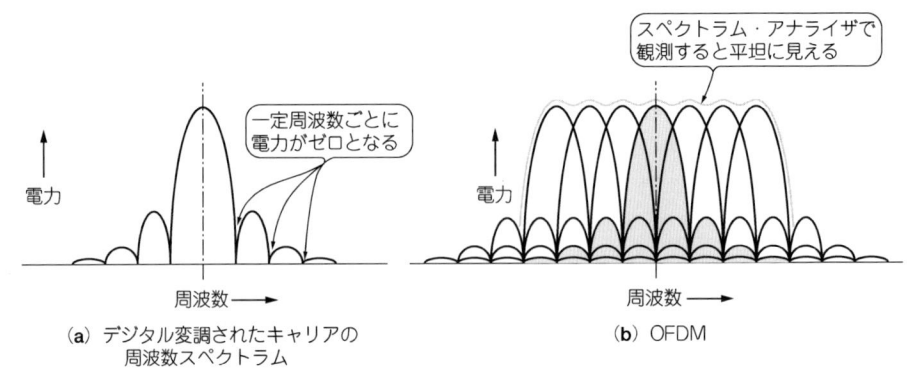

（b）OFDM

図1-15　OFDMのキャリアどうしの関係
OFDMでは，デジタル変調された各キャリアの周波数スペクトラム(電力の周波数分布)が，他のキャリアの中心周波数で必ずゼロとなるような関係を持つ．このことにより，非常に近接して並んだ多数のキャリアどうしが，それぞれ他のキャリアからの影響を受けずに復調可能となる．キャリア同士のこのような関係を直交関係という．

分解能帯域幅100 Hzで観測した結果です．実際には，キャリアが約1 kHz間隔で並んでいるのですが，そのようすはほとんど見ることができません．

　実は，これがOFDM方式の大きな特徴であり，QPSKやQAMで変調されたキャリアが，互いのスペクトラムが重なり合うような狭い間隔で配置されているのです．

　通常，複数の変調波を並べるときは，互いのスペクトラムが重ならないように十分な間隔を空けないと，混信して復調できなくなってしまいます．

　しかし，OFDMではベースバンド(チャネル周波数に変換する前)の各キャリア

周波数を，図1-10のようにシンボル周波数の整数倍とすることによって，隣接するキャリアの影響を受けずに復調することができます（図1-15）．

これほどまでに均一な周波数スペクトラムを持っていることが地デジの大きな特徴であり，周波数の利用効率が非常に高いということを意味しています．

図1-14は，実験用のOFDM変調器を使って，各キャリア変調のマッピング（データ値を表す振幅と位相の値）を固定することにより，キャリア変調を止めた結果です[注1-1]．

このようにすることによって，やっとキャリアが林立しているようすを見ることができました．

ただし，実際の放送波では常にキャリア変調が掛かっているので，このように1本1本のキャリアをはっきりと見ることはできません．

1-4　アナログ放送と地デジの受信機

図1-16は，アナログ放送と地デジのテレビ受信機の，おおまかな回路構成です．

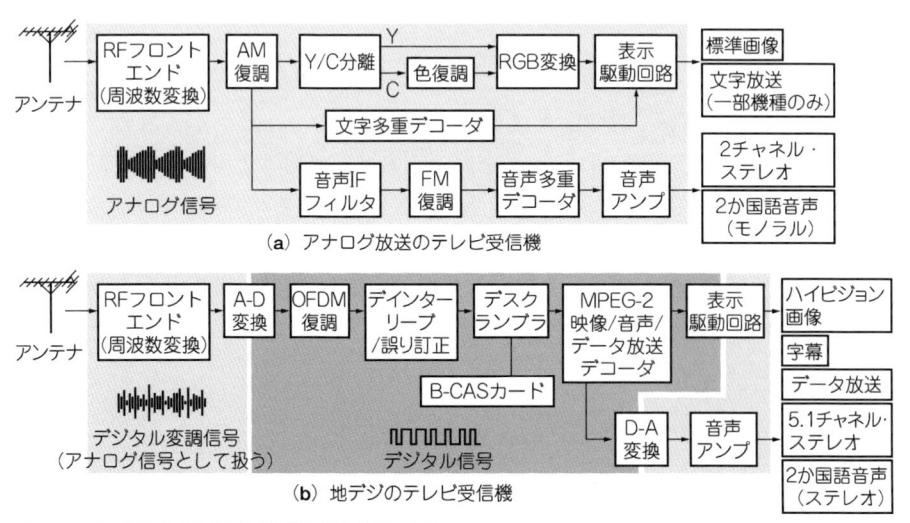

図1-16　アナログ放送と地デジのテレビ受信機
アナログ放送の文字多重データは，厳密にはデジタル変調の一種であり，アナログの映像信号の空き部分にパルス信号として重畳して送られる．受信機側では，デジタル信号処理によって文字を受信する．

注1-1：この実験に使用したOFDM変調器は欧州方式（DVB-T）のため，キャリア間隔が日本の地デジと少し異なっている．

アナログ放送のテレビ受信機では，基本的にAM検波で映像信号（コンポジット・ビデオ信号）を再生するとともに，音声キャリアをFM検波して音声を再生します．

一方，地デジのテレビ受信機では，OFDM復調で得られたデジタル・データから，デインターリーブ，誤り訂正，デスクランブル，MPEG-2デコードなど，多くのデジタル信号処理を経て，やっと映像や音声が再生されます．

ここで，地デジのデジタル変調信号がアナログ信号として扱われていることに，意外な感じを受けるかもしれません．これは，デジタル放送のデジタル変調波が，キャリアの振幅や位相を精密に変化させることでデータを伝送しているため，それを歪みなく増幅したり周波数変換したりする必要があるからです．デジタル放送といえども，その放送波はデリケートなアナログ信号としての性質を持っているのです．

1-5　アナログ放送と地デジの受信レベル

テレビ受信機へ入力される受信信号レベル（信号の強さ）は，一般的にチャネルごとのレベルを$dB\mu V$（$0\,dB\mu V = 1\,\mu V$）の単位で表しますが，アナログ放送と地デジでは，このレベルの測定方法が異なります．

◆地デジは総電力を測る

アナログ放送の場合，独立した映像キャリアと音声キャリアがあるので，図1-17のように，それぞれ別々にレベルを測定する必要があります．ここで，映像キャリアは変調がAM方式のため伝送する画像の内容によって振幅が変化しますが，これでは一定の基準で評価するのに不都合なので，映像キャリアのレベルは同期信号尖頭値（ピーク値）で表すことになっています．図1-3や図1-4の変調波形をみると分かるのですが，同期信号の部分は振幅が最も大きく，かつ常に一定の値となっ

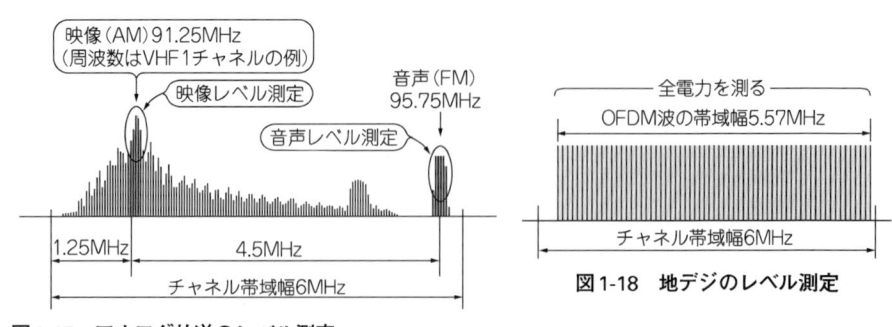

図1-17　アナログ放送のレベル測定

図1-18　地デジのレベル測定

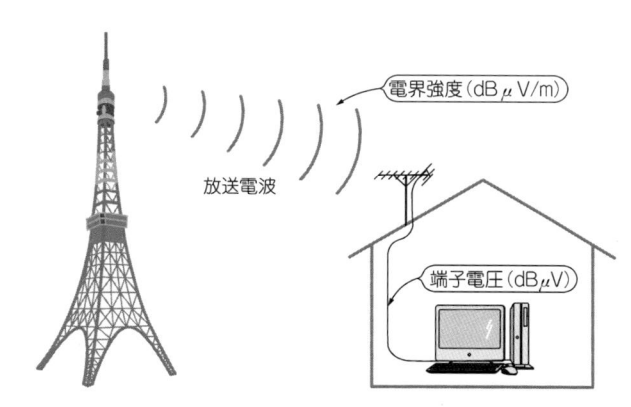

図1-19　電界強度と端子電圧

ています．

　一方，地デジの場合は，アナログ放送のような突出したキャリアはなく，信号のエネルギが広い範囲にわたって一様に分布しているため，図1-18のように，そのすべての電力の総和でレベルを表します．一般的に，測定した電力の総和をdBm（0 dBm = 1 mW）か，または75Ω終端での電圧値に換算してdBμVで表します．

　この電圧値は端子電圧と呼ばれ，スペクトラム・アナライザや専用のシグナル・レベル・メータで測定します．市販のテレビ受信機やチューナにも，受信状態を「アンテナレベル」「受信レベル」などとして数値で表示する機能がありますが，これらの数値の内容は各メーカ独自であり，端子電圧とは異なるので，誤解しないように注意が必要です（第6章参照）．

◆電界強度とは

　受信点に到来する電波の強さは，「電力密度」または「電界強度」として表されます．一方，先に説明した信号レベル（端子電圧）は，電波の強さそのものを表す値ではありません（図1-19）．

　地上波放送の電波の強さは，一般に電界強度として測定し，その値はdBμV/mという単位で表します．これは，実効長1 mの線状のアンテナがあると仮定して，そのアンテナで得られる端子電圧（無負荷のときの開放電圧）をμVで表したものであり，0 dBμV/m = 1 μV/mとなります．

　実際に電界強度を測定するには，電界強度測定用のアンテナを使用して，その端子電圧を測ります．電界強度測定用アンテナは，実効長1 mのアンテナとの端子電圧の差がアンテナ係数としてあらかじめ測定されているので，端子電圧の測定値からアンテナ係数を使って換算することにより，電界強度を求めることができます．

第2章

放送の仕様と受信機の構成，実機の内部
地デジ受信機の概要

　地デジの受信機は，高周波回路で構成されたRFフロントエンドと，それに続く膨大なデジタル処理が必要なため，当初はアナログ放送の受信機より高価でした．しかし，ICの高集積化と高性能化が進んだことによって，部品点数が大幅に減少してコストが下がったため，いまや価格が5千円以下のチューナも販売されています．

2-1　地デジの仕様と受信機の概要

◆地デジの標準規格

　日本の地上デジタル放送（地デジ）は，ISDB-Tと呼ばれる方式であり，詳細な仕様についてはARIB（社団法人電波産業会）で標準規格として定められています．

　最近は，この標準規格や関連する技術資料がARIBのサイトから無料でダウンロードすることができるようになり，放送関係の実務に携わる者でなくとも，地デジの規格書を容易に入手することができるようになりました．

　規格書は，複雑な地デジの仕様を詳細に規定するためのものであり，放送機器や受信機を開発したり，放送システムを運用したりするためには欠かせません．

　しかし，規格書の記述は，データの符号化や変調などについて，それぞれの技術の基本知識を有することが理解の前提となっているうえ，必要な関連資料を合わせると膨大なページ数となります．

　また，実際の受信機に必要な技術について，規格書に詳しく記載されているわけではないので，受信機の動作は理解しにくくなっています．

表2-1 地デジの符号化方式と多重化方式

映像符号化	MPEG-2 ビデオ
音声符号化	MPEG-2 AAC オーディオ
データ符号化	XML ベースのマルチメディア符号化
多重化方式	MPEG-2 システム

表2-2 地デジの伝送信号パラメータ

モード	モード1	モード2	モード3
OFDM セグメント数	13		
帯域幅	5.575 MHz	5.573 MHz	5.572 MHz
キャリア間隔	3.968 kHz	1.984 kHz	0.992 kHz
キャリア数	1405	2809	5617
データ・キャリア数	1248	2496	4992
キャリア変調方式	QPSK，16QAM，64QAM，DQPSK		
フレーム当たりのシンボル数	204		
有効シンボル長	252 μs	504 μs	1.008 ms
ガード・インターバル	有効シンボル長の 1/4，1/8，1/16，1/32		
内符号（誤り訂正）	畳み込み符号（符号化率 1/2，2/3，3/4，5/6，7/8）		
外符号（誤り訂正）	短縮化リード・ソロモン（204，188）		
情報レート	最大 23.234 Mbps		

2010年4月現在，放送はモード3，ガード・インターバルは1/8となっている．

表2-3 地デジ受信機の要求仕様

項目	規格値	注釈
入力インピーダンス	75 Ω	－
受信周波数	UHF13 ch（中心周波数 473 + 1/7 MHz）〜 UHF62 ch（中心周波数 767 + 1/7 MHz）	VHF1 ch〜12 ch と，CATV の C13 ch〜C63 ch も受信できることが望ましいとされている
第1中間周波数	57 MHz	（実際の製品では異なる場合もある）
受信周波数同期範囲	± 30 kHz 以上	－
受信クロック同期範囲	± 20 ppm 以上	－
最小入力レベル	－ 75 dBm 以下（目標値）	モード3，ガード・インターバル比 1/8，64QAM，畳み込み符号化率 7/8 で，RS（リード・ソロモン）復号前のビット・エラー・レートが 2×10^{-4} となる入力レベル
最大入力レベル	－ 20 dBm 以上	

　表2-1は，標準規格から抜粋した地デジの符号化方式と多重化方式，表2-2は伝送信号パラメータです．伝送信号は，規格上ではさまざまなモードやパラメータが規定されていますが，2010年4月現在，実際の放送はモード3で運用されており，ガード・インターバルは有効シンボル長の1/8となっています．

Column　受信機とチューナ，ワンセグとフルセグ

◆**受信機とチューナ**

　規格書や放送関係の技術資料では，テレビ放送を受信する装置の名称を受信装置または受信機としていることが多いのですが，市販製品のユーザ向けの呼称は，液晶などの画像表示器を含む場合はテレビ，画像表示器を含まない場合はチューナとしているメーカが多いようです．また，画像表示器を含まない受信機をSTB（セットトップ・ボックス）と呼ぶこともあります．

　受信機に関する標準規格ARIB STD-B21デジタル放送用受信装置の中では，DIRD（デジタル・インテグレーテッド・レシーバ・デコーダ）という表記が使われています．

　本文中では，基本的に受信機としましたが，一部の章では，市販製品に対してテレビおよびチューナという表記を使っています．

◆**ワンセグとフルセグ**

　移動体向けの1セグメント部分受信サービスは，その方式そのままにワンセグという愛称が定着していますが，対して12セグメントの固定受信向けの放送は，一般的にハイビジョン，12セグ，フルセグなど，さまざまな呼び方をされています．

　13セグメント中の12セグメント放送を使った放送をフルセグ放送と呼ぶのは少々おかしな感じがしますが，受信機について考えた場合には，12セグメント放送の受信機は必ず13セグメントすべての受信を行っているので，これを指してフルセグ受信機と呼ぶことはまちがいではありません．

2-1　地デジの仕様と受信機の概要　　**35**

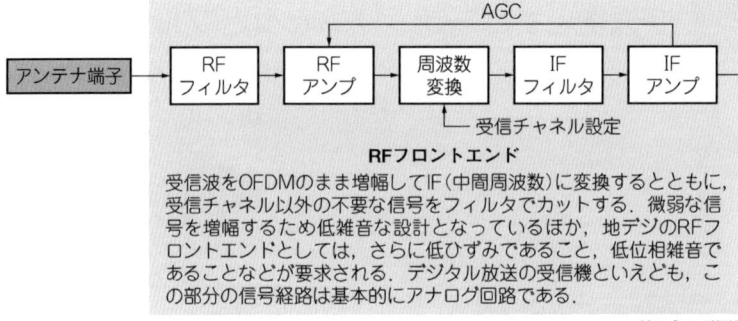

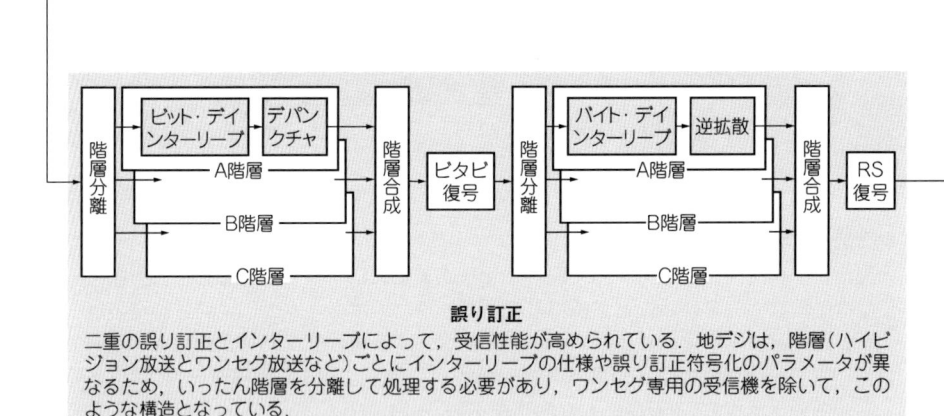

```
                                    AGC
アンテナ端子 → RF     → RF    → 周波数 → IF    → IF
              フィルタ   アンプ   変換    フィルタ  アンプ
                                  ↑
                               受信チャネル設定
              RFフロントエンド
```

受信波をOFDMのまま増幅してIF（中間周波数）に変換するとともに，受信チャネル以外の不要な信号をフィルタでカットする．微弱な信号を増幅するため低雑音な設計となっているほか，地デジのRFフロントエンドとしては，さらに低ひずみであること，低位相雑音であることなどが要求される．デジタル放送の受信機といえども，この部分の信号経路は基本的にアナログ回路である．

→ 第3章で詳説

```
       ┌─ビット・デイ─┬─デパン─┐         ┌─バイト・デイ─┬─逆拡散─┐
       │ ンターリーブ │クチャ │         │ ンターリーブ │        │
  階層 ─┤    A階層    ├───┤ 階層 │ ビタビ │ 階層 ─┤    A階層    ├───┤ 階層 │ RS
  分離 ─┤    B階層    ├───┤ 合成 │ 復号   │ 分離 ─┤    B階層    ├───┤ 合成 │ 復号
       └─    C階層    ─────┘         └─    C階層    ─────┘
                                    誤り訂正
```

二重の誤り訂正とインターリーブによって，受信性能が高められている．地デジは，階層（ハイビジョン放送とワンセグ放送など）ごとにインターリーブの仕様や誤り訂正符号化のパラメータが異なるため，いったん階層を分離して処理する必要があり，ワンセグ専用の受信機を除いて，このような構造となっている．

→ 第5章で詳説

図2-1　地デジ受信機全体の信号処理の流れ

　表2-3は，受信機に要求される仕様の抜粋です．ここで，受信周波数がチャネルの中心周波数に対して＋1/7 MHzとなっているのは，放送波の中心周波数が1/7 MHzオフセットされているためです．これは，下側の隣接チャネルがアナログ放送の場合に，アナログ放送への干渉を最小限とするために決められた，地デジ特有の規格です．

　本書では，地デジ受信機の動作の概要を説明していきます．受信機の各部分の働

OFDM復調

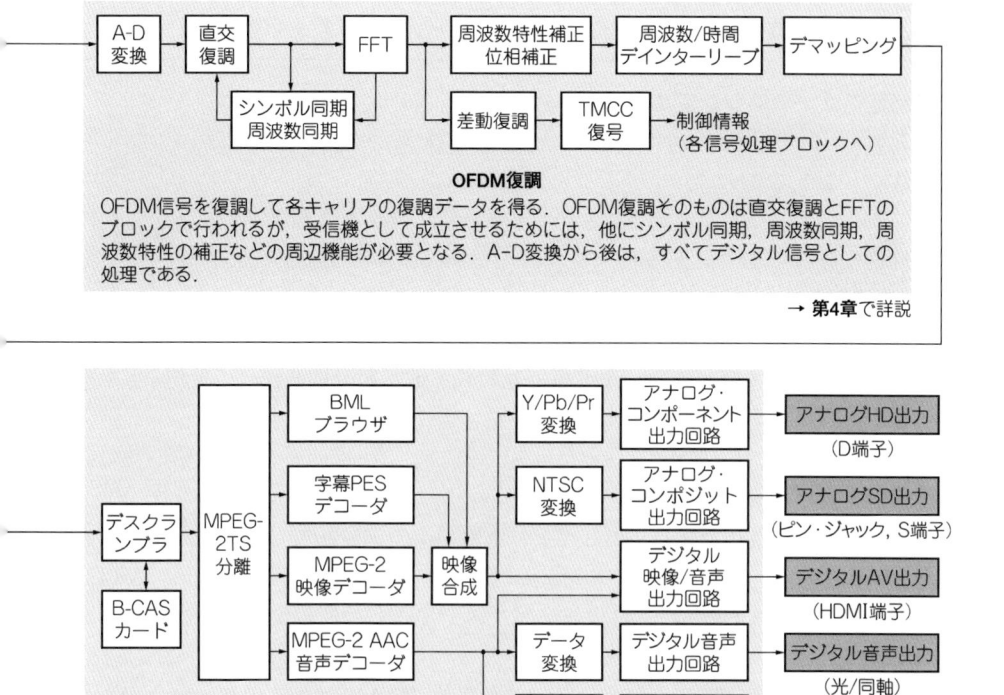

OFDM信号を復調して各キャリアの復調データを得る．OFDM復調そのものは直交復調とFFTのブロックで行われるが，受信機として成立させるためには，他にシンボル同期，周波数同期，周波数特性の補正などの周辺機能が必要となる．A-D変換から後は，すべてデジタル信号としての処理である．

→ 第4章で詳説

映像と音声の再生

放送局から送られてきたデータから，番組ごとの再生に必要なデータを分離し，映像と音声を再生してディスプレイへ出力する．また，データ放送や字幕などのデータも分離され，必要に応じてデコードした情報を画面上に表示する．通常，受信機の映像と音声の出力は，アナログ出力も含めて複数のフォーマットを備えているため，それぞれのフォーマットに変換する回路がある．

→ 第7章，第8章，第9章で詳説

きについて，おおまかなイメージをつかむことを目的としているので，放送規格の詳細を知りたいときは，ARIBの標準規格を参照してください．

◆受信機のしくみ

図2-1は，地デジ受信機全体の信号処理の流れを表したブロック図です．各部分の詳細については，次章以降で詳しく説明します．

2-2　実際の受信機の内部はどうなっている？

◆簡易型チューナはシンプルな構造

写真2-1は，簡易型の地デジ・チューナ(受信機)，マスプロ製DT610のケースを開けたところです．

このチューナは，主にアナログ・テレビ所有者の地デジ受信促進を狙った単機能で低価格な製品であり，基本的な機能は受信チャネルの切り替えだけで，出力もHDのD端子とSDのコンポジット・ビデオ端子だけに絞られています．

内部回路は1枚の基板だけで，非常にシンプルな構造です．写真では一部分しか見えていませんが，金属のシールド板で覆われている部分に，B-CASカードを挿入するためのコネクタがあります．

◆高級機と変わらない受信回路

写真2-2は，回路基板を取り出して受信回路部品の実装面を見たところです．主な部品は，RFフロントエンド・モジュールのほかに，OFDMデコーダIC，MPEGデコーダICといった数点の主要機能部品とメモリなどの周辺部品で，意外なほど少ない部品点数で構成されています．

しかし，地デジの電波を受信する基本的な部分に関しては，このチューナのような簡易型の製品であっても，多機能な高級機であっても，回路構成にほとんど違いはありません．

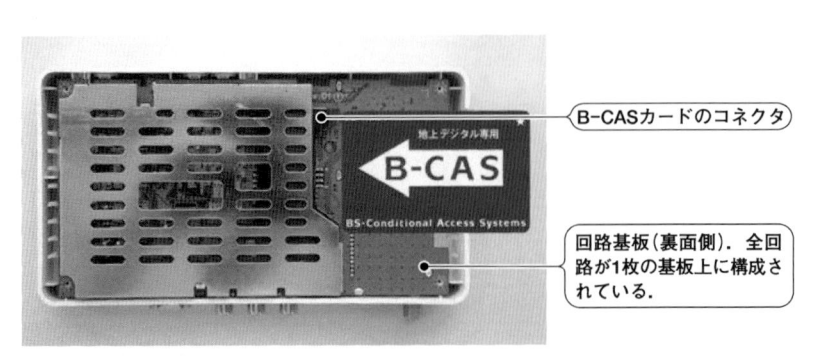

写真2-1　簡易型地デジ・チューナの内部
受信機の小型化が進むほど，B-CASカードのサイズが問題となってくる．2009年からSIM(シム)タイプの小型B-CASカードの供給が開始されたので，今後は小型製品への採用が進むものと思われる．

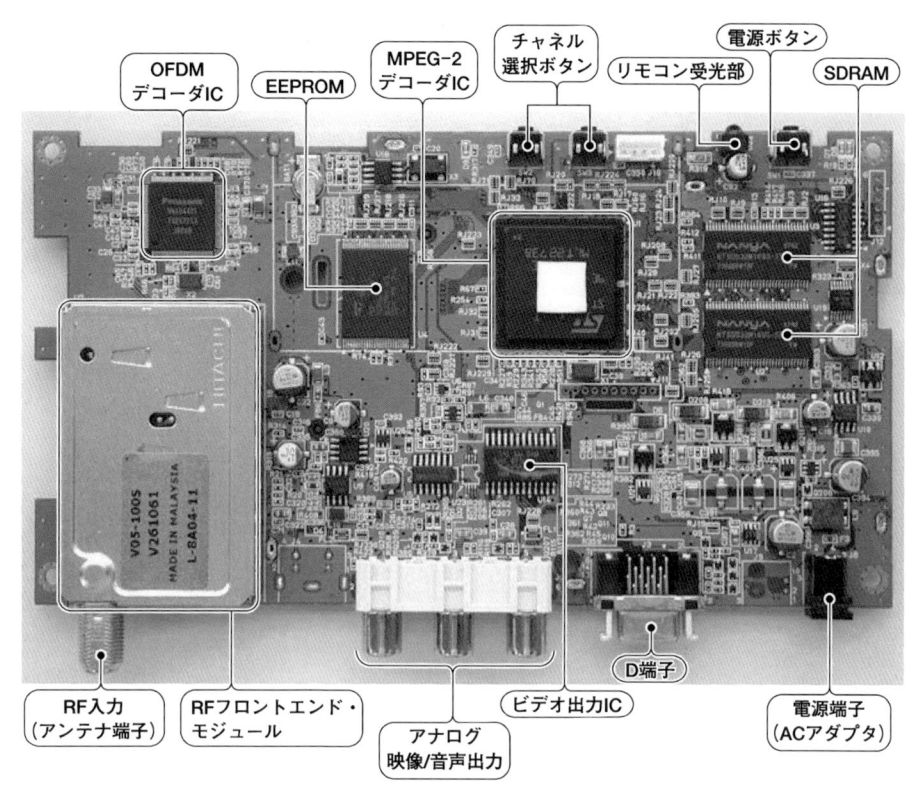

写真2-2 簡易型地デジ・チューナの回路基板の実装面

　地デジの受信は複雑な信号処理が必要ですが，モジュール化されたRFフロントエンドと，高い集積度をもつ優れたOFDMデコーダICやMPEGデコーダICの存在によって，このような製品が実現可能となっています．

第3章

地デジ受信機のしくみ

RFアンプ,RFフィルタ,AGC,ミキサ,局部発振,IFフィルタで構成された

RFフロントエンドのしくみ

RFフロントエンドはアナログ高周波回路であり,技術的に従来のアナログ放送の受信機の延長線上にあります.この部分は多くの高周波部品を必要とするため,低価格化,小型化のネックとなっていましたが,最近はシリコン・チューナと呼ばれるICによって,チップ1個とわずかな周辺部品だけで構成できるようになってきました.

3-1　地デジを支えるアナログ技術

　アンテナで受けたUHF帯の放送波を増幅し,信号処理に適したIF(中間周波数)に変換する高周波回路部が,RFフロントエンドです.この部分は,通常一つのケースに収めたモジュールとして受信機に実装されています.さらに,OFDM復調器(デコーダ)を内蔵したフロントエンド・モジュールもあり,これはNIM(Network Interface Module)と呼ばれることもあります.

　図3-1に,地デジ受信用のRFフロントエンドの回路構成例を示します.地上波を直接受信する場合の受信周波数はUHF帯ですが,CATVにおいては,CATVチャネルに周波数変換して送信することがあるので,一般的にVHFやCATVチャネルにも対応しています.

　RFフロントエンドは,電波の強い地域から弱い地域まで,さまざまな受信環境において安定な受信を行ううえで重要な役割を担っています.いわゆる感度の良い受信機,悪い受信機という違いも,この部分の性能の差が大きく影響しています.

　デジタル放送といえども,デジタル変調波はデリケートなアナログ信号として

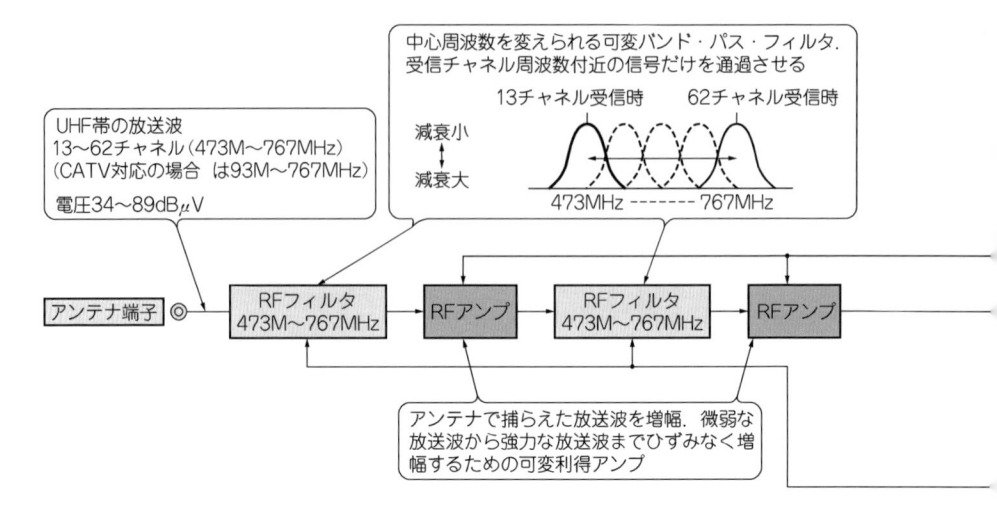

```
                                      中心周波数を変えられる可変バンド・パス・フィルタ．
                                      受信チャネル周波数付近の信号だけを通過させる
                                                    13チャネル受信時      62チャネル受信時
    UHF帯の放送波               減衰小
    13～62チャネル(473M～767MHz)
    (CATV対応の場合 は93M～767MHz)
    電圧34～89dBμV             減衰大
                                                    473MHz -------- 767MHz


  ┌─────────┐   ┌──────────┐  ┌──────┐  ┌──────────┐  ┌──────┐
  │アンテナ端子│○─│RFフィルタ   │─│RFアンプ│─│RFフィルタ   │─│RFアンプ│─
  └─────────┘   │473M～767MHz│  └──────┘  │473M～767MHz│  └──────┘
                  └──────────┘            └──────────┘

                             アンテナで捕らえた放送波を増幅．微弱な
                             放送波から強力な放送波までひずみなく増
                             幅するための可変利得アンプ
```

図3-1　RFフロントエンドの回路構成例

扱う必要があり，そこにはアナログ放送受信機以上に高度なアナログ技術が盛り込まれています．

3-2　RFアンプ

◆アンテナが捕えた放送波を十分に増幅する

　地デジの受信環境は，送信アンテナの至近から遠く離れた地域までさまざまです．サービス・エリア内の電界強度（電波の強さ）も受信場所によって大きな差があるうえに，電界強度の変動に対する余裕も考慮する必要があります．

　ARIBの規格では，受信機のアンテナ端子における放送波の入力レベル範囲は－75 dBm ～－20 dBm（0 dBm＝1 mW）と規定されていて，少なくともこの範囲で正常に受信できる性能であることが必要とされています．アンテナ端子の特性インピーダンスは75 Ωと決められているので，この入力レベル範囲を電圧（75 Ω終端値）で表すと，約34 dBμV（50 μV）～ 89 dB μV（28 mV）となります．

　RFアンプは，アンテナで受信したUHF帯の信号が，その後に続く周波数変換回路でノイズに埋もれないようにするために，十分な電圧まで増幅します．

　アンテナ端子への入力信号が34 dBμVという微弱な条件でも受信できる性能が求められるため，RFアンプは低雑音で高利得な設計がされています．現在市販さ

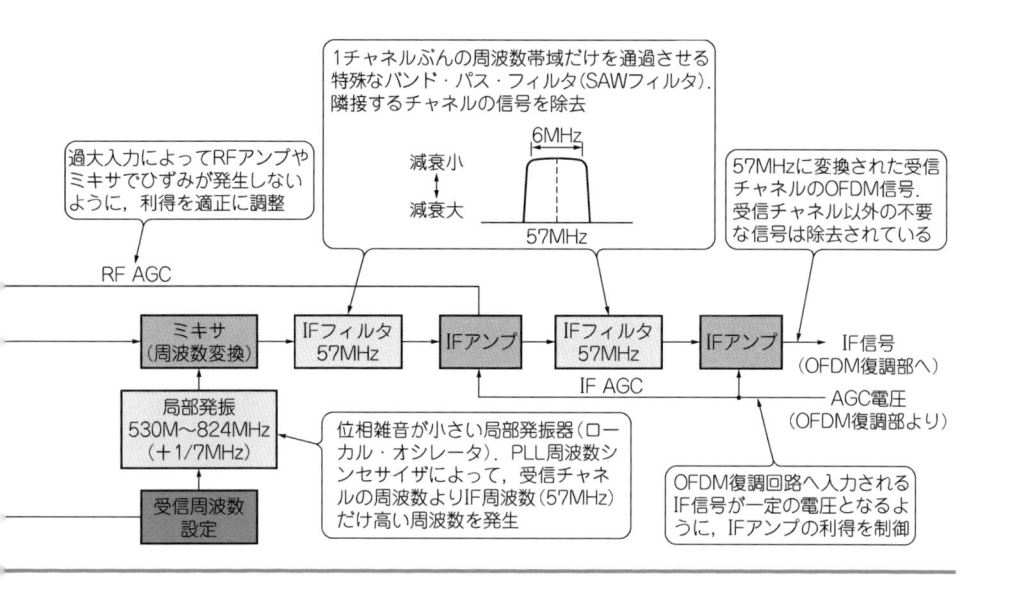

```
過大入力によってRFアンプや        1チャネルぶんの周波数帯域だけを通過させる
ミキサでひずみが発生しない        特殊なバンド・パス・フィルタ(SAWフィルタ).     57MHzに変換された受信
ように,利得を適正に調整          隣接するチャネルの信号を除去                 チャネルのOFDM信号.
                                                                         受信チャネル以外の不要
                              減衰小    6MHz                            な信号は除去されている
                              減衰大
        RF AGC                        57MHz

    ┌──────┐ ┌──────┐ ┌──────┐ ┌──────┐ ┌──────┐
    │ミキサ  │ │IFフィルタ│ │IFアンプ│ │IFフィルタ│ │IFアンプ│ → IF信号
    │(周波数変換)│ │ 57MHz  │ │     │ │ 57MHz  │ │     │   (OFDM復調部へ)
    └──────┘ └──────┘ └──────┘ └──────┘ └──────┘
                              IF AGC              AGC電圧
    ┌──────┐                                   (OFDM復調部より)
    │局部発振 │  位相雑音が小さい局部発振器(ロー
    │530M〜824MHz│ カル・オシレータ). PLL周波数シン   OFDM復調回路へ入力される
    │(+1/7MHz) │ セサイザによって,受信チャネ     IF信号が一定の電圧となるよう
    └──────┘  ルの周波数よりIF周波数(57MHz)    に,IFアンプの利得を制御
    ┌──────┐  だけ高い周波数を発生
    │受信周波数│
    │設定   │
    └──────┘
```

れている受信機の多くは,規格値よりさらに低い入力レベルでも受信可能です.

◆大入力でもひずまないようにするAGC

　送信アンテナに近い地域や,ブースタ・アンプを使用した受信設備では,受信機への入力信号レベルも大きくなります.このような場合に,微弱な入力信号のときと同じ増幅利得のままでは,信号が飽和してひずんでしまいます.

　そこで,RFフロントエンドには必ずAGC(Automatic Gain Control：自動利得制御)というしくみが設けられていて,入力信号のレベルが高くなったときには,アンプの増幅利得を適切な値まで自動的に小さくする動作をします(図3-2).

　地デジ受信機のAGCには,RF‐AGCとIF‐AGCがあり,RF‐AGCはRFアンプの増幅利得を適切に保ちます(IF‐AGCについては後述).

　OFDM方式は,信号波形がひずむと受信性能が著しく低下する性質があるため,地デジ受信機のRFフロントエンドは,信号がひずまないように,特に考慮して設計されています.

◆不要な信号を取り除くRFフィルタ

　RFフィルタは,受信チャネルから離れた周波数の信号を減衰させるバンド・パス・フィルタで,イメージ受信を防ぐ役割を担っています.イメージ受信とは,図

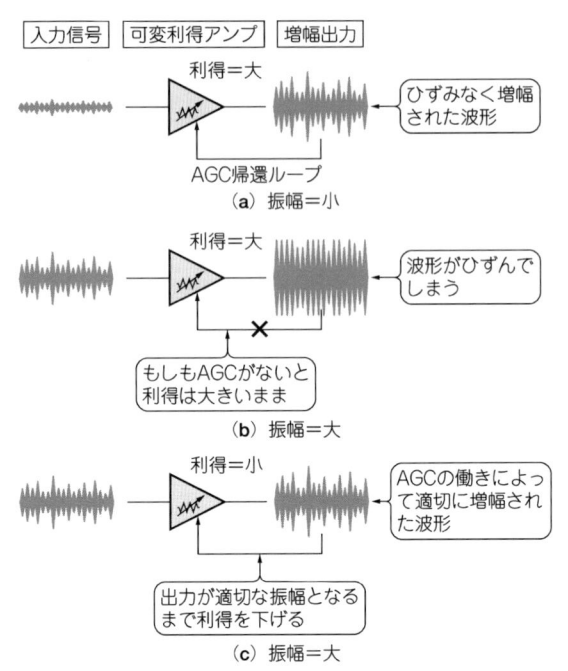

図3-2　AGCの動作と役割

3-3のように，受信チャネルの周波数に対してIF周波数の2倍離れた周波数（イメージ周波数）の信号を受信してしまう現象です．イメージ受信があると，そこに他の放送波などが存在すれば混信となってしまいますし，ノイズが増えるので受信感度も低下します．これを防ぐために，ミキサの前にRFフィルタを挿入して，イメージ周波数を十分に減衰させます．

RFフィルタには，一般に可変バンド・パス・フィルタ回路が使われます．これは，通過帯域の中心周波数が変えられるようになっていて，この中心周波数を常に受信チャネル周波数に合わせることで，イメージ周波数を減衰させます．

また，受信チャネルから離れた周波数の信号を全般的に減衰させるので，他の放送や無線通信などの強力な信号が存在する場合に，RFアンプが飽和して受信チャネルの信号に影響を与えるのを防ぐ効果もあります．

このように，受信周波数に追従して通過周波数が変わるフィルタをトラッキング・フィルタと言い，アナログ放送用のRFフロントエンドにも使われています．

図3-4は，トラッキング・フィルタに使われる可変バンド・パス・フィルタ回路の例です．回路図中のD_1〜D_4はバリキャップ（可変容量ダイオード）で，L_1〜L_3

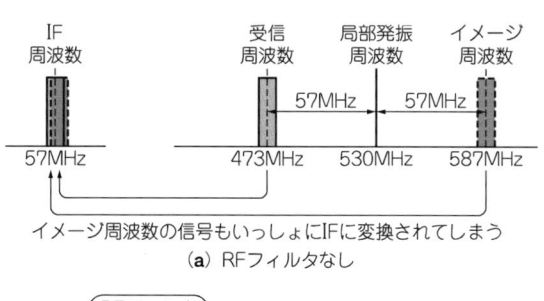

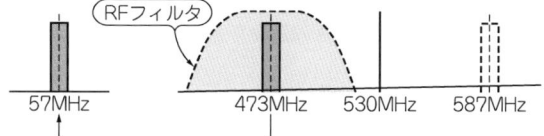

図3-3 イメージ受信とRFフィルタ

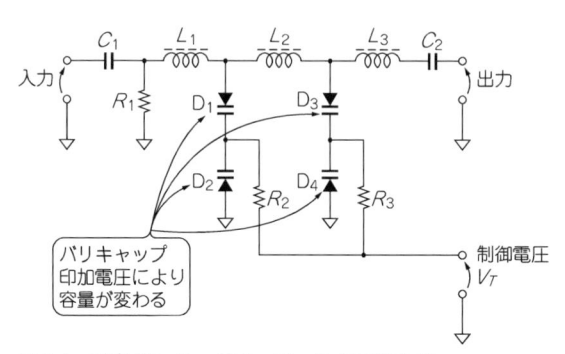

(a) RFフィルタなし
イメージ周波数の信号もいっしょにIFに変換されてしまう

(b) RFフィルタあり
受信周波数の信号だけがIFに変換される

図3-4 可変バンド・パス・フィルタ回路の例

のインダクタンスとともにバンド・パス・フィルタを構成していて，制御電圧を変えることにより通過帯域の中心周波数が変わります．R_2, R_3は，バリキャップに制御電圧を印加するための抵抗です．制御電圧は，受信チャネルごとに，あらかじめ決められた電圧値に設定されます．

3-3　局部発振器と周波数変換

◆高性能が求められる局部発振器

RFアンプで増幅された放送波は，次に57MHzのIFに変換されます．具体的に

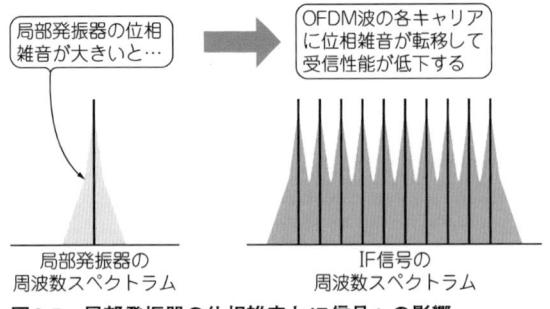

図3-5 局部発振器の位相雑音とIF信号への影響

は，局部発振器（Local Oscillator）で受信周波数より57 MHz高い周波数を発生させ，ミキサで受信周波数と局部発振周波数とを乗算することによって，受信周波数の信号をIFに変換します．

　地デジ受信機の局部発振器は，アナログ放送受信機よりも高い信号純度が必要です．どんな発振器でも，発生した信号は多かれ少なかれ周波数の細かなゆらぎをもっていますが，信号純度が高いということは，そのゆらぎが少ないということです．

　高周波信号の信号純度は位相雑音で表しますが，スペクトラム・アナライザで測定することができます．位相雑音によって周波数スペクトラムの裾が広がるため，これを観測して評価します．このときに使用するスペクトラム・アナライザは，測定対象の発振器に対して，位相雑音が十分に小さくなくてはなりません．

　アナログ放送はAM方式のため，位相雑音の影響を受けにくいのですが，地デジのOFDM方式は，狭い間隔で複数のキャリアが林立しているため，位相雑音が受信性能に影響しやすい性質があります．

　図3-5のように，局部発振器の位相雑音は，そのままIF信号の位相雑音となって，OFDM信号の隣接するキャリアどうしが妨害を与え合うことになるので，局部発振器の信号純度は重要です．

◆**実際の局部発振器を比較する**

　図3-6は，実際の受信機に使われているRFフロントエンド・モジュールの局部発振出力をスペクトラム・アナライザで観測した結果です．それぞれアナログ放送用と地デジ用で，13チャネル受信時に同じ条件で測定しました．

　アナログ放送用フロントエンドの局部発振器は位相雑音が多く，この性能ではOFDM方式の地デジの受信には適しません．

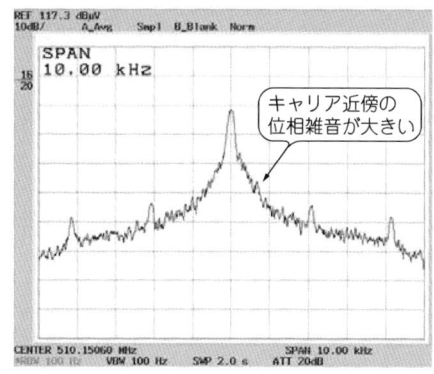

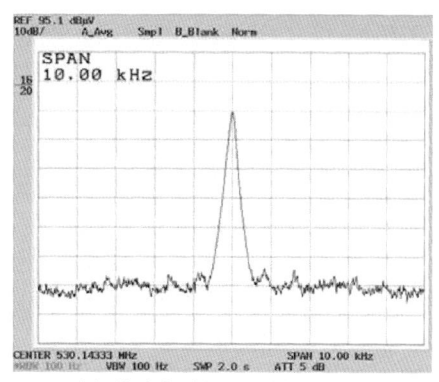

(a) アナログ放送用(センタ510.150MHz)　　　　(b) 地デジ用(センタ530.143MHz)

図3-6　RFフロントエンド・モジュールの局部発振の周波数スペクトラム(スパン10 kHz)
OFDMの各キャリアが約1 kHz間隔で並んでいる地デジでは，キャリア近傍の位相雑音が受信性能に大きく影響するので極力抑える必要がある．AM方式のアナログ放送では，キャリア近傍の位相雑音はそれほど問題にならないが，4 MHz程度までの広い範囲にわたって位相雑音がある程度以内に抑えられていないと，画質に影響することがある．

（キャリア近傍の位相雑音が大きい）

一方，地デジ用フロントエンドの局部発振は，キャリア近傍の位相雑音が格段に少ないことがわかります．

3-4　IFアンプ

◆IF信号を一定の電圧まで増幅

　IFアンプは，IFに周波数変換された受信チャネルの信号を増幅する役目をします．このときIFアンプの出力は，IF-AGCの働きによって一定の電圧に保たれます．
　IF‐AGCは，次段のOFDM復調部からの情報によってIFアンプの増幅利得を自動的に調節し，IF出力電圧，すなわちOFDM復調部への入力電圧が一定となるように動作します．そのため，IFアンプはAGCの制御電圧によって増幅利得を変えられるようになっています．

◆受信チャネルの信号だけを抜き出す

　RFフィルタが数10 MHzの通過帯域幅をもっているため，ミキサで周波数変換されたIF信号には，受信チャネル付近の複数のチャネルの信号がいっしょに含まれています．そのままでは他のチャネルの信号が妨害となって，受信チャネルのOFDM復調ができないため，IFフィルタによって受信チャネル以外の周波数の信

号を除去します．

　IFフィルタにはSAW(表面弾性波)フィルタという特殊なフィルタが使われます．SAWフィルタは，他のアナログ・フィルタでは容易に実現できないような周波数特性や位相特性をもったフィルタを，非常に小型かつ安定に実現できることが特徴です．

　地デジ受信用のSAWフィルタは，チャネル帯域内の信号をほぼ平坦な周波数特性で通過させる一方，チャネル帯域外の周波数の信号は大きく減衰させることができます．図3-7は，地デジ受信用SAWフィルタの周波数特性の例です．チャネル帯域の上下で非常に急峻な減衰特性をもっていて，チャネル帯域外の減衰量は約40 dBあります．このフィルタを2段使って，60 dB以上の帯域外減衰量を得ます．

　図3-8は，実際の受信機のRFフロントエンドにおいて，SAWフィルタ通過前のIF信号をスペクトラム・アナライザで観測した結果ですが，複数のチャネルの信号が並んでいるのが見えます．

　図3-9は，SAWフィルタ通過後のIF信号で，不要な信号がすべて除去されて，受信チャネルの信号だけがきれいに残っているようすがわかります．

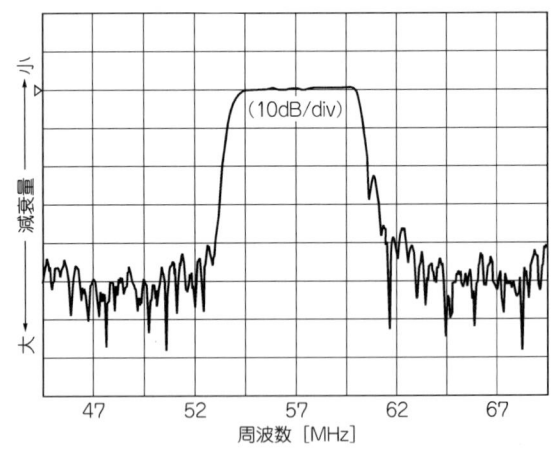

図3-7[8]　**SAWフィルタの周波数特性の例**
SAWフィルタは，周波数特性だけでなく群遅延特性が良い(通過帯域内の遅延時間差が小さい)ことも大きな特徴であり，波形の歪みが受信性能に大きく影響する地デジ受信用のチャネル・フィルタとしては理想的である．SAWフィルタは精密加工によるアナログ部品であるが，その設計手法や特性はデジタル・フィルタに近い．

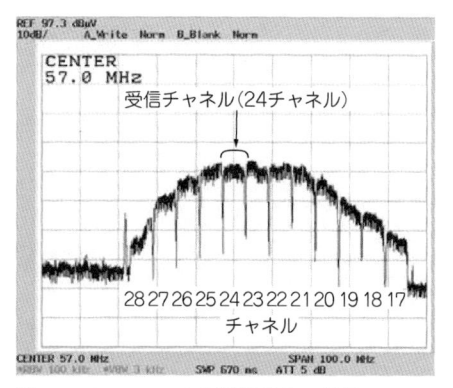

図3-8 SAWフィルタ通過前のIF信号
全体が緩く山なりになっているのはRFフィルタの周波数特性が反映されているため．また，チャネルの上下関係が逆転しているのは，RFからIFへ周波数変換する際に周波数スペクトラムが反転したためである．

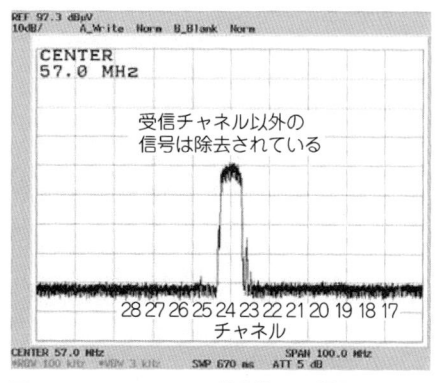

図3-9 SAWフィルタ通過後のIF信号
見事に受信チャネルのOFDM波だけが通過している．もし，このような特性をコイルとコンデンサの組み合わせによるフィルタで実現しようとすると，膨大な回路規模となってしまう．さらに，個々の構成部品について非常に高い精度が要求されるため，市販受信機の回路としては実用にならない．

3-5　実際のフロントエンド・モジュールの内部

　写真3-1は，OFDM復調器を内蔵したフロントエンド・モジュール（この例はNIM）の内部です．このモジュールは，地デジとBSデジタルの両方の受信に対応したもので，それぞれのRFフロントエンド回路が非常にコンパクトにまとめられているうえに，デジタル変調の復調部とさらにアナログ放送の復調部まで内蔵されています．

　デジタル変調波の復調は，地デジとBS（8 PSK）の両方に対応したICを使用しています．BSのRF部の回路実装面積が地デジのRF部と比べてかなり小さくなっているのは，ワンチップのRFフロントエンドICで構成されているためです．

　地デジ受信機のRFフロントエンドも，ワンセグ受信用ではすでにワンチップ化されていますが，フルセグ受信用もワンチップ化されつつあり，さらに小型化と低価格化が進むと期待されています．このようなワンチップのRFフロントエンドICは，一般にシリコン・チューナと呼ばれています．

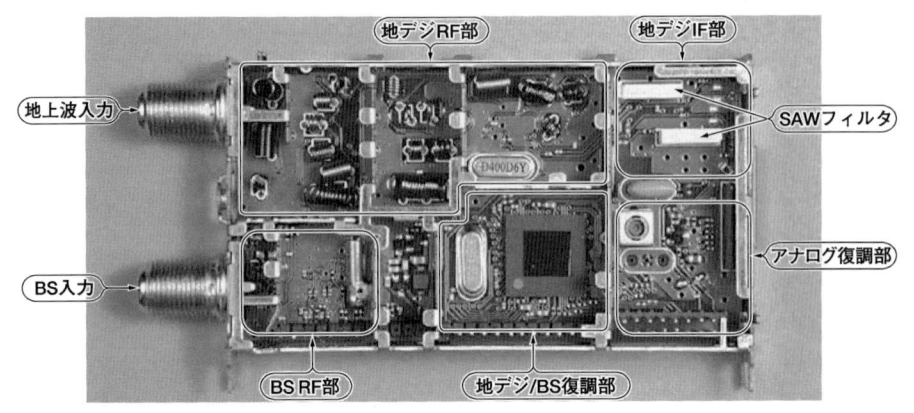

写真3-1 復調器付きフロントエンド・モジュールの内部(協力：シャープ)

3-6　シリコン・チューナ

　今まで説明してきたRFフロントエンド・モジュールは，回路全体が金属製のシールド・ケースに収められていて，その構造からCANチューナ(カン・チューナ)と呼ばれています．何十年ものあいだ，テレビ受信機のRFフロントエンドといえば，すなわちCANチューナのことでした(**写真3-2**)．

　ところが最近は，半導体技術の進歩によって，たった一つのICだけでRFフロントエンド回路が実現できるようになってきており，これらのICは，シリコン・チューナ，シングルチップ・チューナなどと呼ばれています(**写真3-3**)．

◆地デジ受信機におけるシリコン・チューナの現状

　シリコン・チューナは，従来のCANチューナと比べてRF回路を非常に小型化，軽量化できるうえ，人手による調整作業をほとんどなくすことができるため，受信機の小型化と低価格化に大きく貢献します．しかし現時点では，まだ地デジ受信機のRFフロントエンドがすべてシリコン・チューナになっているわけではありません．とくにハイビジョンのフルセグ受信機では，一部の製品を除いて，依然としてCANチューナが使われています．それは何故なのでしょうか．

　シリコン・チューナ自体は，地デジ以前から特定の用途では実用化されていました．例えば，携帯電話などの通信機器，BS放送受信機，ケーブル・テレビのデジタル放送用STB(セットトップ・ボックス)，インターネットのケーブル・モデム

(a) 外観

(b) 内部（挿入面）　手作業による調整が必要

(c) 内部（はんだ面）　部品点数が多い

写真3-2　CANチューナ

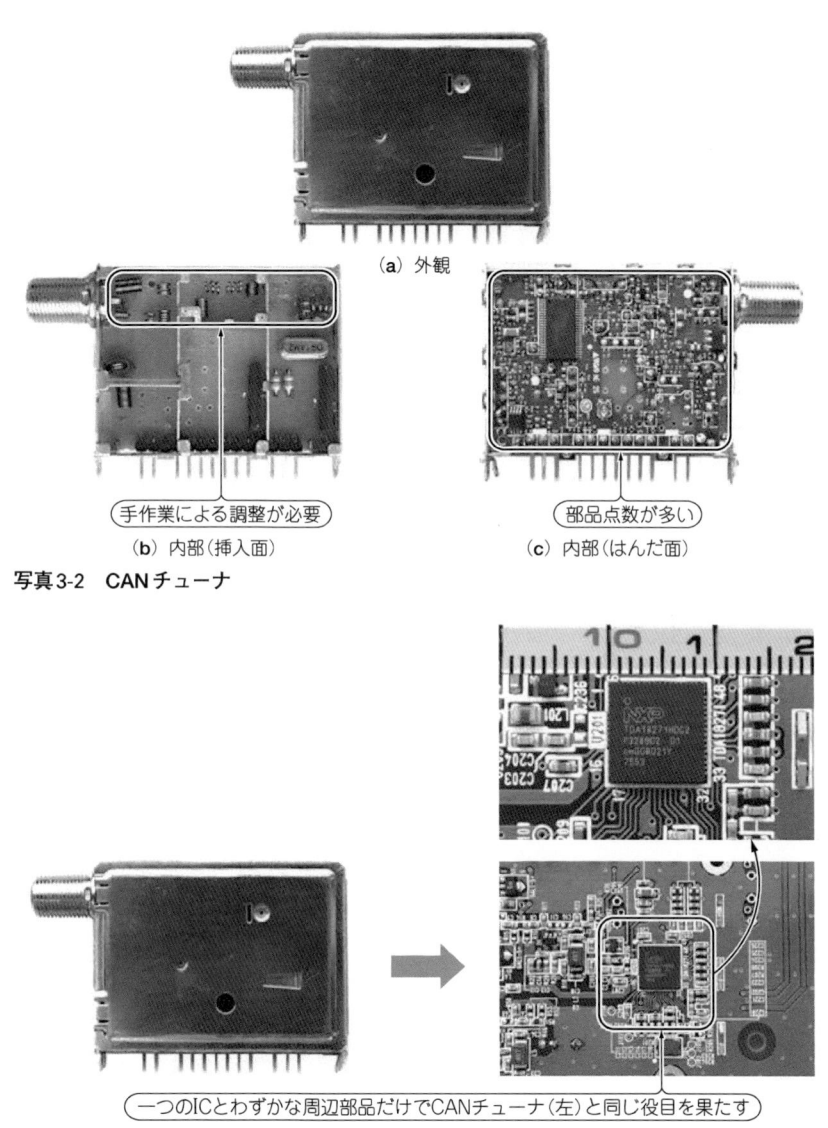

一つのICとわずかな周辺部品だけでCANチューナ（左）と同じ役目を果たす

写真3-3　シリコン・チューナ

などです．

　通信では受信周波数が狭い範囲であり，それに特化した設計が可能です．またケーブル・テレビやBS放送では，各チャネルの信号レベルがほぼ一定に揃っている

3-6　シリコン・チューナ　51

(a) 地上波

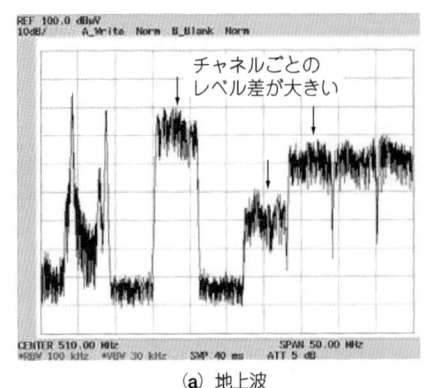

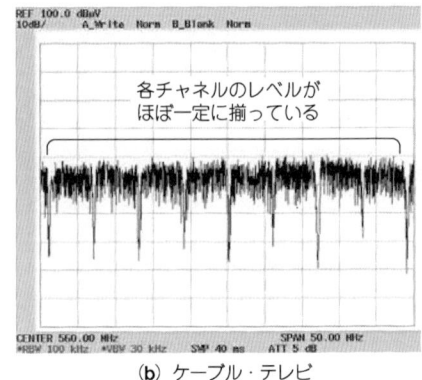

(b) ケーブル・テレビ

図3-10　地上波とケーブル・テレビのチャネル信号レベル
受信可能な最も小さい信号レベルと最も大きい信号レベルの差が受信機のダイナミック・レンジである．チャネルごとのレベル差が大きい地上波では，広いダイナミック・レンジが必要となる．

ため，地上波ほどの広いダイナミック・レンジは必要ありません（**図3-10**）．いずれも要求される受信条件が限定されているために，地上波より早くからシリコン・チューナが実用化されていたのです．

地上波テレビ受信機のRFフロントエンドは，VHF帯の90 MHzからUHF帯の770 MHzまでの広い受信周波数範囲をカバーする必要があります．さらに，微弱な信号と強い信号が共存する地上波特有の受信環境に対応するため，高い妨害信号排除特性と，広いダイナミック・レンジが要求されます．従来，これらの厳しい性能要求を満足するものは，CANチューナしかありませんでした．

シリコン・チューナで，性能上特に問題となるのはフィルタです．CANチューナでは，Q[注3-1]の高い空芯コイルを使って高性能なRFフィルタ（トラッキング・フィルタ）が構成されていますが，シリコン・チューナは，半導体チップ上で実現できるコイルのQが低いため，RFフィルタの性能が良くありません．RFフィルタの性能が悪いと，受信チャネル以外の不要な信号の影響を受けるので，受信性能を高めることができないのです．また，IFフィルタの性能も不足で，ICの外部にSAWフィルタが必要だったりして，完全なシングル・チップ化とは言い難いものがありました．

しかし，現在のシリコン・チューナは，これらの欠点を克服するためのさまざまな技術が盛り込まれています．ICの品種にもよりますが，例えば以下のような技

注3-1：コイルの性能を表す数値．Qが高いほど電気的な損失が小さく，周波数選択性能の良いフィルタ回路が実現できる．

術です．

- **IFの低周波数化**
  IFフィルタがIC内部の回路で済むので，SAWフィルタが不要となる．
- **ポリフェーズ・フィルタ**
  複素信号処理によって周波数変換の際のイメージ妨害を除去するので，RFフィルタに要求される性能が低くて済む．
- **アンプとミキサの高性能化**
  基本的なダイナミック・レンジの拡大．
- **回路ブロックごとの精密なゲイン制御**
  アンプやミキサの信号レベルを最適化して受信性能を最大限に高める．

　このような技術によって受信性能が改善されてきた結果，最近になってようやくシリコン・チューナの受信性能は，CANチューナとほぼ肩を並べるところまで追いついてきました．

　写真3-4は，2009年秋に発売された，販売価格4千円台の地デジ・チューナです．2007年12月に総務省から出された「2年以内に5,000円以下の簡易チューナを」というメーカへの提言が，まさにそのとおり実現したことになります．この製品のRFフロントエンドにはシリコン・チューナが採用されています．

　今後は，このような簡易型の受信機に限らず，地デジ受信機全般のシリコン・チューナ化が急速に進み，さらに低価格な製品が開発されることでしょう．また，複数のRFフロントエンド部を必要とするダイバーシティ受信機（第4章参照）のコスト・ダウンにも，シリコン・チューナは不可欠です．

　図3-11は，地デジとアナログ放送の受信に対応したシリコン・チューナの内部回路構成例です（**写真3-4**の製品で使用しているデバイスとは異なる）．これだけの

写真3-4　シリコン・チューナを使用した簡易チューナ製品（ピクセラ PRD-BT102-PA1）

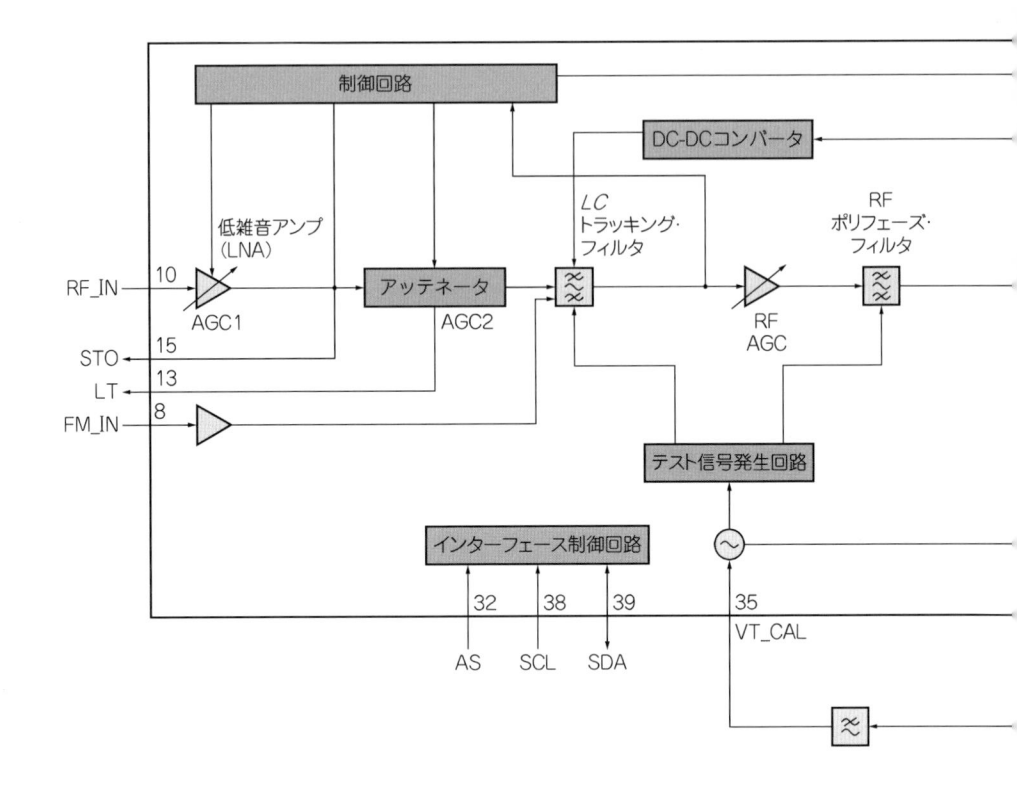

図3-11[(9)] **シリコン・チューナICの内部回路構成の例** ─── CANチューナと同じ回路構成ではなく，IC化に適する回路となっているほか，回路特性のバラツキを自動補正する機能を備え，完全な無調整化を実現している．このICは世界各国の放送方式に対応しているので，IFフィルタの帯域幅をプログラムにより変更することができる．

アナログ回路とデジタル回路が小指の先ほどのサイズに集積され，しかもCANチューナに近い受信性能で動作することは驚きです．

◆ワンセグ受信用のシリコン・チューナ

　ワンセグ放送専用の受信機は，フルセグ受信機とは事情が少し異なり，2006年のワンセグ放送開始当初よりシリコン・チューナが主に使われてきました．現在のワンセグ付き携帯電話などは，ほとんどすべての製品がシリコン・チューナを搭載しています．その理由は，ワンセグ放送が12セグメントのハイビジョン放送よりも受信しやすい仕様であるためです．移動受信を目的としているワンセグ放送は，放送の変調方式やセグメント配置などが劣悪な受信条件に強い（つまり受信しやす

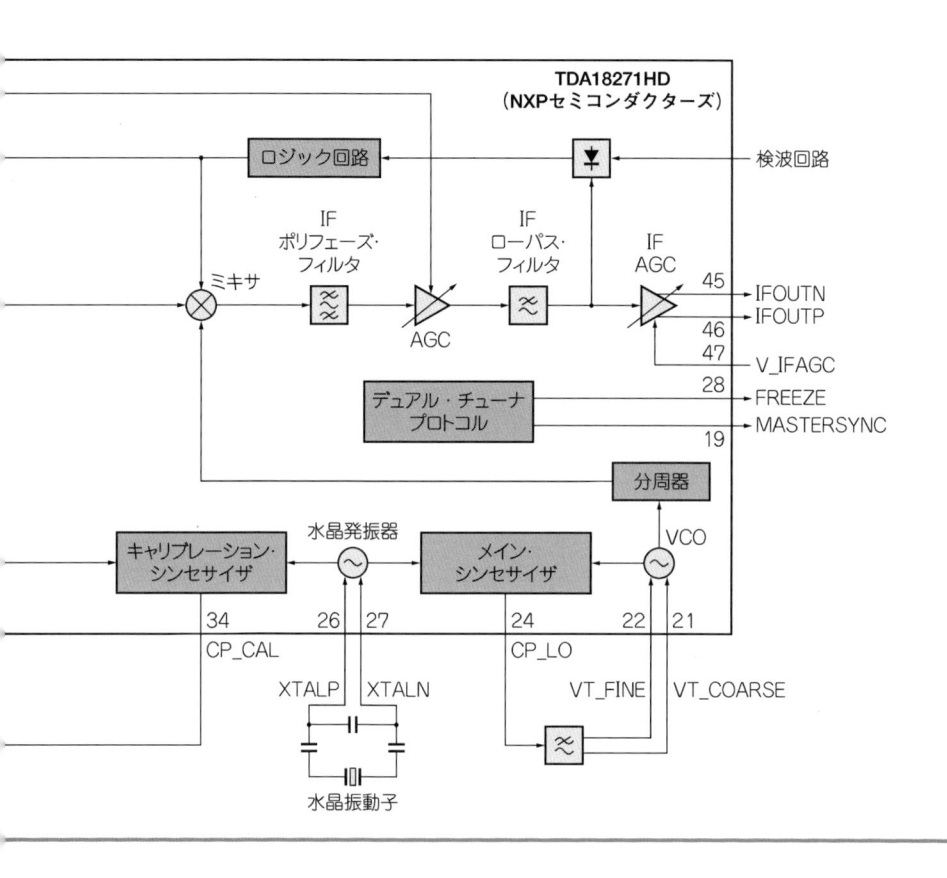

い）仕様となっているので，携帯機器の小型化の要求とあいまって，フルセグ受信機より一歩先にシリコン・チューナを使用した製品が主流となりました．

　ワンセグ放送の受信機は，フルセグ受信機のような急峻な特性のIFフィルタを必要とせず，図3-12のような緩やかな特性のフィルタで受信できます．ワンセグ放送は，全部で13あるOFDMセグメントのうち，中央のセグメントが使われているので，上下に隣接して並んでいるのは同じ放送波のキャリアです．同じ放送波のキャリアであれば，一緒にOFDM復調してからワンセグ放送のキャリアのデータだけを取得することができるからです．

　また，ワンセグ放送のデータ・キャリアは変調方式がQPSKであり，これはハイビジョン放送の64QAMよりデータの伝送量が少ない反面，悪条件に強く，受信し

```
      ┌─ワンセグ放送─┐ ┌─受信フィルタ特性─┐           周波数 →
```

```
├─ハイビジョン放送─┤     ├─ハイビジョン放送─┤
         （a）地デジのOFDM波
```

隣接したハイビジョン放送のキャリアも含まれているが，同じ放送波のキャリアなので，OFDM復調部でワンセグ放送のキャリアだけを分離することが可能

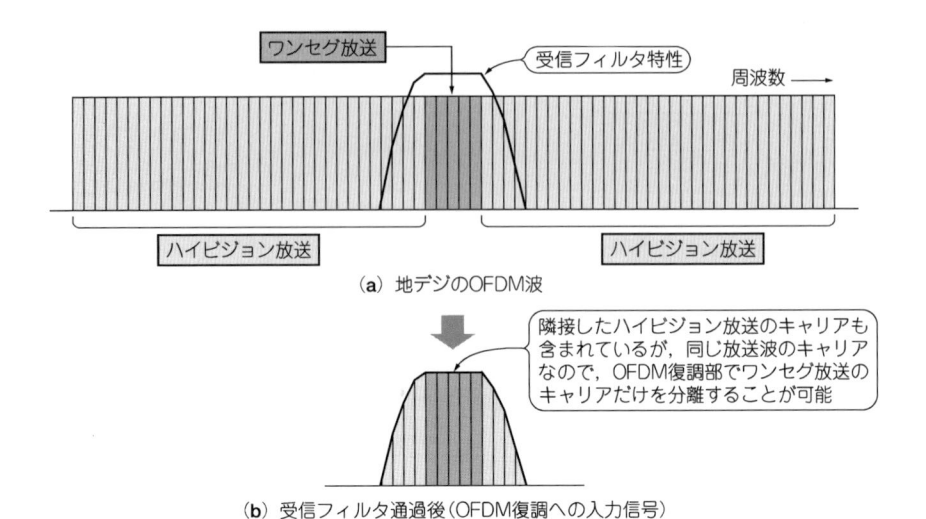

（b）受信フィルタ通過後（OFDM復調への入力信号）

図3-12 ワンセグ放送の受信

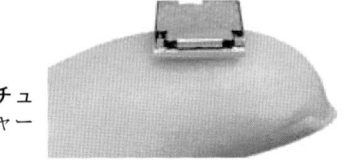

写真3-5 ワンセグ受信用チューナ・モジュールの例（シャープ VA3A5JZ912）

やすくなっています．ハイビジョン放送の所要 C/N（受信可能な最低限の C/N：信号とノイズの比）は約20 dBですが，ワンセグ放送は約7 dBであり，ノイズが20倍多くても受信可能です（OFDMのセグメントとキャリアの変調方式については第4章参照）．**写真3-5**に，ワンセグ受信用チューナ・モジュールの例を示します．

3-7　ケーブル・テレビにおける地デジの再送信

　ケーブル・テレビ（CATV）で地デジを再送信する場合，大別してパス・スルー方式（**図3-13**）とトランス・モジュレーション方式（**図3-14**）の2種類があります．

◆パス・スルー方式
　地デジのチャネル信号を，復調せずにOFDMのままケーブル上に再送信する方

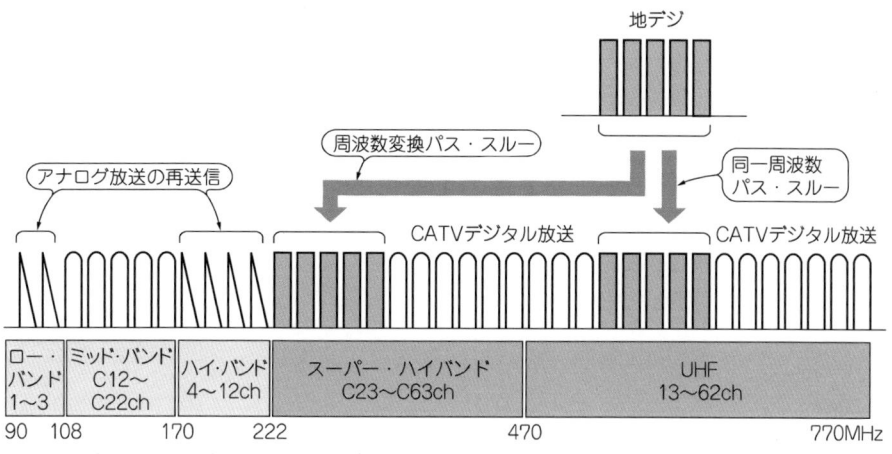

図3-13 パス・スルー方式による地デジの再送信
一例であり，周波数変換パス・スルーはミッド・バンドのチャネルを使用する場合もある．地デジの再送信チャネルは，確保可能なチャネルの状況や伝送可能な周波数の上限など，各ケーブル・テレビ局の事情によりさまざまである．

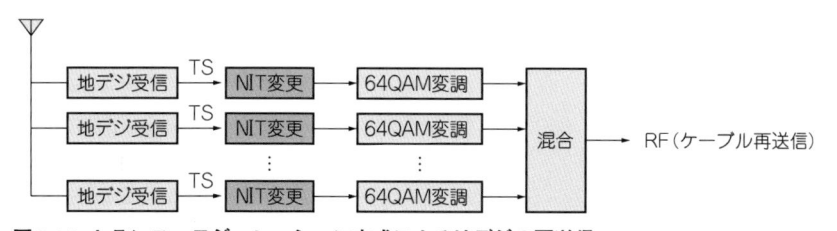

図3-14 トランス・モジュレーション方式による地デジの再送信
地デジのOFDM波を放送局ごとに受信し，得られたMPEG-2 TSをQAM方式で再変調する．このとき，ケーブル・テレビでの再送信に適するように，NIT(Network Information Table)の記述を一部変更する必要がある．番組内容そのもののデータは一切変更しないので，画質は全く劣化しない(MPEG-2 TSやNITについての詳細は第7章参照)．

式です．チャネルを変えずに送信する方式を同一周波数パス・スルー，CATVチャネルに周波数変換して送信する方式を周波数変換パス・スルーと呼びます．

　パス・スルー方式のメリットは，一般の地デジ受信機で，そのまま視聴できることです．そのため難視聴対策に適しており，多くのケーブル局がパス・スルー方式での再送信を行っています．ただし，周波数変換パス・スルー方式の場合は，地デジ受信機がCATVチャネルに対応している必要があります(初期の地デジ受信機のなかには，CATVチャネルが受信できない製品がある)．

◆トランス・モジュレーション方式

　OFDMの地デジ放送波をいったん復調して，ケーブル・テレビのデジタル放送と同じシングル・キャリアのQAMで再変調して送信する方式を，トランス・モジュレーション方式（通称「トラモジ」）と呼びます．この方式は，ケーブル・テレビ専用のSTB（セットトップ・ボックス）で受信します．

　トランス・モジュレーション方式のメリットは，ケーブル・テレビの番組と地デジの番組を1台のSTBで視聴できることで，ケーブル・テレビのデジタル放送サービス加入者には便利です．

　ケーブル・テレビによる地デジの視聴は，自宅に受信アンテナを設置する必要がないことも利点です．

3-8　FTTHによる地デジの再送信

　最近は，一般家庭にも光ファイバによるブロード・バンドの通信環境が普及してきており，各家庭まで直接光ファイバを引くことから，FTTH（Fiber To The Home）と呼ばれています．このFTTHによるテレビ放送サービスでも，地デジの再送信が行われています．

◆RF伝送方式

　ケーブル・テレビと同様のRF信号を，そのまま全チャネルまとめて光信号で伝送する方式で，各家庭の受信端には光信号をRF信号に再変換するV‐ONU（放送用光回線終端装置）を設置し，その出力のRF信号を専用のSTBで受信して視聴します．途中の伝送経路こそ光ファイバですが，V‐ONU出力のRF信号はケーブル・テレビとほぼ同じで，地デジの再送信はパス・スルー方式です．

◆IP伝送方式

　IP（インターネット・プロトコル）を使ったブロードバンド・ネットワークによるテレビ放送であり，受信端ではONU（光回線終端装置）に専用のSTBをLAN接続して視聴します．地デジの再送信は，トランスコーダという装置により，MPEG‐2で圧縮された映像と音声を，より圧縮効率の高いH.264/MPEG‐4とAACで再圧縮したのち，IPで配信します（H.264/MPEG‐4とAACについては第8章参照）．

第4章

地デジ受信機のしくみ

ガード・インターバル，シンボル同期，周波数同期，周波数特性/位相誤差の補正…

OFDM復調技術の詳細

　OFDMの復調は，変調と逆の変換，つまりFFTを行うことでキャリアごとのデータを得るわけですが，それだけでは実際の受信機は成り立ちません．シンボル同期や周波数同期など，さまざまな補正機能があって，はじめて放送波を安定に復調することができます．これらの同期や補正機能は，悪条件下での受信性能を左右する部分です．

4-1　OFDM変復調の基礎知識

◆セグメント方式による階層伝送

　ISDB-T方式の地デジは，図4-1のように，OFDM波全体のキャリアの集合が，13のセグメント（OFDMセグメント）という単位に分割されていて，一つのセグメントは432本のキャリアで構成されています．
　このセグメント単位でデータ・キャリアの変調方式を変えて放送することが可能になっていて，受信機側もこれに合わせて必要なセグメントを受信します．これを階層伝送と呼び，ISDB-T方式では最大3階層の伝送が可能です．
　実際の放送では現在，ワンセグ放送とハイビジョン放送の2階層の伝送が行われていて，それぞれのデータ・キャリアの変調方式はQPSKと64QAMになっています（図4-2）．

◆OFDMの変復調は離散フーリエ変換そのもの

　第1章では，OFDM信号の成り立ちを簡単な概念図で説明しましたが，地デジ

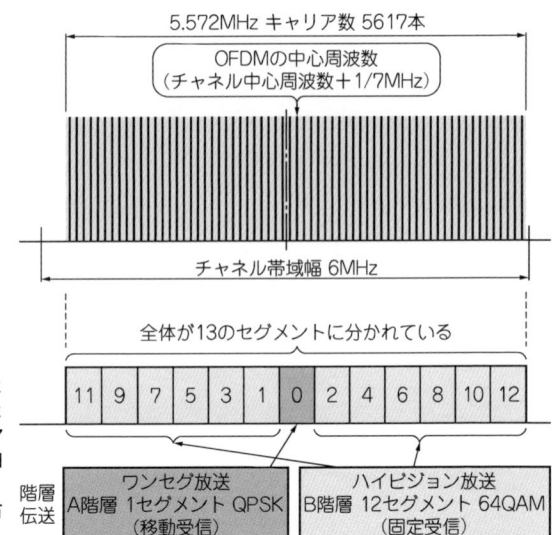

図4-1 セグメントと階層伝送
1セグメントあたりのキャリア数は432本なので，13セグメントの合計は5,616本となるはずだが，実際は5,617本となっている．これはCP（Continual Pilot）という受信同期用のパイロット・キャリアが，全体の上端（図の右端）に1本挿入されているため．

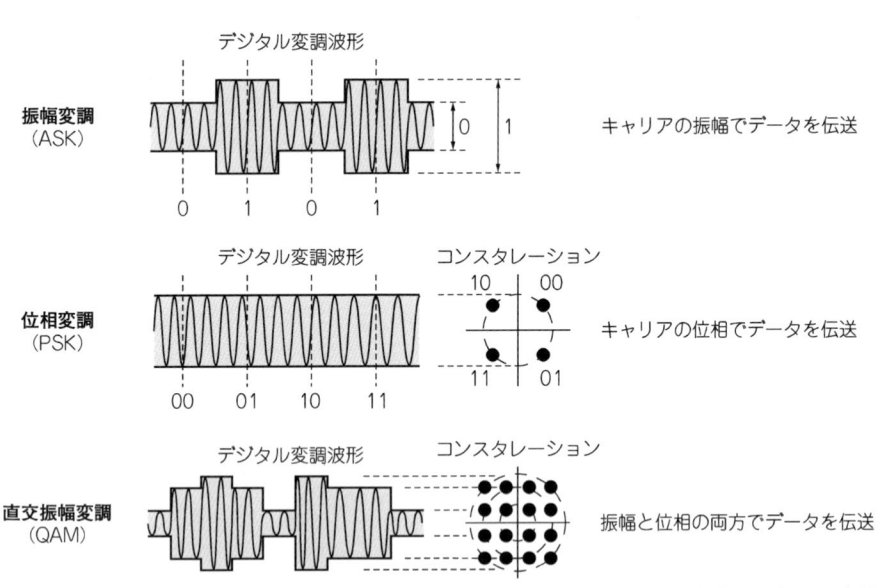

(a) 代表的なデジタル変調方式

図4-2 データ・キャリアの変調方式
ISDB-Tの規格では，データ・キャリアの変調方式として，QPSKと64QAM以外に16QAMも使用することができる．

の数千本ものキャリアを個々に発生させて，それぞれに変調をかけて合成するという膨大な処理を，アナログ回路で実現することは困難です．

実際のOFDMの変調と復調は，デジタル信号処理によるFFT（高速フーリエ変換）で行っているのですが，逆にいうとOFDM方式はこのようなデジタル信号処理を前提として実用化されたわけです．一定間隔のサンプリング点の値によって表さ

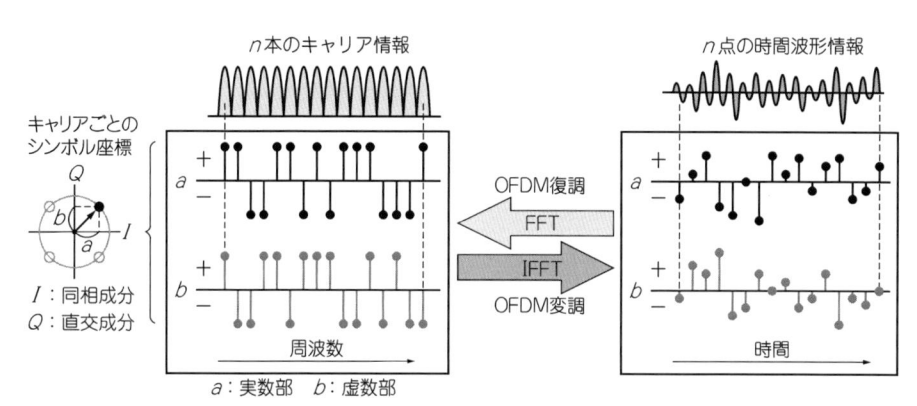

図4-3 FFTとOFDM変復調の関係
FFT（高速離散フーリエ変換）またはIFFT（逆FFT）の演算を適用するためには，サンプリング点の数が2のべき乗（2のn乗）に限られる．OFDMの変調において，キャリア本数が2のべき乗でない場合には，2のべき乗との差分を振幅がゼロのキャリア（実際には存在しないことと同じ）のダミー・データで埋めることによって，FFTによるOFDM変調/復調を行うことができる．

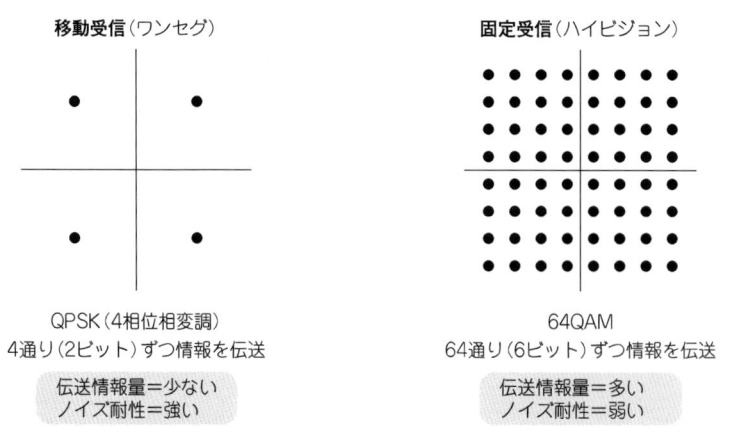

移動受信（ワンセグ）

QPSK（4相位相変調）
4通り（2ビット）ずつ情報を伝送

伝送情報量＝少ない
ノイズ耐性＝強い

固定受信（ハイビジョン）

64QAM
64通り（6ビット）ずつ情報を伝送

伝送情報量＝多い
ノイズ耐性＝弱い

（b）地デジで使用されているデータ・キャリアの変調方式

4-1 OFDM変復調の基礎知識　**61**

れた信号情報のフーリエ変換を離散フーリエ変換(DFT)と呼びますが，この離散フーリエ変換を高速で行う手法がFFTです．これは，信号の時間軸波形から周波数スペクトラムを解析する手法としてよく知られていますが，OFDMの変調と復調は，それぞれIFFT(逆FFT)とFFTによって行います．

図4-3は，FFTとOFDM変復調の関係を示しています．ここで，各時間点または各周波数点の信号情報はすべて，位相情報を含んだ複素数として扱う必要があり，aが実数部，bが虚数部の値を示しています．

複素数で表された信号情報を実信号波形の情報に変換するには，実数部と虚数部の値にそれぞれ直交キャリア(90°位相の異なるキャリア)を乗算して，その結果を加算します．このことを直交変調と言います．また逆に，実信号波形の情報を複素数に変換するためには，同様に直交キャリアを使用して直交復調を行います．

図4-4は，送信側のOFDM変調器の回路構成例を示したものです．ここで，送信データは，まず各キャリアに振り分けられますが，キャリアの変調方式がQPSKであれば2ビットずつ，64QAMであれば6ビットずつデータを割り当てるわけです．

キャリアごとに割り当てられたデータは，それぞれQPSKまたはQAMの変調方式に合わせて，シンボル座標に変換します．このことをデータのマッピングと言います．そして，周波数f_1からf_nまでn本のキャリアのベクトル情報を，IFFTによって時間軸上の情報に変換します．一度のIFFTで生成される時間軸波形がOFDM

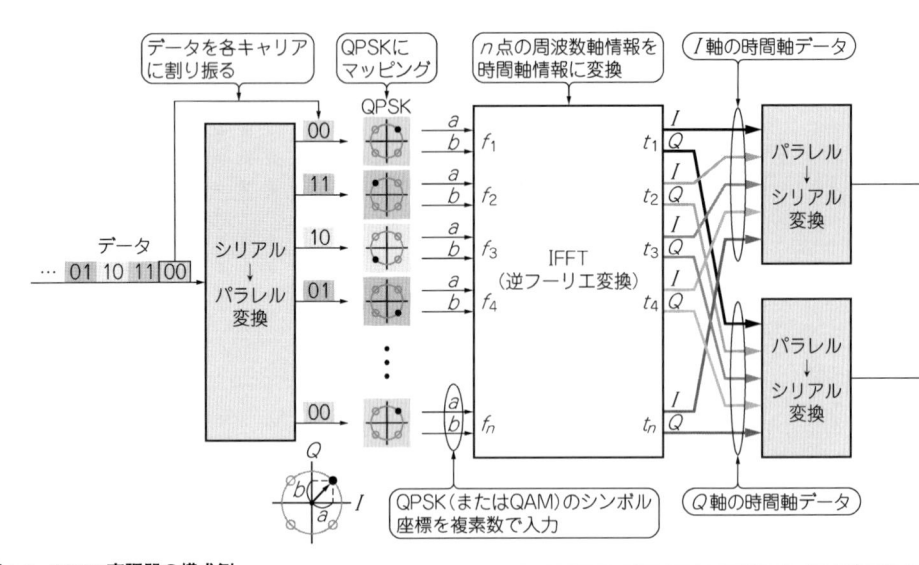

図4-4　OFDM変調器の構成例

の1シンボルとなり，これを繰り返すことで連続したOFDM波が生成されます．

◆地デジの必殺技　ガード・インターバル

さて，図4-4のOFDM変調器には，単にIFFTでOFDM波を発生させるだけでなく，ガード・インターバル付加という部分があります．ガード・インターバルは，地デジにはなくてはならないものであり，受信信号をマルチパス妨害から守るために考えられた，いわば地デジの必殺技とも言える技術です．

地デジがマルチパス妨害に強い理由は，変調のシンボル・レートが非常に低いということもありますが，それだけでは不足で，このガード・インターバルの存在によって，はじめて完ぺきなものとなります．

ガード・インターバルは，図4-5のように，IFFTによって生成されたシンボルごとのOFDM波に対して，その波形の末尾の一部分をコピーして先頭部分に付加するものです．まったく同じ波形をわざわざ重複して送るわけですから，そのぶんデータの伝送効率は低下しますが，こうすることによって，受信側でFFTによるOFDM復調を行う際に，マルチパスによる遅延波の影響を受けにくくすることができるのです．

図4-6は，このようすを示したものです．マルチパス波の遅延時間がガード・インターバル長以内であれば，有効シンボル期間に重畳してくるのは時間のずれた同

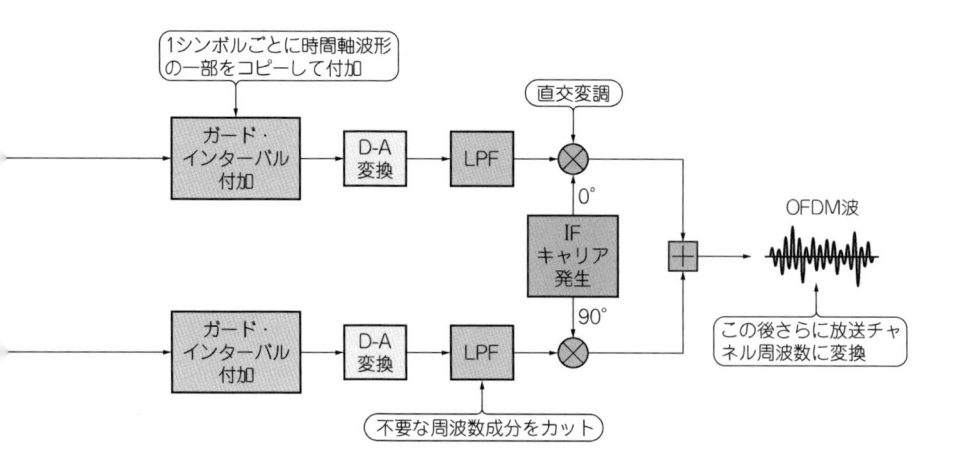

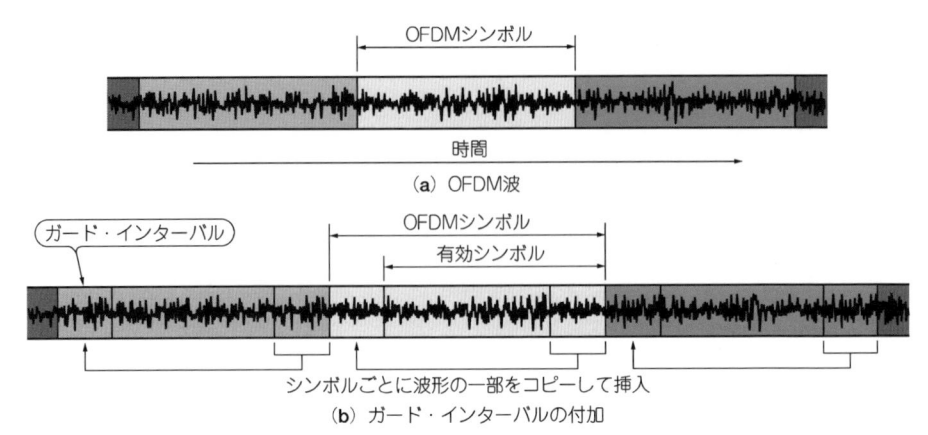

図4-5 ガード・インターバルとは

(a) OFDM波

(b) ガード・インターバルの付加

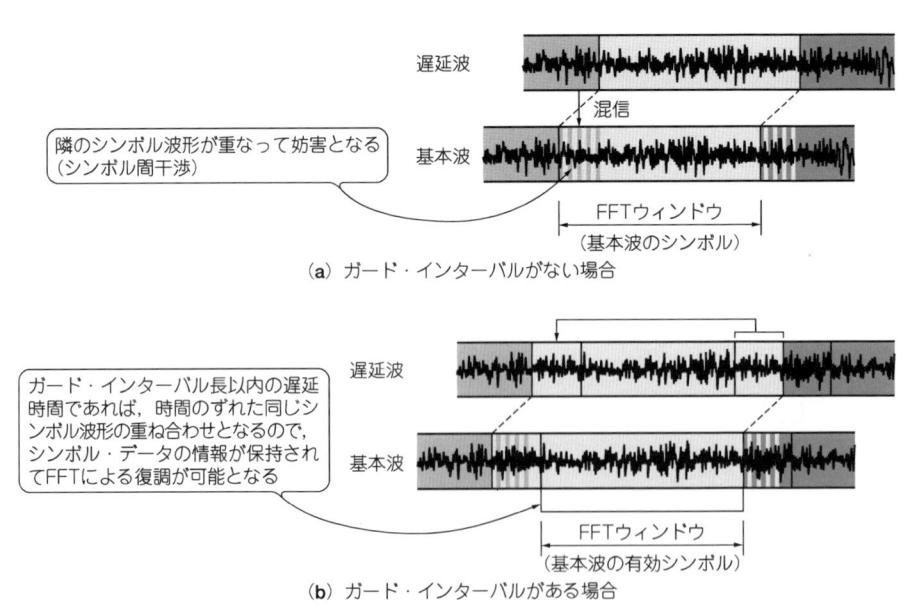

図4-6 ガード・インターバルの効果

(a) ガード・インターバルがない場合

(b) ガード・インターバルがある場合

一シンボルのOFDM信号なので，FFT結果に対して適切に周波数特性と位相ずれの補正を行うことによって，復調が可能となります。

現在，実際の放送のガード・インターバルは有効シンボル長の1/8で運用されており，有効シンボル長1008 μsに対して，ガード・インターバル長は126 μsとなっ

ています．これは，遅延時間126μs以内のマルチパス妨害に対して，原理上は正常な受信が可能であることを意味しています．

4-2　OFDM復調の技術

◆「変調の逆」だけでは受信できない

　ここまで，OFDM変調について説明してきました．さて，受信機でのOFDM復調は，変調とまったく逆の変換（直交復調とFFT）を行えば元のデータが得られるはずです．と，それで済めば話は簡単なのですが，実際の受信機は，それだけでは成り立ちません．各キャリアの変調情報をFFTで復調するためには，ノイズ同然に見えるOFDM信号からシンボルの区切りを見つけ出さなくてはなりませんし，放送チャネル周波数に変換されたキャリアも，正確に元の周波数に戻さなくてはなりません．さらに，地上波の電波はマルチパス妨害を受けて振幅や位相の周波数特性が乱れるので，それも補正する必要があります．

　図4-7に，地デジ受信機におけるOFDM復調器の構成例を示します．直交復調で複素データに変換したOFDM信号をシンボルごとのFFT処理でキャリア情報に変換します．そして，キャリア変調を復調してデータを得る基本的な信号処理に加えて，シンボル同期や周波数同期をとる機能と，振幅や位相を補正する機能などを備えています．

　この例では，直交復調をデジタル信号処理で行っていますが，アナログ回路で直交復調を行ってから，複素データをそれぞれA-Dコンバータでデジタル変換する方法もあります．

◆シンボル同期とキャリア周波数同期

　OFDMを復調するには，ノイズのような波形から有効シンボル期間を正確に捕えてFFTする必要があります（図4-8）．それと同時に，キャリア周波数も精密に復元しなくてはなりません．

　その方法としては，まずガード・インターバル相関による有効シンボル期間の検出を行います．これは図4-9のように，ガード・インターバルによる同一波形の繰り返しを利用して，有効シンボル長だけ遅延させた波形と元の波形との相関をとることにより，有効シンボル期間の開始点を検出する方法です．これによって有効シンボル期間をFFTすることができると同時に，この結果に基づいて直交復調のキャリア周波数を制御することで，キャリア周波数を精密に同期させます．

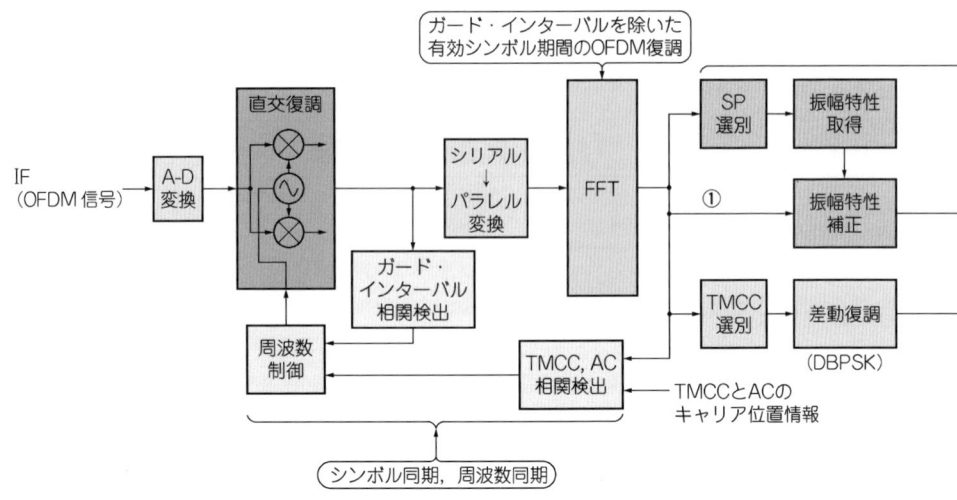

図4-7 OFDM復調器の構成例
全体の構成をわかりやすく示すために信号の流れをすべて1本の線で描いているが，実際には直交復調からデマッピングまでは変調器同様に複素データでの処理である．

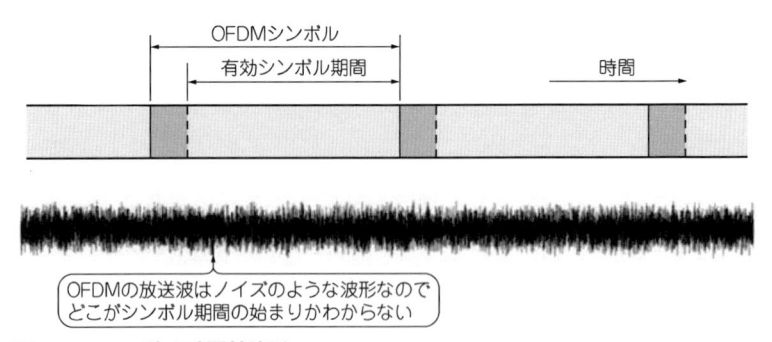

図4-8 OFDM波の時間軸波形

　もう一つ，キャリア周波数のずれを検出する方法として，TMCC（Transmission and Multiplexing Configuration Control）およびAC（Auxiliary Channel）の相関検出を行います（TMCCとACについては第4章Appendix，4-C参照）．

　これらは，あらかじめ決められた周波数位置に挿入されているので，TMCCキャリアとACキャリアについて，本来あるべき周波数位置とFFT結果との相関から，キャリア間隔単位の大きな周波数ずれを検出します．TMCCとACはデータ・キャリアより振幅が大きいので，FFT後の各キャリアの振幅を比較することによって，その周波数位置を知ることができます．

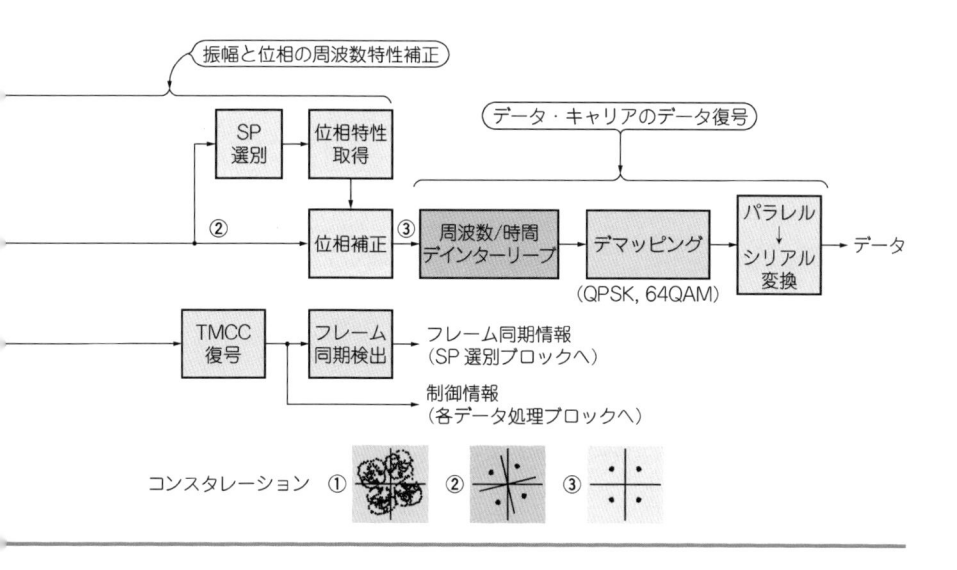

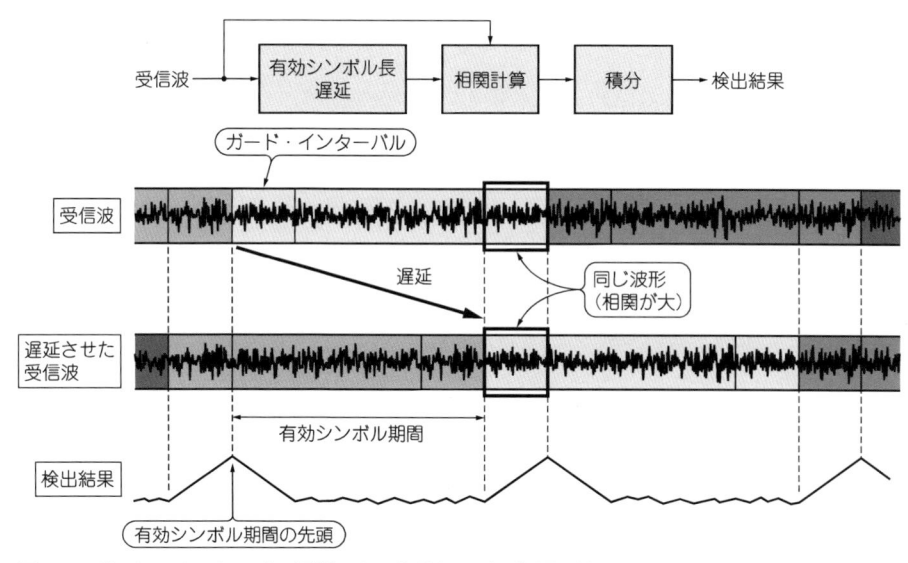

図4-9 ガード・インターバル相関による有効シンボル期間の検出

　これら二つの方法の組み合わせでシンボル同期とキャリア周波数同期を行うことにより，受信側でのOFDM復調が可能となります．

図 4-10　SP（スキャッタード・パイロット）の配置
SPは全キャリアに対して12本に1本の割合で挿入されているが、シンボルごとに挿入位置が3キャリアずつ移動するので、4シンボル期間の情報を総合すれば、キャリア3本に1本の割合で補正情報を得ることができる．

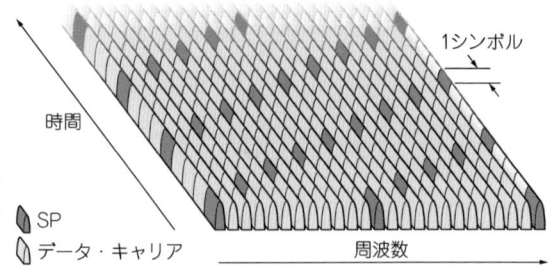

◆振幅や位相を補正してコンスタレーションを整える

　受信機に入力されるOFDM波が，放送局から送信されたまま何の乱れもない状態であれば，前項のシンボル同期とキャリア周波数同期だけで受信できるわけですが，実際の地デジの受信では，マルチパスによる遅延波の影響によってOFDM波の振幅周波数特性や位相周波数特性が乱れます．

　その結果，FFT後の各キャリアの振幅や位相に差が生じることになり，コンスタレーション（第4章 Appendix，4－A参照）が乱れて受信特性が著しく悪くなってしまうため，それらを補正する必要があります．特に64QAMはコンスタレーションの乱れの影響を受けやすいので，これらの補正が重要です．

　周波数特性を補正するためには，SP（スキャッタード・パイロット）を利用してOFDM波の帯域全体の周波数特性を把握します．SPは，BPSKで変調された基準キャリアであり，**図4-10**のように，データ・キャリアに対して12本に1本の割合で挿入されています．さらに，SPの挿入位置はシンボルごとに3キャリアずつ移動しながら，4シンボルで一巡します．

　SPの変調内容やレベルは既知の一定値であるため，これをもとに3キャリア間隔の分解能で振幅の周波数特性を把握して，その間を補間した結果をもとに逆特性で補正することによって，すべてのキャリアの振幅をほぼ完全に補正することができるわけです．このようすを**図4-11**に示します．

　マルチパスによる遅延波の影響がある場合，FFTで復調したキャリア情報は，振幅を補正しても，まだ位相ずれが残っています．そこで，再びSPを利用して位相の周波数特性を把握し，位相補正を行います．先に述べたように，SPの変調とレベルは既知であるため，位相ずれの情報も得ることができるのです．

◆キャリアのインターリーブを戻す

　このようにしてコンスタレーションの乱れを整えた各データ・キャリアに対して，

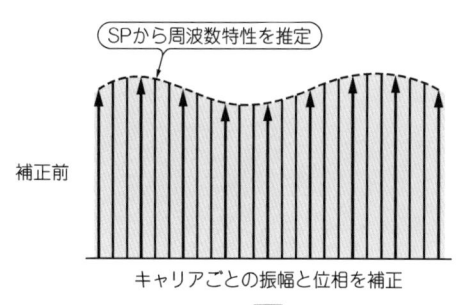

図4-11 SPによる周波数特性の補正
通常は，SPによって得られる3キャリアごとの情報によって，振幅や位相は十分に補正される．しかし，SPの挿入位置は4シンボル期間で一巡するため，その間に電波の状態が大きく変化してしまうと正確な補正ができない．特に移動受信ではこの点が問題となるので，さらに工夫が必要となる．

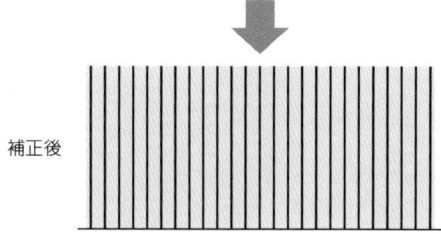

 次に周波数と時間のデインターリーブを行います．変調器の構成例には記していませんが，OFDM変調の際に，実際にはデータを各キャリアに順次割り当てるのではなく，順序を入れ替えることが行われています．これをインターリーブと言い，受信側で元の並びに戻すことをデインターリーブと言います．

 12セグ放送では，セグメント間にまたがって周波数方向(キャリア番号方向)のキャリア順序を入れ替える周波数インターリーブが，1セグ放送ではセグメント内での周波数インターリーブが行われているほか，セグメント内で時間方向(OFDMシンボル方向)にずらす時間インターリーブも行われています．これらは，ノイズやフェージング(受信状態の変動)などによって生じるデータ・エラーを分散させて，エラー訂正の能力を高める効果があります．

 図4-12は，時間インターリーブの概念です．これはインターリーブの効果をわかりやすく示したイメージですが，実際の放送では，数百シンボルにわたる非常に長時間のインターリーブと，さらに周波数インターリーブを合わせて，連続したデータをランダムに近い状態にまで分散させて送信しています．このことは逆に，ノイズやフェージングの影響が，デインターリーブ後にはランダムに近い状態に分散することを意味しています．

 これらの補正やデインターリーブを行った後，やっとQPSKや64QAMなどの変調方式ごとにデマッピングされて，データ・キャリアの変調データが得られます．

4-2 OFDM復調の技術

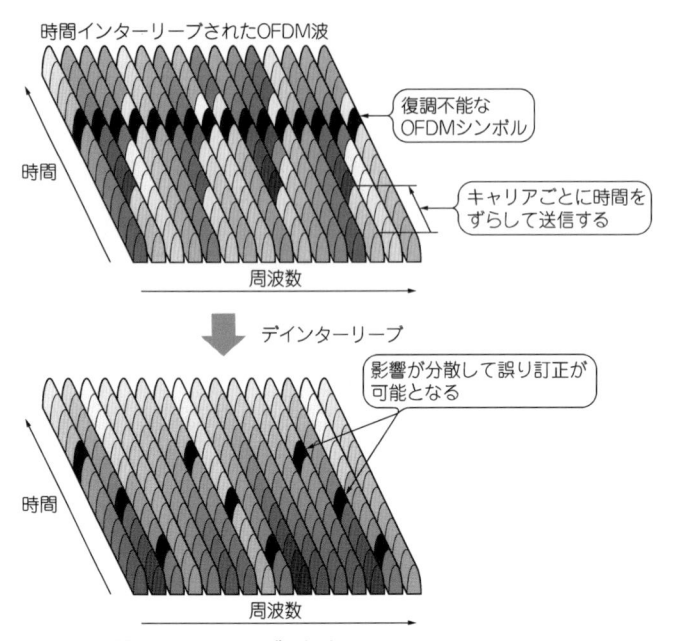

図4-12 時間インターリーブの概念
時間インターリーブの効果を分かりやすく示すために，非常に単純化して描いている．

しかし，この段階のデータにはまだエラーが残っているため，その後に誤り訂正を行います．

◆半導体メーカのノウハウが詰まった復調IC

本章で説明した同期や補正の方法は，あくまで一つの例であり，しかも基本的な事項だけに絞った内容です．実際の受信機のOFDM復調部には，さらに細かな位相ずれに対する補正や，受信状態の変動に対応するための技術などが盛り込まれていて，たいへん複雑な構成になっています．しかし現在，これらすべての機能はOFDM復調ICとしてワンチップ上に集積した形で提供されており，市販の受信機のOFDM復調部は，このIC一つで実現されているのが普通です．

OFDM復調ICの性能は，RFフロントエンドとともに受信機の受信性能に大きくかかわるため，各半導体メーカの研究にもとづく，さまざまな同期やコンスタレーション補正の技術が使われています．このあたりは半導体メーカのノウハウでもあり，規格書にはほとんど記されていないため，なかなか詳細が見えにくい部分です．

写真4-1　OFDM復調ICの例
(a)と(b)は，OFDM復調だけでなく，デインタリーブや誤り訂正の信号処理回路も内蔵しており，57 MHzまたは4 MHzのIF(中間周波数)に変換されたOFDM信号を入力してMPEG-2 TS出力が得られる．(c)は，さらに後段のデスクランブラやMPEG-2ビデオ，オーディオ・デコーダまで内蔵されており，RFフロントエンドを除く地デジ受信機の主要部分のほとんどを含んでいる．このICは地デジ普及のための低価格チューナ用途に開発されたものである．

　写真4-1は，受信機の基板上に実装されたOFDM復調ICの外観です．これらのICには，本章で述べたOFDM復調機能だけでなく，さらに後段の誤り訂正までが含まれています．RFフロントエンドからのIF信号を入力してMPEG-2 TS出力を得ることができる，非常に高集積なものです．

4-3　ダイバーシティ受信

　自動車などで移動しながら地上波放送を受信すると，電波の状態が刻々と変化して安定した受信ができません．このような電波状態の時間変化をフェージングといい，地形や建造物による遮蔽や回折，反射によるマルチパスの影響によって発生します．そこで，地上波放送の移動受信では，フェージングの影響を軽減するために，ダイバーシティ受信という技術が使われます．これは，複数のアンテナを用意しておき，常に受信状態の良いアンテナを選択することによって，フェージングの影響をなるべく少なくする方法です．ダイバーシティ受信の概念を図4-13に示します．

◆地デジのダイバーシティ受信機
　アナログ放送では，一方のアンテナの受信レベルが低下したら，もう一方のアンテナへ切り換えるという単純な方法でも受信状態の改善効果があります．しかし地デジの受信では，アンテナを切り換える際にODFM波が不連続となる場合があり，そうなるとOFDM復調後のデータにエラーが発生して画像や音声のスムーズな再生ができなくなります．また，マルチパスによって，図4-14のような周波数選択

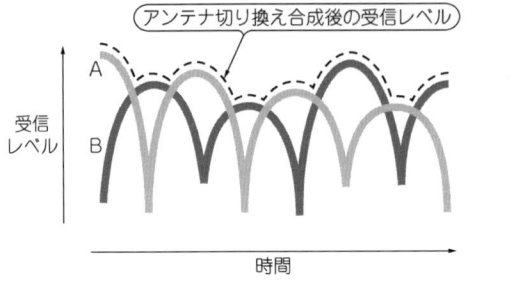

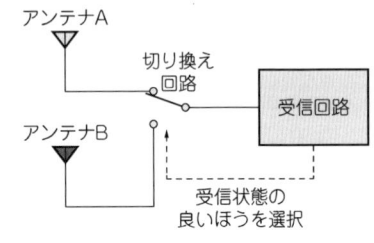

図4-13　ダイバーシティ受信の概念
アンテナAとアンテナBを適当な間隔で設置したり，互いの偏波面を変えて設置したりすることにより，一方がレベルの谷間で受信不能なときに，もう一方が正常に受信可能である確率が高くなる．このような受信方法をアンテナ・ダイバーシティという．

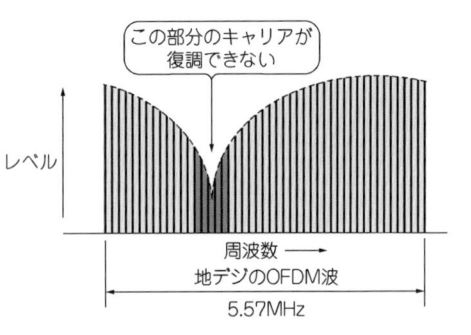

図4-14　周波数選択性フェージング
マルチパスにより，異なる伝播経路を経てきたOFDM波が同時にアンテナへ入力されると，互いの遅延時間差の影響で，周波数によって信号が強めあったり打ち消しあったりするため，周波数特性に大きな乱れが生じる．とくに，ディップまたはヌル点と呼ばれる信号レベルの谷間では，キャリアの復調ができなくなるため問題となる．

性フェージングが発生すると，一部のキャリアの復調ができなくなるため，やはりデータにエラーが発生して画像再生が不可能となります．受信レベルによって単純にアンテナを切り換えるだけの方法では，このような周波数選択性フェージングによる受信障害を十分に改善できません．

　これらのことから，地デジのダイバーシティ受信では，もう少し複雑なシステムが必要となります．図4-15は，地デジにおけるダイバーシティ受信方法です．
　最近の移動受信では，アンテナを2系統から4系統に増やすことにより，さらに受信改善効果を高めた4ダイバーシティ方式が主流となっています（図4-16）．**写真**

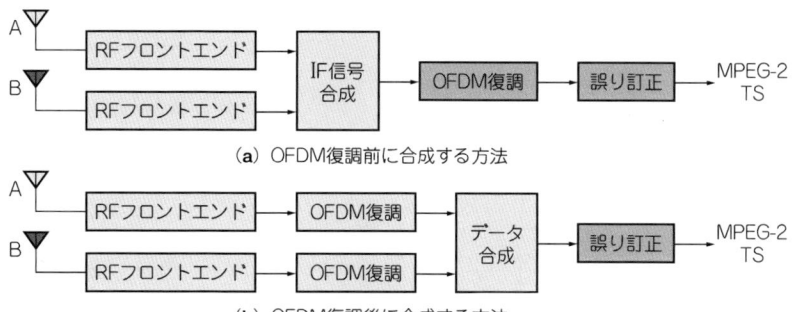

図4-15 地デジのダイバーシティ受信方法
(a) OFDM復調前に合成する方法
(b) OFDM復調後に合成する方法

(a)はIFに変換されたOFDM信号の平均レベル，あるいはいくつかに区切った周波数帯域ごとのレベルなどをもとにして切り換え合成を行う．OFDM復調回路が一つなので回路規模は小さくて済むが，受信改善効果はやや低い．
(b)は回路規模は大きくなるが，OFDM復調後にキャリア単位での合成を行うことができるため，周波数選択性フェージングに対する受信改善効果が高い．

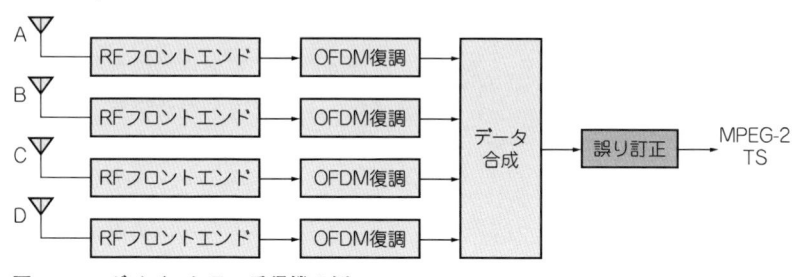

図4-16 4ダイバーシティ受信機の例

アンテナを2系統から4系統に増やすことにより，さらに受信改善効果を高めた方式であり，とくに最近のカーAVの地デジ受信機は，この4ダイバーシティ方式が主流となっている．また，室内用テレビ受信機の一部機種でも4ダイバーシティ受信が採用されているが，これは電波条件の悪い室内において，内蔵アンテナで安定した受信を行うためである．

写真4-2 4ダイバーシティ受信用RFフロントエンド（アルプス電気 TSRN）

4-3 ダイバーシティ受信　73

```
         ┌─ アンテナA              ┌─ ホイップ・アンテナ
         │ （ホイップ・アンテナ）
```

（a）ホイップ・アンテナと内蔵アンテナで指向性や偏波面が異なるので，ダイバーシティ受信ができる

（b）ホイップ・アンテナと筐体内部のエレメントで一つのアンテナを形成する．内部のエレメントを切り換えることでアンテナの指向性が変わる

図4-17
ワンセグ携帯のダイバーシティ受信アンテナの例

4-2は4ダイバーシティ受信用RFフロントエンドの例です．

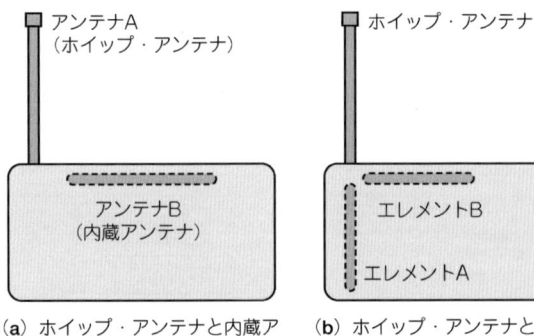

◆ワンセグ携帯のダイバーシティ受信

　ダイバーシティ受信の技術はカーAVだけでなく，携帯電話のワンセグ放送受信にも採用されつつあります．ワンセグ放送は，もともと移動受信を想定したサービスであり，データ・キャリアはQPSK変調で送信されているうえ，放送波の周波数帯域幅も約430 kHzと狭いため，電波状態の悪化には強くなっています．しかし，受信する環境が屋内から乗り物の中までさまざまであるため，実際には映像が途切れる場合も多く，ダイバーシティによる受信改善は大きな効果があります．

　携帯電話の場合は，アンテナの大きさや形状に制限があるため，携帯性を損なわずにダイバーシティ受信の効果が上がるように工夫がされています．**図4-17**は，ワンセグ付き携帯電話におけるダイバーシティ受信アンテナの実現方法の例です．

4-4　ガード・インターバルの効果を確かめる

　地デジの大きな特徴の一つである，ガード・インターバルによるマルチパス妨害排除の効果を，実際の受信機（チューナ）で確かめてみましょう．

◆アナログ放送との比較

　写真4-3は，D/U（直接波と遅延波の比）が3 dBのマルチパスがある，アナログ放送の受信画面の例です．D/Uが3 dB（振幅比で約1.4倍）しかないため，ひどい2

写真4-3 *D/U*＝3 dBのマルチパス遅延波があるアナログ放送の受信画像

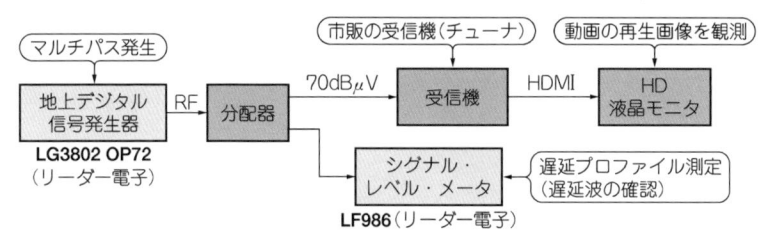

図4-18 ガード・インターバルの効果を確かめる実験の接続図

　重像と同期信号の映り込みがあり，色彩もめちゃくちゃです．しかも，しばしば受信機の映像同期が外れて画像が流れる状態となりました．
　では，アナログ放送がまったく視聴に耐えないほど乱れる強いマルチパス条件において，地デジの場合はどうでしょうか．2種類の受信機で，遅延波の遅延時間を変えながら受信実験を行ってみました．実際の放送波では遅延波を自由に設定して実験することが困難なため，ここでは地上デジタル信号発生器を使用しました．この信号発生器は，ハード・ディスク・ドライブに記録されたハイビジョン動画のMPEG－2 TSを，実際の地デジ放送と同じRFチャネル信号として出力するもので，さらにマルチパス妨害と同じ状態の遅延波を発生させる機能が付いています．
　この実験の接続図を図4-18に示します．シグナル・レベル・メータは，地デジの遅延プロファイル測定(第4章Appendix，4-B参照)と簡易なスペクトラム測定機能が付いたもので，遅延波を確認するために使用しました．

4-4 ガード・インターバルの効果を確かめる

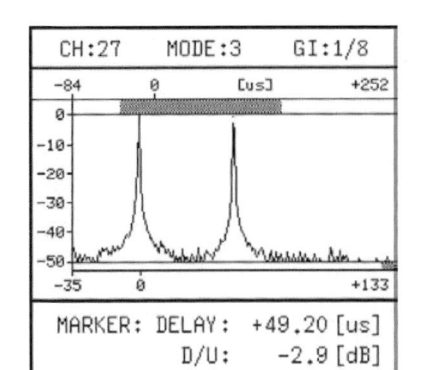

(a) 遅延プロファイル　　　　　　(b) スペクトラム波形

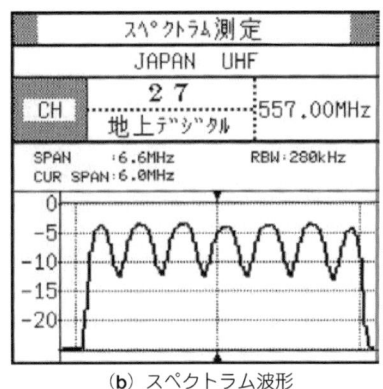

図4-19　遅延プロファイルとスペクトラム波形
遅延波が存在すると周波数スペクトラム波形に乱れが生じる．逆に周波数スペクトラムから遅延波を分析した結果が遅延プロファイルである(第4章 Appendix, 4-B参照)．

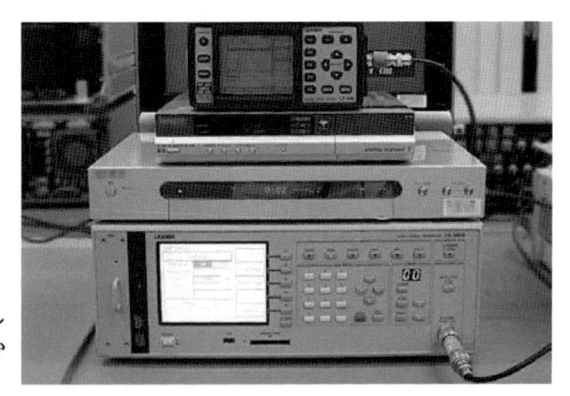

写真4-4　ガード・インターバルの効果を確かめる実験のようす

　実験は，遅延波のD/Uを3 dBとしたまま，遅延波の遅延時間を10 μsから大きくしていき(**図4-19**)，2台の受信機それぞれについて再生画像を観測しました(**写真4-4**)．ガード・インターバル比の設定は実際の放送と同じ1/8で，ガード・インターバル長は126 μsです．

◆ガード・インターバルの効果は絶大

　実験結果を**図4-20**に示します．受信機Aは140 μs，受信機Bは95 μs付近で画像が乱れはじめ，それ以内の遅延時間ではすべて正常な受信画像でした．
　受信機によって結果に差があるのは，有効シンボル期間に対するFFT期間の設定位置の違いなどによるものと推測できます．

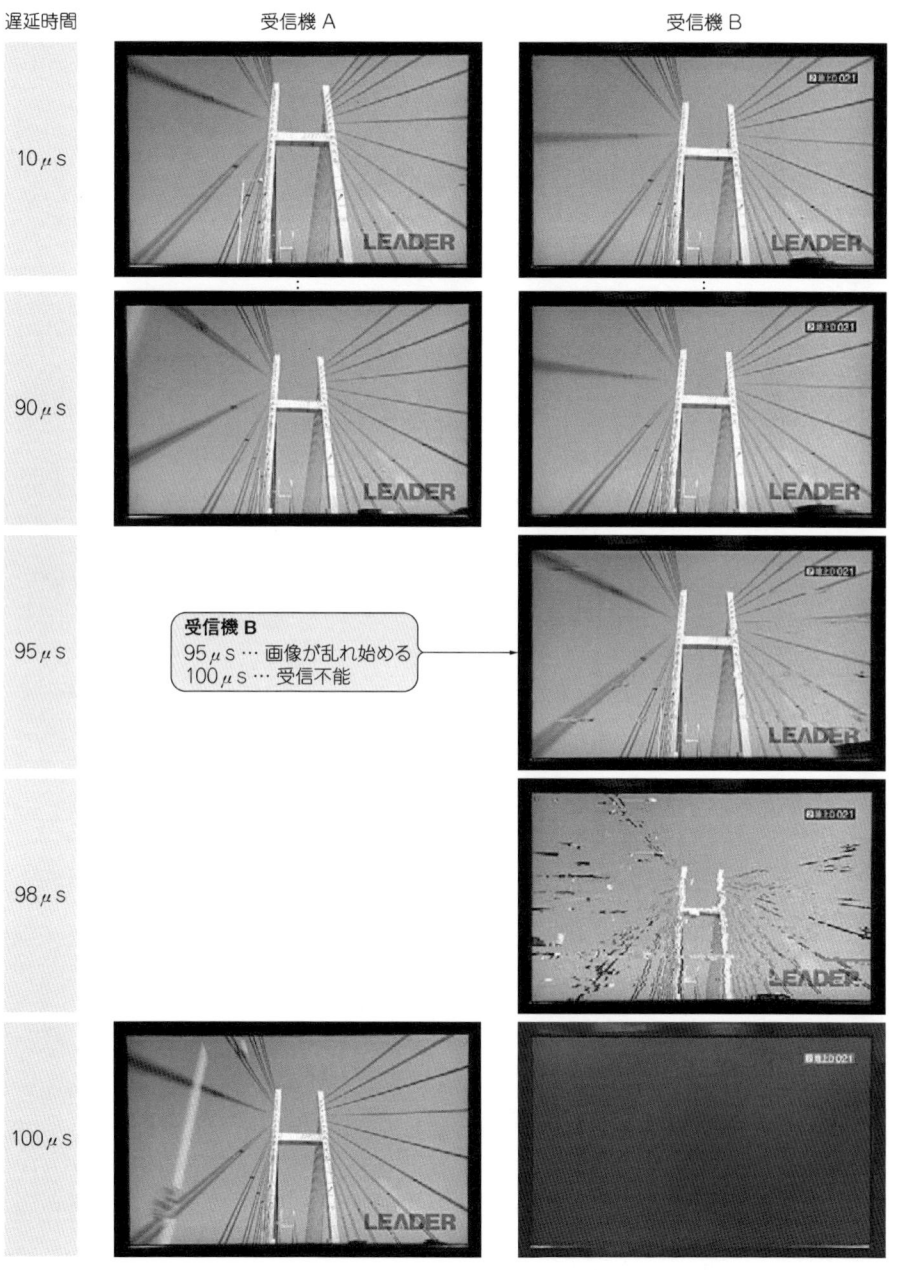

遅延時間	受信機 A	受信機 B
10 μs		
90 μs		
95 μs	受信機 B 95 μs … 画像が乱れ始める 100 μs … 受信不能	
98 μs		
100 μs		

図4-20 マルチパスの遅延時間と受信画像($D/U = 3$ dB,映像協力:テレビ神奈川,tvkコミュニケーションズ)

次頁につづく→

4-4 ガード・インターバルの効果を確かめる

遅延時間　　　　　受信機 A　　　　　　　　　　受信機 B

140 μs

受信機 A
140 μs … 画像が乱れ始める
150 μs … 受信不能

145 μs

150 μs

(注) この図の画像は，ある一つの条件に
おけるガード・インターバルの効果
を実験した結果に過ぎないので，こ
れだけでA, B，両製品の優劣をつ
けることはできない．また，これら
の受信機はいずれも地デジ放送開始
後の比較的初期の製品であり，現在
の製品はさらに受信性能が改善され
ていると思われる．

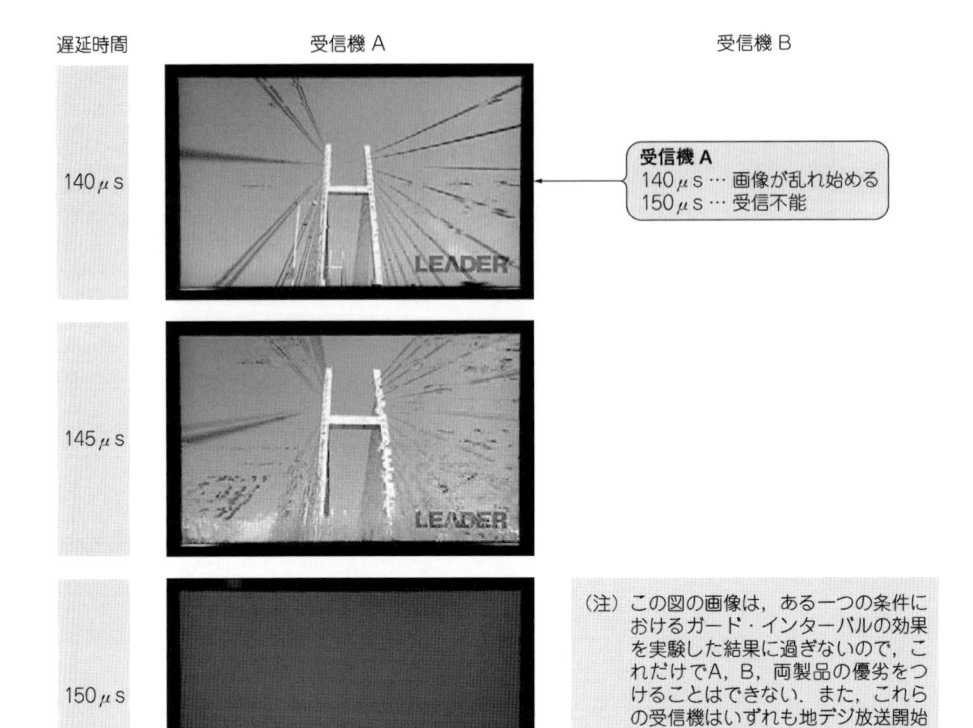

図4-20　マルチパスの遅延時間を受信画像(D/U = 3 dB，映像協力：テレビ神奈川 tvk コミュニケーションズ)

　一つの条件の実験だけで受信機の性能を決めつけることはできませんし，この結果はあくまで参考にすぎませんが，いずれにしても，地デジにおけるガード・インターバルの絶大な効果を確かめることができました．

◆ 受信機のバスタブ特性
　この実験のような測定を，遅延時間だけでなくD/Uも変えながら詳しく行うと，図4-21のようなバスタブ特性と呼ばれるグラフを描くことができます[注4-1]．
　一般的に，ガード・インターバルが有効な期間内の遅延波であれば，D/Uが0 dB（目的波と同じレベル）であっても受信可能ですが，ガード・インターバルを

注4-1：厳密には再生画像の目視ではなく，ビット・エラー・レート（第5章 Appendix 参照）の値が受信限界（2×10^{-4}）となる条件を測定する．

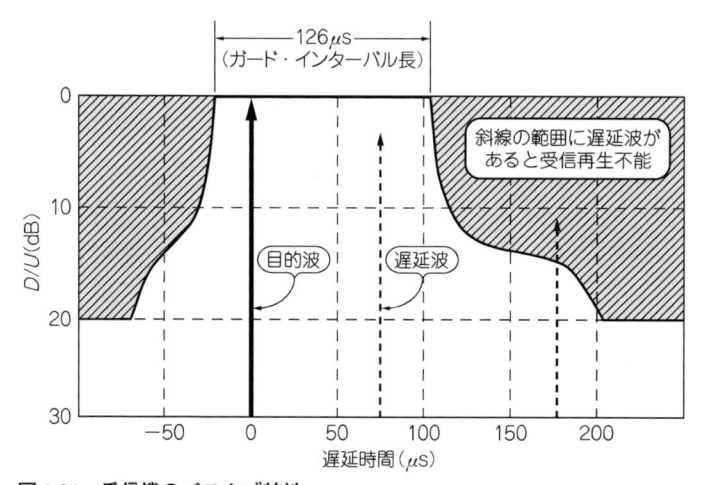

図4-21 受信機のバスタブ特性
$D/U=0$ dB を下側にして描くとバスタブの形に似ていることから、バスタブ特性と呼ばれている。この図は最も基本的な例であり、バスタブ特性は受信機によって多少異なる。多くの受信機では、OFDM復調のFFTウィンドウ位置を最適な位置に制御する方法が採られているため、遅延波の影響を排除できる範囲はこの図より広くなる。

大きく超える遅延波は、目的波に対してノイズと同じように作用します。ハイビジョン放送の所要C/Nが約20 dB（第5章参照）なので、ガード・インターバルを大きく超える遅延波がある場合は、そのD/Uが約20 dB以下で受信再生不能となります。さらに、ガード・インターバルを超えた遅延波が複数存在する場合は、それらすべての電力の合計がノイズとして作用するため、個々の遅延波のレベルが斜線のエリアに達していなくても、受信再生不能となることがあります。

実際の地デジの受信環境においては、遅延波だけでなく、目的波より先に受信点へ到着する先行波が存在する場合があります。これは、強電界地域のCATVや共同受信における直接波の飛び込み、ギャップ・フィラー（電波の届きにくい地域への再送信施設）からの電波の受信地域などで生じるものです。

先行波妨害に対応するためには、OFDM復調部のFFTウィンドウ位置（FFT演算範囲）をずらす必要があるため、そのぶん遅延波に対するガード・インターバルの有効範囲が狭くなります。しかし、多くの受信機は、遅延波（あるいは先行波）の状況に応じてOFDM復調部のFFTウィンドウ位置を自動調節する機能を備えているので、ガード・インターバル長の126 μsまでの遅延波妨害あるいは先行波妨害を排除することができます。

第4章 Appendix

地デジ受信機のしくみ

4-A　コンスタレーション

　コンスタレーションとは，QAMなどの直交変調やQPSKなどの位相変調において，マッピングされたデータ・シンボルの座標点を，I軸とQ軸の直交座標上に表したものです（**図4-A**）．シンボル点の配列を星座（constellation）にたとえて，こう呼ばれています．

◆デジタル変調の品質が分かる

　コンスタレーションを観測することで，デジタル変調の正確さ（すなわち信号の品質）を把握することができます．

　まったく劣化のない理想の変調信号は，各データ値のシンボル点がそれぞれ1点に集中した状態ですが，ノイズなどで信号が劣化すると，シンボル点が1点に集中せず，ばらついた状態になります．

　また，シンボル点のばらつき方の特徴（放射状，同心円状，ランダムなど）は，信号劣化の原因を特定する手がかりとなります．

◆コンスタレーションとMER

　コンスタレーションのばらつきを数値化したものが，MER（Modulation Error

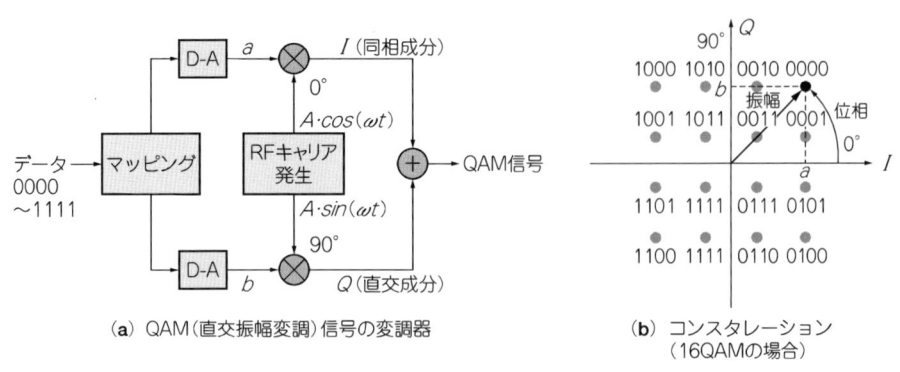

(a) QAM（直交振幅変調）信号の変調器

(b) コンスタレーション（16QAMの場合）

図4-A　デジタル変調のコンスタレーション

Ratio＝変調誤差比）という値で，MERが大きいほど高品質な信号です（図4-B，図4-C）．

　地デジの受信においては，受信機のキャリア復調部のMERを測定することが，受信マージン（受信の余裕度）を知る有効な手段の一つです．12セグメントのハイビジョン放送の場合，正常な受信画像を得るためには，およそ20 dBのMERが必要ですが，それに対して十分なマージンを確保するためには，25 dB以上が目安となります．

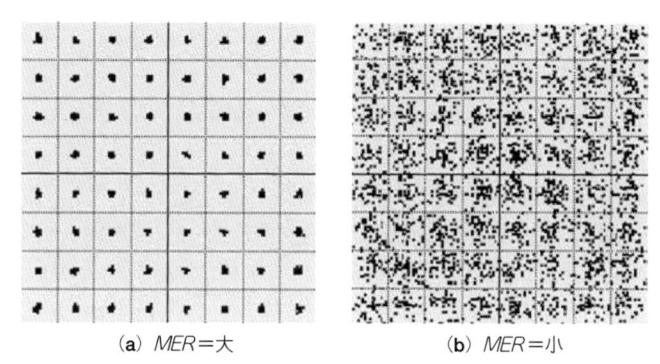

(a) MER＝大　　　　(b) MER＝小

図4-B　64QAMのコンスタレーション
実際の地デジ（ハイビジョン放送）の受信コンスタレーションで，（a）はMERが25dB以上ある良好な受信状態，（b）は受信限界であるMER＝20dB前後のコンスタレーションを示している．

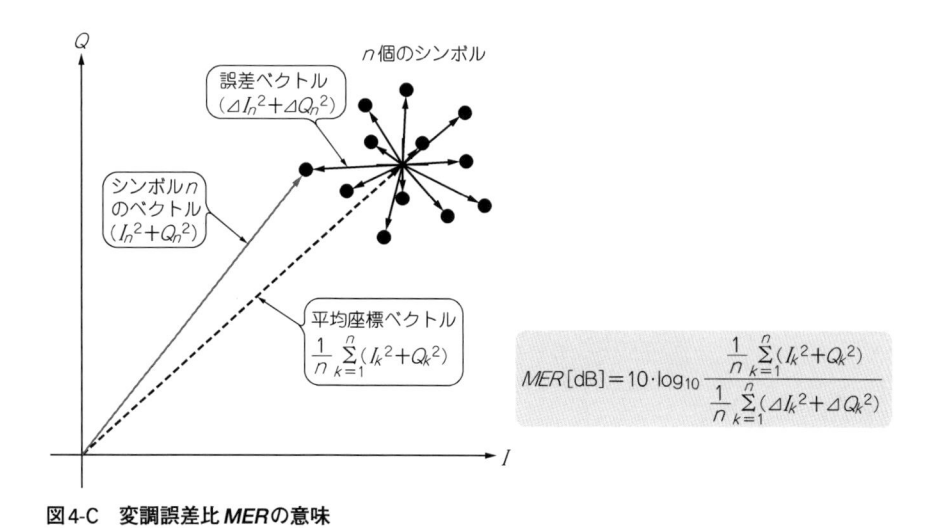

n個のシンボル
誤差ベクトル $(\Delta I_n^2 + \Delta Q_n^2)$
シンボルnのベクトル $(I_n^2 + Q_n^2)$
平均座標ベクトル $\frac{1}{n}\sum_{k=1}^{n}(I_k^2 + Q_k^2)$

$$MER[dB] = 10 \cdot \log_{10} \frac{\frac{1}{n}\sum_{k=1}^{n}(I_k^2 + Q_k^2)}{\frac{1}{n}\sum_{k=1}^{n}(\Delta I_k^2 + \Delta Q_k^2)}$$

図4-C　変調誤差比MERの意味

MER の測定値は原理上，測定系（受信機のRFフロントエンドとOFDM復調部）の性能によっても差が生じますが，受信限界の 20 dB 付近からある程度の範囲までの測定であれば，測定系の違いによる影響はわずかです．

　また，MER は平均的な値であるため，パルス性ノイズなどによる間欠的な妨害の影響は数値に現れにくい性質があります．受信確認の際には，BER（Bit Error Rate：ビット誤り率）もあわせて測定する必要があります．

4-B　遅延プロファイル

　地デジのフィールド測定器のなかには，遅延プロファイルの測定機能を備えたものがあります．これは，どのようなものなのでしょうか．

◆受信画像ではわからないマルチパスが見える

　地上波放送では，送信電波が建造物に反射するなどして，送信点と受信点との間に距離が異なる複数の伝播経路が生じます．これがマルチパスと呼ばれる現象（図

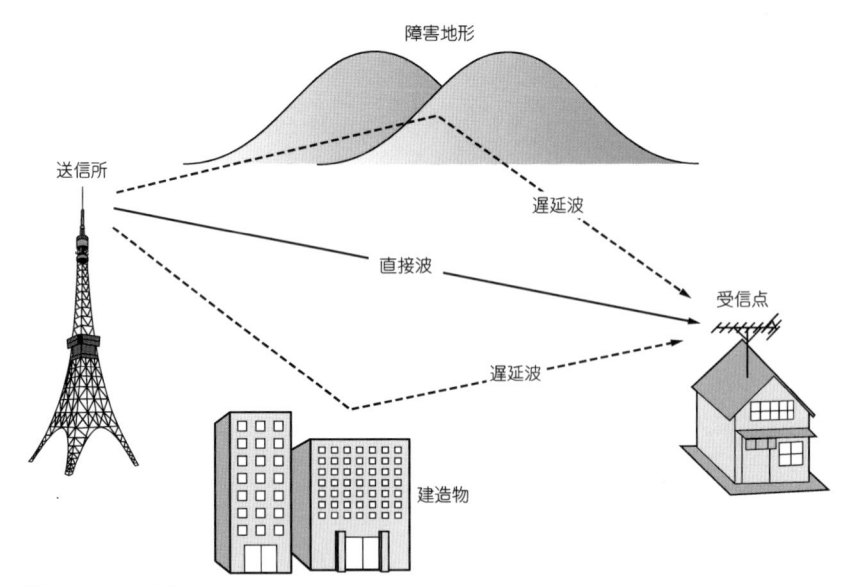

図4-D　マルチパス
反射波や回折波は，受信点に到達するまでの伝播経路が直接波より長いために，時間的な遅れを生じる．電波の伝播速度は，おおよそ毎秒 30 万 km であるため，直接波と遅延波の伝播経路長の差は，遅延時間 1 μs あたり約 300 m となる．このことから，遅延波の遅延時間は，原因となっている建造物などの位置を推定する手がかりとなる．

4-D)で，地上波放送の受信品質を劣化させる大きな原因となっています．アナログ放送の場合は，マルチパスがあれば受信画像に多重像(いわゆるゴースト画像)が生じますが，デジタル放送では受信画像からマルチパスの発生を知ることができません．

しかし，地デジでは，OFDMの特性を利用してマルチパスの状態を分析表示する，便利な測定方法があります．これが遅延プロファイルです．

◆遅延プロファイルの測定原理

受信波に対してマルチパスによる遅延波の重畳があると，それがFFTによるOFDM復調結果の周波数レスポンスに反映されます．その周波数レスポンスをIFFT(高速逆フーリエ変換)することによってインパルス応答特性，つまり遅延プロファイルが得られます．

実際には，周波数レスポンスの基準としてSP(スキャッタード・パイロット)を利用し，その振幅情報をIFFTでインパルス応答特性に変換してグラフ表示します(図4-E)．

◆遅延プロファイル測定の必要性

地デジは，ガード・インターバルが設けられていることによって，もともとマル

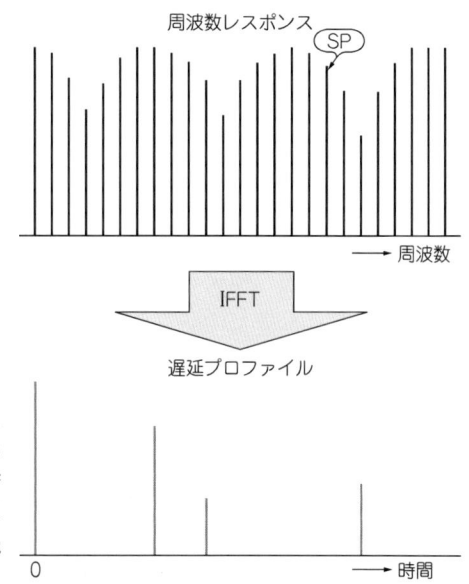

図4-E　遅延プロファイルの測定原理
SPから得られる周波数レスポンスは，スペクトラム・アナライザのような単なる振幅特性ではなく，位相情報も含んでいるため，IFFTの結果から遅延時間の極性（遅れ，進み）も判別することができる．これは，SFN(同一周波数中継)などで進み方向の妨害波が発生する場合のある地デジでは，重要なことである．

写真4-A　遅延プロファイル測定機能を備えたフィールド測定機の例（リーダー電子 LF986）
地デジの受信工事や設備管理の現場では，このような測定機がよく使われている．このモデルは，地デジだけでなく，CATVデジタルやBSデジタルなどにも対応しており，各デジタル放送の信号レベル，*MER*，*BER*が測定できるほか，デジタル変調のコンスタレーションも表示できる．屋外使用に適した小型軽量であり，長時間動作可能なバッテリを内蔵している．

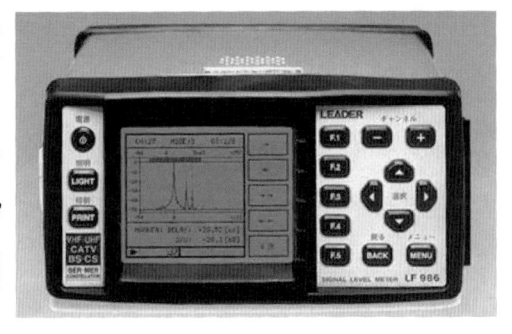

チパスに強い特性をもっていますが，それでもマルチパスは受信マージン（余裕度）を低下させる大きな要因となります．また，山岳反射やSFN（同一周波数中継）によって生じる，ガード・インターバルを越えた遅延波による受信障害の調査には，遅延プロファイル測定が欠かせないものとなっています．

写真4-Aは，地デジの遅延プロファイル測定機能を備えた，フィールド測定器の例です．

4-C　TMCCとパイロット・キャリア

ISDB-T方式のOFDM波には，放送内容を伝送するデータ・キャリア以外に，受信機のための制御情報を伝送するTMCCや，OFDM復調の基準となるパイロット信号などの補助的なキャリアが，一定の割合で挿入されています．

◆TMCC

TMCC（Transmission and Multiplexing Configuration Control）は，受信に必要な変調方式などの制御情報を伝送するほか，OFDM復調の周波数同期の基準ともなるキャリアです．地デジ受信機が，放送の変調パラメータに合わせて受信を行うために，最初に必要となるのがこのTMCCの情報です．

TMCCの主な特徴を以下に示します．
- 変調方式がDBPSKのため所要C/N（第5章参照）が低く，また複数のキャリアで同一内容を送るため，劣悪な受信条件でもデータの復調が可能．
- 特定の周波数位置に挿入されているため，OFDM復調の周波数同期に利用可能．
- 全204ビットのうち，102ビットで各階層のキャリア変調などの設定を伝送．

表4-A　TMCCで伝送される情報

内　容			ビット数
位相基準信号			1
同期信号(ワード)			16
セグメント形式識別			3
TMCC情報	システム識別		2
	伝送パラメータ切り替え指標		4
	緊急警報放送用起動フラグ		1
	カレント	部分受信	1
		A階層情報	13
		B階層情報	13
		C階層情報	13
	ネクスト	部分受信	1
		A階層情報	13
		B階層情報	13
		C階層情報	13
	連結送信位相補正量		3
	リザーブ		12
パリティ			82
合　計			204

TMCCで伝送される情報を**表4-A**に示します．
- カレントは今現在の設定情報を示す．ネクストは階層構造に変更がある場合の，変更予定の情報．
- 階層情報はキャリア変調，符号化率，インターリーブ長，セグメント数．
- 連結送信位相補正量は，デジタル・ラジオやISDB‐Tmm(第11章参照)で使用される．連結送信で必要な設定．地上デジタル・テレビ放送では使用しない．

BSデジタル放送(ISDB‐S)でもTMCC情報を変調波に多重して伝送しますが，伝送するデータが全く異なるため互換性はありません．

◆AC

AC(Auxiliary Channel)は，制御情報に関する付加的な情報の伝送用として設けられているキャリアですが，2010年4月現在，情報伝送用としては使用されていません．

しかし，このACを緊急地震速報の伝送に利用しようとする動きがあります．地デジは，アナログ放送と比較して映像や音声の伝送遅延時間(送信から映像再生ま

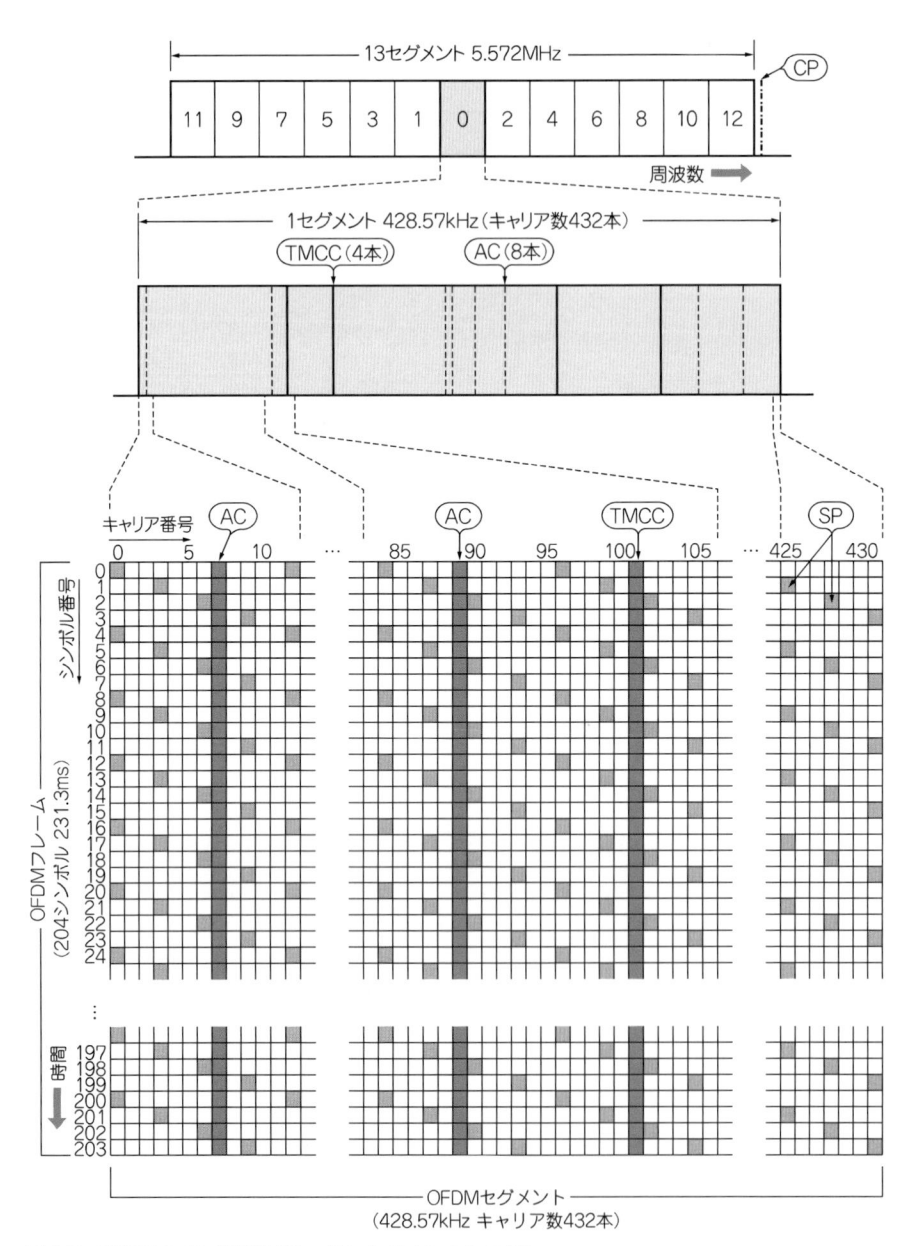

図4-F　TMCCとACの配置（モード3 セグメント0 の例）

でトータルの遅れ時間)が非常に大きいという性質があります．この遅延時間は12セグメントのハイビジョン放送で約2秒，ワンセグ放送では約4秒もあるため，緊急地震速報のように1秒を争う情報の伝送には問題があります．

そこで，ACを緊急地震速報の伝送に利用する方法が検討され，実用化されようとしています．ACの伝送では，遅延の主な要因である時間インターリーブなどを行っていないうえ，もう一つの大きな遅延要因である映像の圧縮符号化もありません．そのため，伝送遅延時間は最短で約0.4秒と，格段に短くなります．また変調方式がDBPSKであるため，ワンセグ放送に比べてさらに悪条件に強いというメリットもあります．

ただし，今後ACを利用した緊急地震速報の実用化には，対応した受信機の開発が必要であり，またARIBの標準規格と運用規定の変更も必要となります．

◆SPとCP

SP(Scattered Pilot)は，受信機でキャリア復調する際の振幅や位相の基準として，データ・キャリア12本に1本の割合で挿入され，その挿入位置はシンボルごとにキャリア3本分ずつ移動しながら4シンボルで一巡します．

このほかにCP(Continual Pilot)という固定位置の基準信号キャリアが，全13セグメントの最高周波数端に1本挿入されています．

◆TMCCとAC，SP，CPの配置（モード3 セグメント0の例）

図4-FにTMCCとAC，パイロット・キャリアの配置を示します．1セグメントにつき4本のTMCCと8本のACが，常に固定したキャリア位置に挿入されています．TMCCやACのキャリア配置が等間隔でないのは，フェージングによる周期的なディップの影響を避ける目的で，挿入周波数を意図的にランダム化しているためです．

第5章

地デジ受信機のしくみ

誤り訂正符号化の概要と誤り訂正の効果を実験
デインターリーブと誤り訂正

地デジでは，データを伝送する際に，畳み込み符号化とブロック符号化という2種類の誤り訂正符号化を組み合わせることで，さまざまな条件での受信性能が改善されています．また，送信時にデータの順序を入れ替えるインターリーブを行うことによって，それぞれの誤り訂正の能力を最大限に高めるようになっています．

5-1 誤りを訂正して送信側と同じMPEG-2 TSを復元する

　OFDM復調部で得られたデータ・キャリアの復調データは，ブロック符号化と畳み込み符号化による二重の誤り訂正符号化がなされています．受信機では，それらを復号することで，送信側と同じMPEG-2 TS（Transport Stream）が得られます（MPEG-2 TSについては第7章参照）．

　また，誤り訂正符号を復号する前には，階層ごとにデインターリーブ，デパンクチャ，エネルギー逆拡散などの処理が必要となります．これらの処理の流れを**図5-1**に示します．

　本書では，デインターリーブと誤り訂正についての概要を説明します．誤り訂正符号の理論や復号法については，詳しく解説された出版物が多数ありますので，それらを参考にしてください．また，インターリーブやエネルギー拡散の詳細な仕様については，ARIBの標準規格 STD-B31『地上デジタルテレビジョン放送の伝送方式』を参照してください．

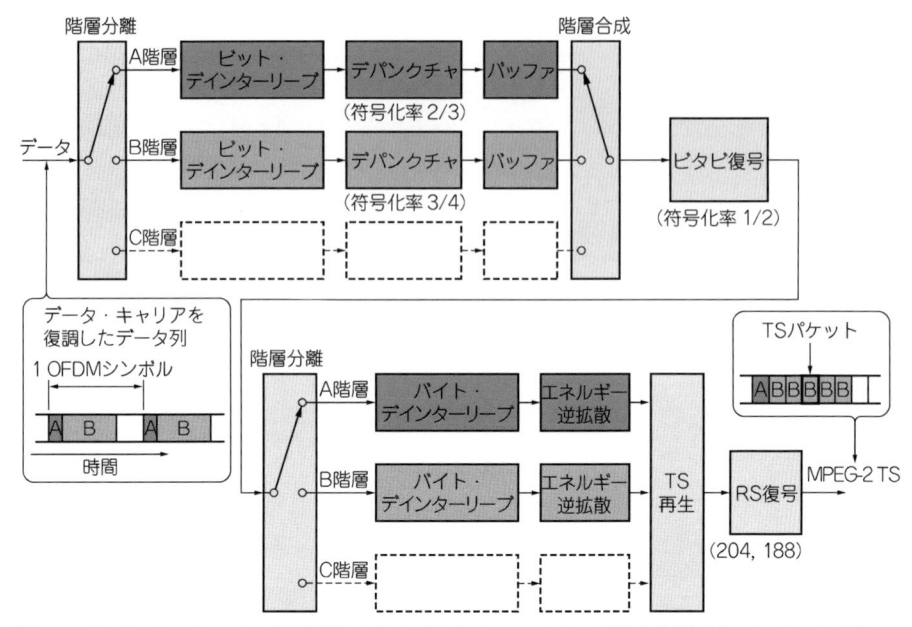

図5-1 デインターリーブと誤り訂正の流れ（実線は，2010年4月現在放送されている1セグと12セグの2階層の場合）

◆ビット・デインターリーブ

各データ・キャリアの変調データは，送信側でビット・インターリーブが行われています．これはQPSKやQAMのマッピングの際に，ビットごとに異なる遅延時間を与えて，キャリア変調のデータを拡散するものです．これによって，畳み込み符号の誤り訂正能力をより高めることができます．QPSKと64QAMの場合の，ビット・インターリーブの仕様を**図5-2**に示します．

受信側では，階層ごとの変調方式に合わせてビット・デインターリーブで元に戻します．

◆ビタビ復号法による畳み込み符号の復号

畳み込み符号は，最新の値だけでなく過去のビットの値も含めて連続的に畳み込んで符号化するもので，ランダム・エラー（散発的に発生するエラー）に対する訂正能力が高い符号化方式です．受信側では，前後の遷移状態から各ビットの値を復号します．この畳み込み符号を効率的に復号する方法がビタビ復号法です．

図5-3は，地デジの基本的な畳み込み符号化回路で，1ビットの入力情報に対し

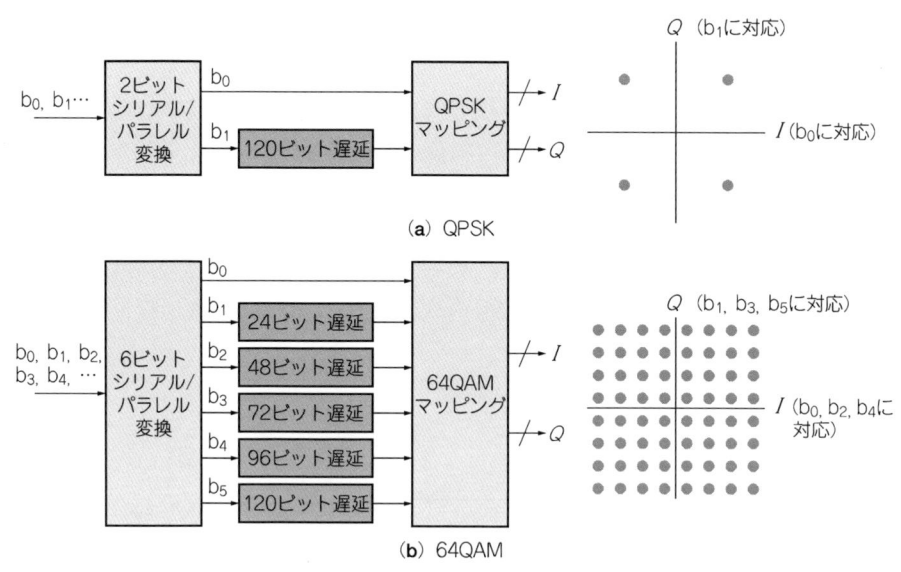

図5-2 ビット・インターリーブとキャリア変調

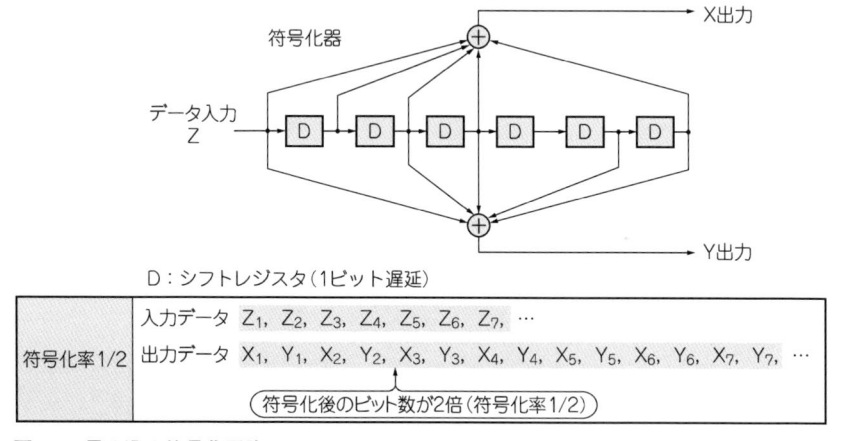

(a) QPSK

(b) 64QAM

図5-3 畳み込み符号化回路
6段のシフトレジスタと二つの排他的論理和(Ex-OR)で構成されていて，符号化出力は最新の入力ビットの値だけでなく，シフトレジスタに蓄えられた過去6ビットの値と合わせた7ビットから生成される．1ビットの入力を符号化する際に織り込むビットの範囲を拘束長といい，この回路の拘束長は7である．

符号化率1/2	入力データ	$Z_1, Z_2, Z_3, Z_4, Z_5, Z_6, Z_7, \cdots$
	出力データ	$X_1, Y_1, X_2, Y_2, X_3, Y_3, X_4, Y_4, X_5, Y_5, X_6, Y_6, X_7, Y_7, \cdots$

（符号化後のビット数が2倍（符号化率1/2））

5-1 誤りを訂正して送信側と同じMPEG-2 TSを復元する

て2ビットの符号化出力となるため，符号化率(符号化後のビット数に対する伝送情報のビット数)は1/2です．

ところで，地デジの規格では，伝送信号パラメータの仕様として，畳み込み符号の符号化率は1/2, 2/3, 3/4, 5/6, 7/8の5種類が規定されています(第2章，表2-2参照)．これらに対応するために，符号化率1/2で畳み込み符号化したデータから，規則的にビットを間引いて，符号化率を変える方法が使われています．ビットを消滅させることをパンクチャと言うので，パンクチャード畳み込み符号と呼ばれます．

図5-4にパンクチャード畳み込み符号の生成方法を，また表5-1に符号化率ごとの間引き方を定義したパンクチャ化パターンを示します．

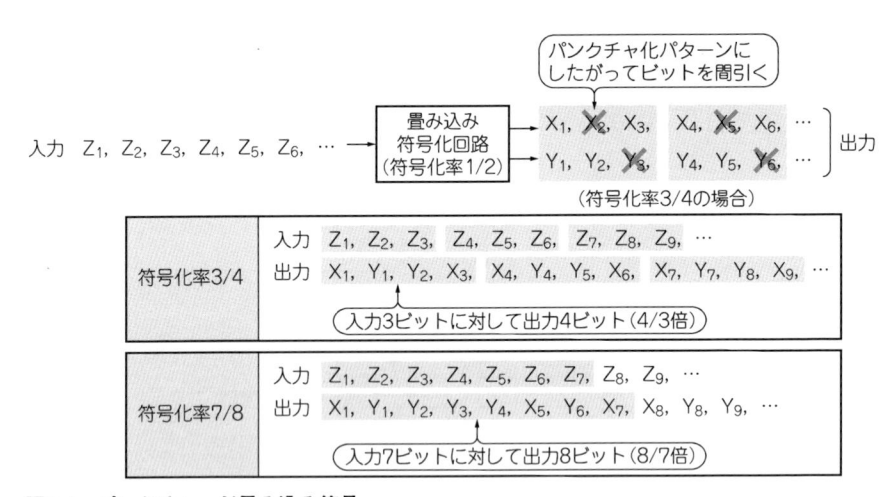

図5-4 パンクチャード畳み込み符号

表5-1 符号化率ごとのパンクチャ化パターン

符号化率	パンクチャ化パターン	伝送信号系列
1/2	X：1 Y：1	X1, Y1
2/3	X：10 Y：11	X1, Y1, Y2
3/4	X：101 Y：110	X1, Y1, Y2, X3
5/6	X：10101 Y：11010	X1, Y1, Y2, X3, Y4, X5
7/8	X：1000101 Y：1111010	X1, Y1, Y2, X3, Y4, X5, Y6, X7

受信機では，間引いたビットを規則にしたがって付加するデパンクチャを行い，そのビットは無効となるように扱ってビタビ復号法で復号します．地デジは，符号化率を階層ごとに変えられる仕様となっているので，デパンクチャは階層ごとに行います．

符号化率が小さいほど誤り訂正能力は高くなりますが，そのぶんデータの伝送効率が低下してしまうので，そのバランスを考慮して運用時の符号化率が決められています．

◆TSのフレーム構成を再現する

ビット・デインターリーブ後のデータは，デパンクチャ処理を経て，まず階層ごとのバッファに蓄積され，TS再生部で送信側と同じTSのフレーム構成が再現されます．

データのTSパケットへの分割は，TSパケットの同期バイト(0x47 = "01000111")を参照して，それを先頭とした204バイト分のデータをTSパケットの単位とします．また，無効データが続く場合には，ヌル(NULL)・パケット(無効データのパケット)を挿入して，埋め合わせます．

図5-5は，TS再生動作のイメージです．この図で，OFDMシンボルあたりのクロック数がキャリア本数より多い8192となっているのは，FFTのサンプル数が2のべき乗に限定されているためです．無効データは，このFFTサンプル数とキャリア数の差分のほかに，パイロット・キャリアやガード・インターバルの存在によって生じるものです．

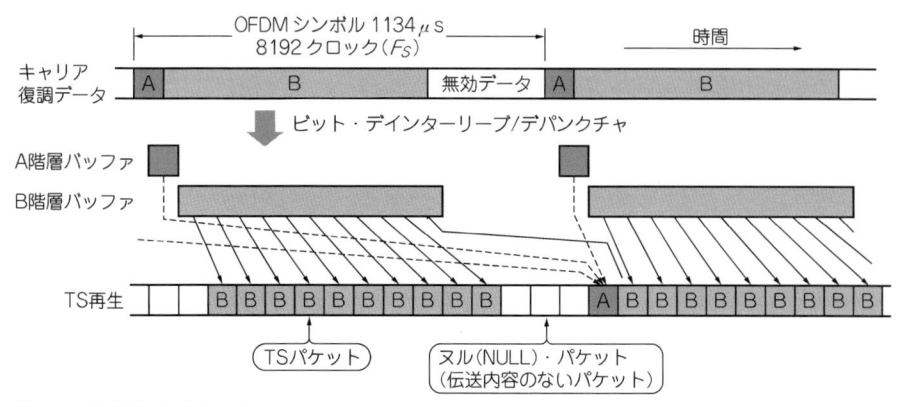

図5-5 TS再生のイメージ

TS再生部の動作は，実際にはかなり複雑で，詳細を理解するためにはARIBの標準規格 STD-B21『デジタル放送用受信装置』だけでなく，STD-B31『地上デジタルテレビジョン放送の伝送方式』を併せて参照する必要があります．

◆RS（リード・ソロモン）復号
　受信機で，ビタビ復号の次に行う誤り訂正が，RS（リード・ソロモン）復号です．

図5-6　TSパケットのRS符号化

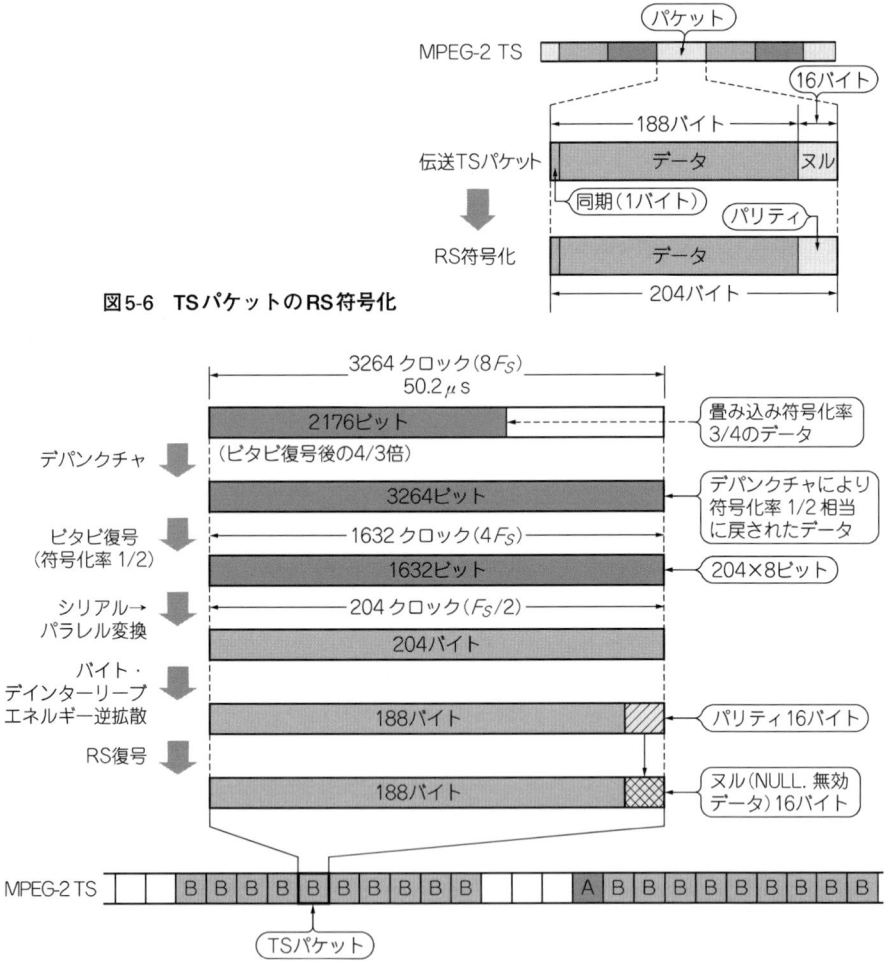

図5-7　TSパケット単位で見たデータ処理（モード3，ガード・インターバル1/8，B階層64QAM，畳み込み符号化率3/4の例）

畳み込み符号がデータのビット列に対して連続的に符号化を行うのに対して，一定のバイト単位の区切りごとに符号化を行うものをブロック符号と呼びますが，このブロック符号の代表的なものが，RS符号です．

地デジでは，短縮化RS(204，188)符号が使われていて，8バイトまでの誤り訂正が可能です．この短縮化RS符号は，RS(255，239)符号をもとに，MPEG-2 TSのパケット・サイズ188バイトに合わせたもので，239バイトのデータの先頭から51バイトを0として符号化し，その後に先頭の51バイトを除去することにより生成されます．これにより，図5-6のように，188バイトのMPEG-2 TSパケットに16バイトのパリティが付加されて，204バイトのRS符号化された伝送TSパケットとなります．

図5-7に，TSパケットの単位でみた受信データの処理を示します．地デジの伝送方式は，送信側と受信側でそれぞれMPEG-2 TSのパケットがうまく処理できるように，パラメータが決められています．各段のデータ処理は$8F_S$(FFTのサンプル・クロックF_Sの8倍)のクロックと，それを分周したクロックで行われ，すべてが1パケット204バイトの時間長50.2 μsで，同期して扱えるようになっています．

Column 二重符号化

地デジの伝送で使われている誤り訂正符号のうち，畳み込み符号はランダム・エラー(散発的に発生する誤り)の訂正能力に優れ，ブロック符号はバースト・エラー(集中的に発生する誤り)の訂正能力に優れているため，両方を組み合わせることによって双方の弱点が補われ，受信性能が高められています．このような方法を二重符号化といい，伝送路に近いほうを内符号，伝送路から遠いほうを外符号といいます(図A)．

この2種類の誤り訂正符号の組み合わせは，地デジに限らず，衛星デジタル放送やケーブル・テレビのデジタル放送でも使われている，いわば誤り訂正の黄金コンビです．

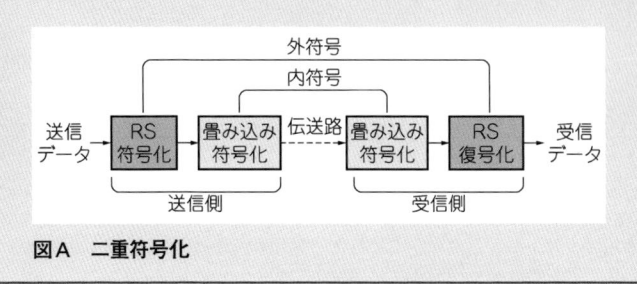

図A 二重符号化

◆バイト・デインターリーブ

ところで，RS符号化後のデータにも，やはり送信時にインターリーブが行われています．これは，ビタビ復号後の誤りに対するRS復号の訂正能力を向上させるために，バイト単位で順次遅延量を切り換えるバイト・インターリーブとなっています．図5-8に，バイト・インターリーブの方法を示します．

受信側で，RS復号の前にバイト・デインターリーブを行うことによって，ビタビ復号から出力されたバースト誤りに対する訂正能力が高まります．

◆エネルギー逆拡散

図5-1をよく見ると，バイト・デインターリーブとRS復号の間に，もう一つ，エネルギー逆拡散というブロックがあります．エネルギー拡散とは，キャリアの変調データに同じ値が続くと，変調波の振幅に大きなピークが生じたり，電力の周波数分布に偏りが生じたりして都合が悪いので，データをランダムに分散させる処理です．

地デジのエネルギー拡散では，伝送TSパケットをいったんパラレル→シリアル変換したうえで，同期バイト部分を除く203バイト分のビット列に対して，PRBS（擬似ランダム符号列）との排他的論理和をとって，'0' と '1' が偏りなく出現するようにします．データを完全なランダム値とすると受信できなくなってしまい

図5-8 バイト・インターリーブ

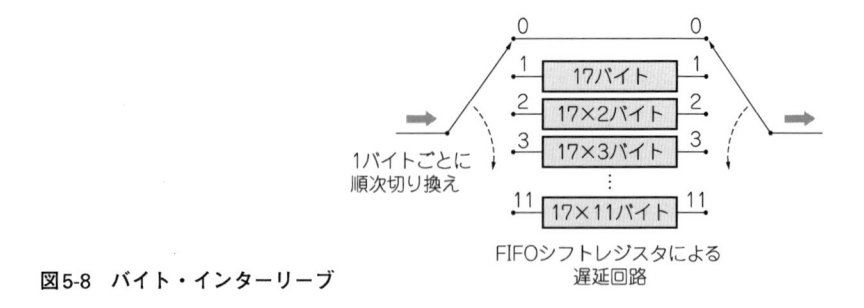

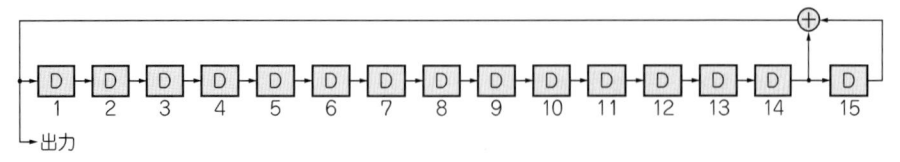

図5-9 PRBS発生回路
この回路は，15段のシフトレジスタと一つの排他的論理和(Ex-OR)で構成されており，PN15と呼ばれる，$2^{15}-1$ビット長の繰り返し周期を持つPRBSを発生する．

ますが，PRBSは固有パターンをもった「ランダムに近い符号列」であるため，受信側で同じPRBSを使ったエネルギー逆拡散を行うことで，元に戻すことができます．送信側と受信側のPRBSを同期させるために，OFDMフレームの先頭でPRBS発生回路が初期値にリセットされます．

図5-9に，エネルギー拡散のPRBS発生回路を示します．

5-2　誤り訂正の効果を実験で確かめる

　誤り訂正による受信性能改善の効果を確かめるため，受信機の誤り訂正の有無を切り換える実験を行ってみました．

　地デジで使用されている誤り訂正のうち，畳み込み符号化は受信側で単純に無効にすることができないので，この実験では，ブロック符号化(RS)による誤り訂正の有無だけを切り換えて，受信性能の違いを比較しています．

◆使用機器と実験の方法

　図5-10のように，業務用の地上デジタル受信機とMPEG-2デコーダを使用して，地上デジタル信号発生器からの信号を受信して映像再生します．この受信機は放送監視用で，操作によりRS復号を無効にすることができます．

　信号発生器は，あらかじめ収録したハイビジョン動画のMPEG-2 TSを，放送チャネル周波数のISDB-T信号として出力するものです．伝送信号のパラメータは，実際のハイビジョン放送(12セグメント放送)と同じ条件とするため，キャリア変調は64QAM，畳み込み符号化率は3/4の設定としました．

　また，この信号発生器はノイズ付加機能を備えており，信号にノイズを加算して悪条件の受信試験を行うことができます．このときの信号とノイズのレベルの比をC/Nといい，この値が小さいほどノイズが多く信号品質が悪い状態です(図5-11)．ハイビジョン放送を正常に受信するために最低限必要なC/N(所要C/N)は，およ

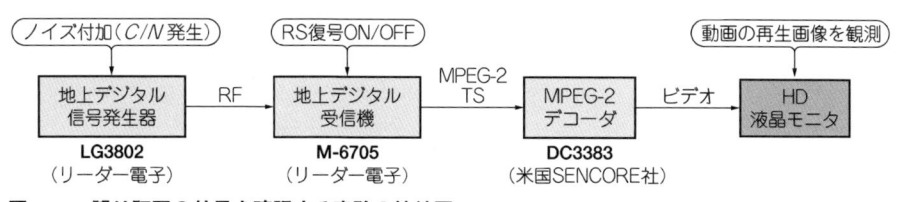

図5-10　誤り訂正の効果を確認する実験の接続図

そ20 dBとなります.

　実験は，受信機のRS復号「あり」と「なし」のそれぞれの状態において，ノイズの加算量を徐々に増やしてC/Nを低下させていき，悪条件としたときの受信画像を観測します．写真5-1は，この実験のようすです．

◆誤り訂正なしでは全く成り立たないデジタル放送

　実験結果を図5-12に示します．RS復号ありの場合は，C/Nが20 dB以上で正常な受信画像が再生されました．これに対してRS復号なしの場合は，C/Nが24 dBでも受信画像にノイズが発生しており，RS復号の有無で4 dB以上の差が認められました．C/N = 24 dBに相当する信号品質は，実際に受信環境が少し悪ければ起こる条件であり，RS符号による誤り訂正がなければ，地デジを視聴できるエリアは

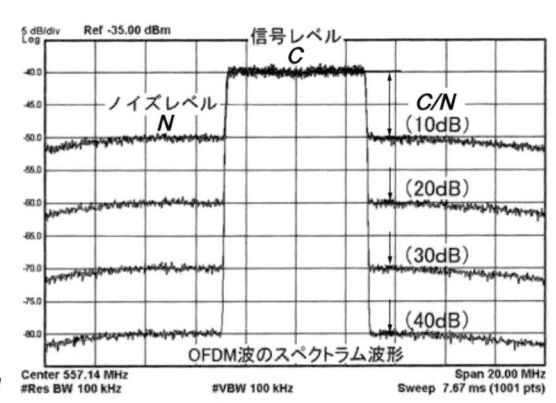

図5-11　地デジのC/N

写真5-1　誤り訂正の効果を確認する実験のようす

| | 19dB … 画像が大きく乱れる | | 20dB … 正常な画像 | |

	×	ノイズ大	○	○	○	○	○
RS復号あり							

C/N[dB] — 18 — 19 — 20 — 21 — 22 — 23 — 24

	×	×	×	×	×	ノイズ大	ノイズ小
RS復号なし							

| 23dB … 画像が大きく乱れる | 24dB … ところどころにノイズが発生 |

図5-12　RS復号の有無と受信画像（映像協力：テレビ神奈川，tvkコミュニケーションズ）
上はRS復号あり，下はRS復号なし．RS復号ありではC/Nが20dBで正常な画像だが，RS復号なしでは24dBでもところどころにノイズが発生している．

5-2　誤り訂正の効果を実験で確かめる

大幅に減ってしまいます．

　この実験では，RS復号の有無での比較しかできませんでしたが，さらに畳み込み符号化による誤り訂正がなければ，たとえ30 dB以上のC/NでもMPEG-2 TSにはかなりのエラーが残ることになり，正常な映像再生はできなくなるはずです．家庭用の受信機は，それ自身の受信回路のノイズが$C/N = 30〜35$ dB程度に相当する設計なので，もしも誤り訂正が何もなければ，地デジは全く実用にならないことになります．

第5章 Appendix

5-A　ビット・エラー・レート *BER*とは

　デジタル放送の受信品質を評価するうえで，信号レベルや*MER*とともに重要なのが，*BER*（Bit Error Rate：ビット誤り率）です．

◆受信画像と直接結びついた評価値
　*BER*は，受信データにどのくらい誤りが生じているのかを，受信ビット数に対する誤りビット数の比で表した数値です．地デジの受信では，RS復号前の*BER*が$2×10^{-4}$以下であることが受信の最低条件で，これを所要*BER*といいます．
　しかし，*BER*が所要*BER*以下であっても，余裕がないと受信状態のわずかな変化で画像が乱れたり映らなくなったりするため，受信工事では$1×10^{-8}$未満であることを確認する必要があります．一般的な受信確認用の測定器では，RS復号前*BER*が$1×10^{-8}$未満のとき，エラー・フリー（エラーなし）とみなして*BER* = 0と表示されます．

◆*BER*の測定方法
（1）PRBSによる*BER*測定
　PRBS（擬似ランダム符号列）を挿入した試験用の信号を使用し，受信側では専用のエラー・カウンタで*BER*を測定する方法です（**図5-A**）．通常は，PN23という，$2^{23}-1$の繰り返し周期を持つランダム性の高い符号列が使われます．精密な測定が可能なため，伝送路の検証や受信機の性能評価などに使われる方法です．伝送路の測定を行う場合は，PRBSによる*BER*測定に対応した測定用受信機（ISDB-Tアナライザ）を使用します．また，受信機や受信デバイスの評価を行う場合には，*BER*カウンタを接続するためのMPEG-2 TS出力を備えている必要があります．
　この方法による*BER*測定は，MPEG-2 TSのデータをPRBSに置き換えて行うため，放送波での試験を放送運用中に行うことはできません．

（2）簡易*BER*測定法
　受信機の誤り訂正を利用して測定する方法で，ビタビ復号前（誤り訂正なし）と

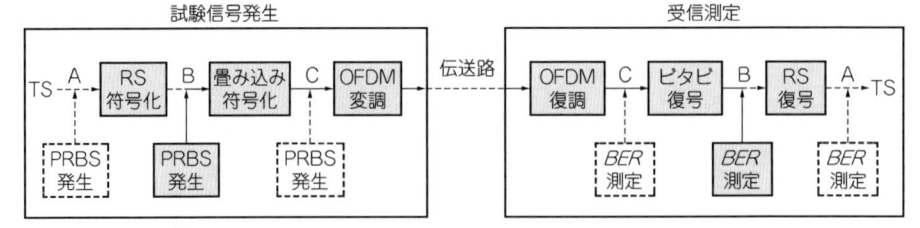

(a) PRBSによる*BER*測定の流れ（実線はRS前*BER*の場合）

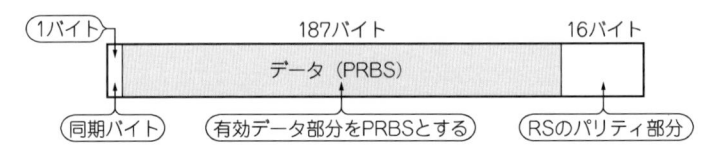

(b) RS前後の*BER*を測定する場合のTSパケット

図5-A　PRBSによる *BER* 測定
信号発生側のPRBSの挿入位置と受信側の*BER*測定位置は，それぞれA，B，Cの各ポイント同士が対応する．RS前またはRS後の*BER*を測定する場合，TSパケットの有効データ部分にPRBSを挿入した試験信号を使い，受信側ではTSパケットからPRBSが挿入されている部分だけを抜き出し，連続したPRBSとしてエラー・カウントを行う．

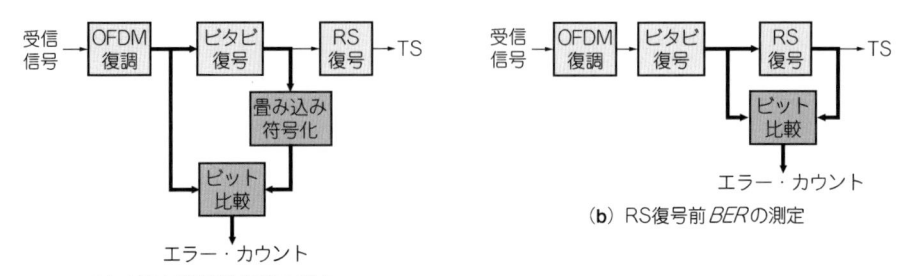

(a) ビタビ復号前*BER*の測定

(b) RS復号前*BER*の測定

図5-B　簡易*BER*測定法
誤り訂正前後のデータを比較する方法は，誤りが完全に訂正されることが前提なので，訂正後に誤りが残っている場合には測定値に誤差が生じる．この方法によるRS復号前*BER*の測定範囲の最大値は，おおよそ1×10^{-3}である．他の簡易*BER*測定法として，RS復号での誤り訂正回数をカウントして*BER*を求める方法があるが，RS符号による誤り訂正はバイト単位であるため，1バイトに2ビット以上の誤りが生じた場合は，測定値の誤差となる．

RS復号前の*BER*を測定することができます（**図5-B**）．たとえば，RS復号前の*BER*を測定する場合，RS復号前後のデータを比較してエラーをカウントします．この方法は特殊な信号源が不要であり，放送運用中の放送波を受信して測定ができるため，主に受信工事や受信エリア調査などフィールドでの確認に使われています．

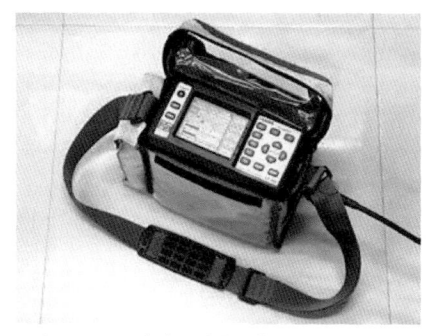

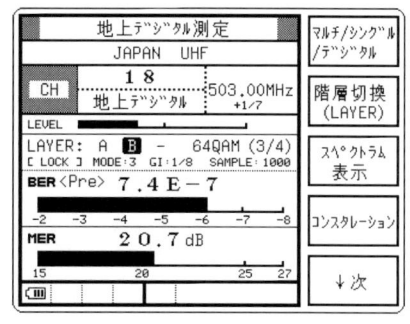

写真5-A 地デジの受信測定器とBERの測定画面(リーダー電子 LF986)
受信工事用の測定器による地デジの測定画面．簡易BER測定法によるRS復号前のBER値が表示されている．測定値の"7.4E－7"は，7.4×10^{-7}を表す．

受信側の誤り訂正を利用する原理上，BERが誤り訂正可能な範囲を超えた場合には測定誤差を生じますが，通常の受信マージン（余裕度）の確認に必要な範囲（RS復号前BERが$2×10^{-4}$未満）では，実用上十分な精度で測定可能です．**写真5-A**は簡易BER測定法によるBER測定器の例です．

(3) ヌル・パケットによるBER測定

MPEG-2 TSのデータ・レート調整のために挿入されているヌル・パケットを利用したBER測定法で，この方法に対応した専用の測定用受信機（ISDB-Tアナライザ）を使用します．ヌル・パケットは伝送されるパケット全体の一部のみであるため，測定に要する時間は長くなりますが，放送運用中の測定が可能なことが特徴です．映像などの番組データとヌル・パケットのデータが統計的に同じ比率で誤りを生じるので，ヌル・パケットで測定したBERは，PRBSによる測定結果とほぼ同じになります．

地デジ受信機のしくみ

第6章

地デジの受信状態の評価方法，地デジ特有の受信障害
地デジの受信評価と受信障害

　アナログ放送は，映像の映り具合を見れば受信状態の良否が分かるといっても過言ではありません．しかし地デジの場合は，映像がきれいに映っていてもそれが安定な受信状態を意味するとは限りません．安定に受信するためには，受信状態の余裕度（受信マージン）を十分に確保することが重要です．

6-1　地デジの受信状態を評価する方法

◆受信マージン

　テレビ放送の受信状態が，受信限界（正常に受信できる最低限の状態）に対してどのくらい余裕があるかという余裕度のことを，受信マージンといいます．地デジでは，この受信マージンが十分でないと，電波条件のわずかな変化で突然に映像が途絶えることがあります．

　アナログ放送では，ノイズやマルチパス，信号レベルの低下などによってテレビ受信機へ入力される信号品質が低下すると，それがそのまま画質の低下となります．このことは，多くの人が経験的に理解していることであり，例えば「テレビの映りが悪くなってきたからアンテナを点検しよう」というように，信号品質の低下を感覚的に察知して改善対策を行っているわけです．

　いっぽう，地デジでは，信号品質が多少低下しても映像からそれを知ることができません．ところが，信号品質が受信限界より低下すると，こんどは急激に映像再生が不可能になってしまいます．これは，デジタル放送の伝送が，強力な誤

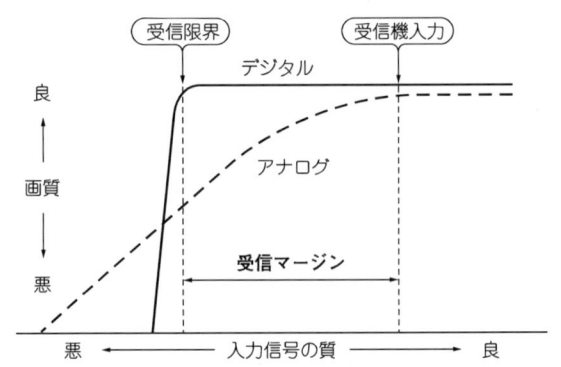

図6-1 受信マージンの概念
アナログ放送の受信では，入力信号の品質がそのまま画質に反映されるのに対して，デジタル放送の受信では，受信限界付近で画質が非常に急激に変化する．このようなデジタル放送特有の現象を，崖にたとえてクリフ・エフェクト（崖効果）という．受信マージンは，この崖までの余裕を示すものである．

り訂正と画像圧縮によって支えられているために生じる特性です．デジタル放送にはこのような特性があるため，安定な受信のためには受信マージンの確認が重要となります．**図6-1**は受信マージンの概念です．

◆ **受信マージンの測定方法**

受信マージンを調べるには，いくつかの方法がありますが，代表的なものを説明します．

(1) **レベル，MER，BERを測定する方法**

信号レベル，MER（モジュレーション・エラー・レシオ）およびBER（ビット・エラー・レート）を測定して，それぞれの受信限界（所要値）に対する余裕から総合的に受信マージンを判断します．受信工事の現場でもっとも一般的に行われている方法ですが，これらの測定項目に対応した測定器と，ある程度の専門知識や経験に基づいた判断が必要となります．**写真6-1**は，これらの測定機能を備えた受信測定器の例です．

受信マージンを判断するうえでの測定値の目安を**表6-1**に，受信測定器による測定結果の例を**図6-2**に示します（信号レベルについては第1章，MERは第4章Appendixの4-A，BERは第5章Appendixを参照）．

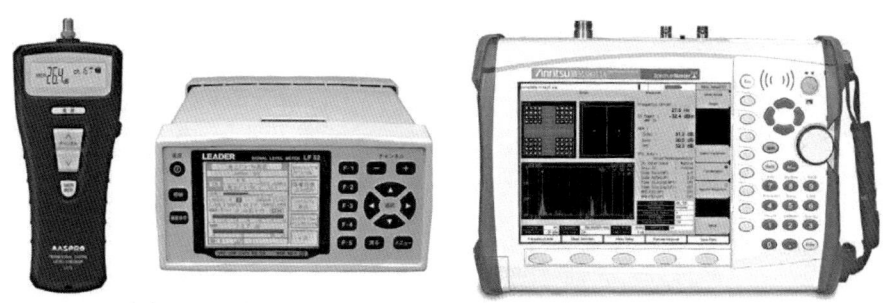

写真6-1　地デジの受信測定器
左から，マスプロ電工 LCT2，リーダー電子 LF52，アンリツ MS8911B．受信測定器には，アンテナや受信機を設置する際の確認を目的とした簡易なものから，送信所の信号品質測定や受信障害の分析などに使用する高精度かつ高機能なものまで，目的に応じてさまざまな機種があり，価格も数万円から数百万円と幅広い．

表6-1　地デジ受信における測定値の目安

測定項目	受信限界	受信マージンを見込んだ値	注記
信号レベル（端子電圧）	34 dBμV *1	46 dBμV 以上*2	75 Ω終端値
MER	20 dB *3	25 dB 以上*4	—
BER	2×10^{-4}	1×10^{-8} 以下*5	—

*1：ARIB STD-B21 での最低受信レベル要求仕様（−75 dBm）を端子電圧で示した値．受信機設計上の最低条件であり，実際はこれより低い信号レベルで受信可能な製品が多い

*2：テレビ受信向上委員会発行の「デジタル時代の放送受信技術-地上デジタル放送編-2004」による

*3：キャリア変調方式 64 QAM(3/4)によるハイビジョン放送の場合

*4：一つの目安としての値．伝送路の特性が安定している CATV パス・スルーなどでは，24 dB 程度で十分とされる場合がある

*5：一般的な受信確認用の測定器では，このとき「BER＝ゼロ」または「エラー・フリー」と表示される

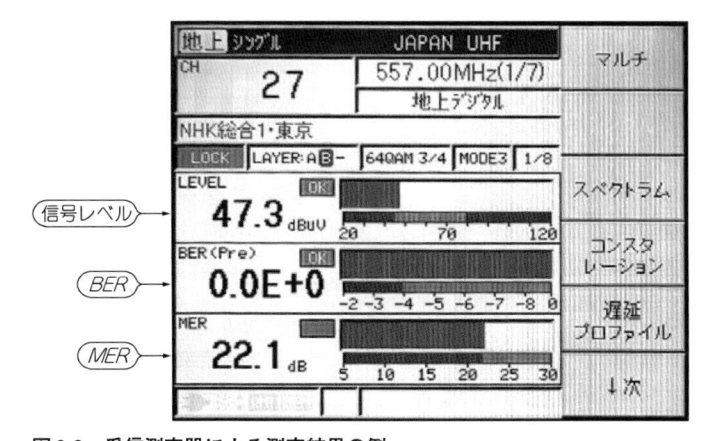

図6-2　受信測定器による測定結果の例

（2）ノイズ加算法

　受信信号にノイズを加えてC/N（信号レベルとノイズ・レベルの比）を劣化させていき，BERが受信限界の2×10^{-4}になるときのノイズの加算量からC/Nマージン（C/Nに何dBの余裕があるか）を求めます．このC/Nマージンが，すなわち受信マージンとなります．

　ノイズ加算法による受信マージンの測定に必要な機器の接続例を**図6-3**に示します．ノイズ発生器はUHF帯の放送チャネル周波数に対応した広帯域なノイズを発生し，可変アッテネータは受信チャネル周波数で正確な減衰量を得られる必要があります．

　ノイズ加算法は，必要な測定機材が多く測定手順も煩雑ですが，さまざまな要素の影響を受ける受信マージンを，一つの値で総合的に評価するのに適しています．

　図6-4は，ノイズ加算法による受信マージンの測定をすべて自動的に行う受信マージン測定器の構成例です．基本的な考え方は**図6-3**の場合と同じですが，周波数の低いIF段でノイズ加算を行うことにより，発生するノイズの周波数がIF帯だけで済むうえ，ノイズ・レベルの可変範囲も狭くて済みます．また，ノイズの加算をすべてデジタル信号処理で行うことも可能となります．**写真6-2**に，フィールド用の受信マージン測定器の例を示します．

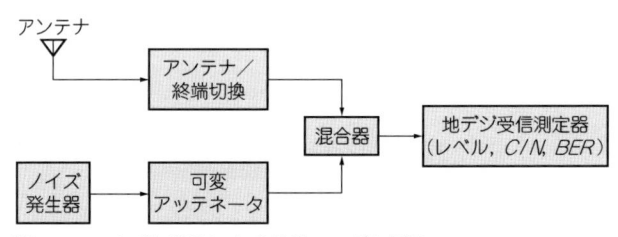

図6-3　ノイズ加算法による受信マージン測定

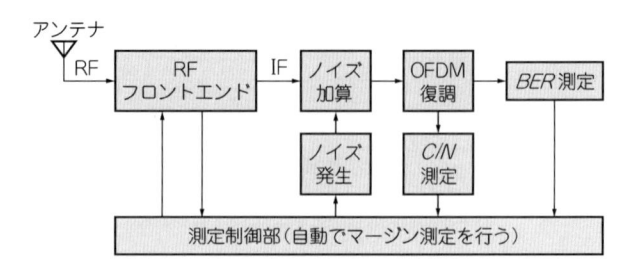

図6-4　受信マージン測定器の構成例

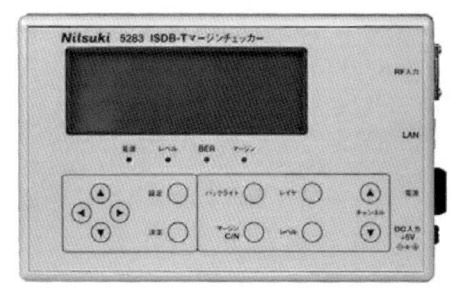

写真6-2 受信マージン測定器(日本通信機 5283)

写真6-3 10 dBアッテネータの例
(日本アンテナ FAT10-PS)
このようなアッテネータは，アンテナ・メーカ各社から発売されており，電器店や電材店で容易に入手することができる．本来は，受信機への過大入力防止やブースタ・アンプの入力レベル調整などに使用するためのものである．

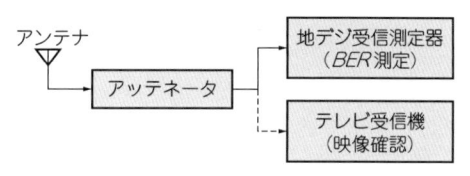

図6-5 アッテネータ法による受信マージン測定

(3) アッテネータ法

　受信信号をアッテネータで減衰させていき，BERが受信限界の2×10^{-4}となる減衰量を求めます(**図6-5**)．このときのアッテネータの減衰量をレベル・マージンと呼び，受信マージンの簡易的な目安になります．

　アッテネータの挿入によって変化するのは信号レベル(端子電圧)だけですが，地デジの特性として，ノイズやマルチパスによる信号品質の劣化があると，信号レベルの受信限界値(所要レベル)が高くなってきます．このため，レベル・マージンを調べれば，おおまかな受信マージンの確認になります．

　測定器の代わりにテレビ受信機を使用し，映像が破綻するポイントを受信限界としてレベル・マージンを調べることもできます．もっとも簡単に受信マージンを確認する方法として，家庭でアンテナや受信機を設置する際などに役立ちます．安定した受信のためには，最低でも10 dB以上，できれば20 dB以上のレベル・マージンが必要です．

　実際の確認作業は，**写真6-3**のような10 dBのアッテネータを2個用意して行うと便利です．目的の放送を受信した状態で，受信機のアンテナ端子にアッテネータを挿入します．アッテネータを1個挿入して映像や音声が正常であれば10 dB以上，2個挿入しても正常であれば20 dB以上のレベル・マージンがあることになります．

　ただし，アッテネータ法では受信マージンの不足を把握できない場合もあります．

例えば，強電界地域やブースタ・アンプを使用している場合において，信号レベルが十分に大きくて，かつC/Nが低いようなケースでは，アッテネータを挿入してもBERの変化が少ないため，実際に受信マージン（C/Nマージン）が不足しても，アッテネータ法ではそれを正確に知ることができません．

◆ C/NとMERの関係

図6-6は，地デジの受信測定におけるC/NとMERの概念を示したものです．C/NとMERは，どちらも信号の品質を表す値ですが，測定値の意味合いは異なります．

▶ C/N

地デジの受信測定において単にC/Nといった場合は，受信機入力C/N（受信機の入力端におけるチャネル信号のレベルとノイズ・レベルの比）を指します．測定方法は，信号レベル（チャネル・パワー）とノイズ・レベル（チャネル信号と同帯域の電力値）の差を測りますが，精密なスペクトラム・アナライザが必要なうえ，実放送の受信では正確な測定が困難な場合があること，さらにマルチパスや混信などの影響が値に反映されにくいことなどから，地デジの受信工事の現場ではMERによる評価が一般的です．

▶ MER

MERは，受信機のOFDMキャリア復調部におけるコンスタレーションのばらつきを表す値であり，送信系の性能，伝播路の特性，および受信機の性能による劣化をすべて含んでいることが特徴です．このため，伝播路でのマルチパスなどによる劣化を含んだ実放送の受信状態を評価するのに適しています．また，送信系の信号品質の管理にはMERの精密な測定が欠かせません．

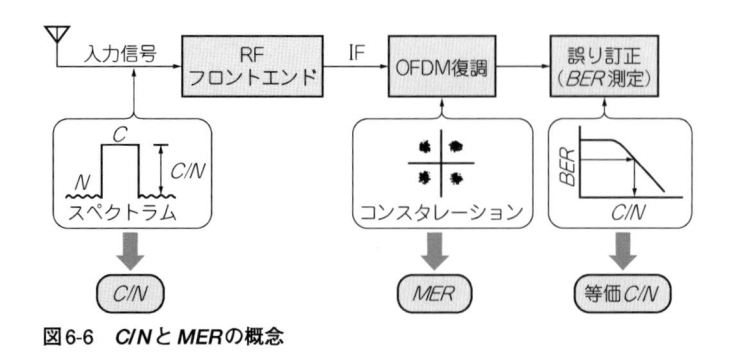

図6-6 C/NとMERの概念

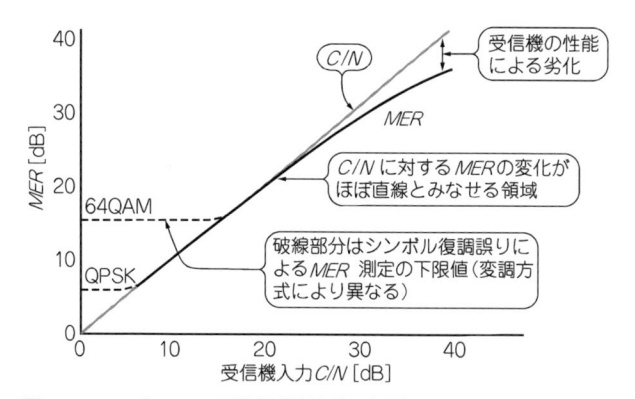

図6-7 C/NとMERの関係（送信系や伝播路での劣化が小さい場合の例）
受信測定器も受信機の一種であり，その性能によってMERの測定範囲が制限される．送信系の測定に使用する高性能な測定器はMERの直線的な領域が40 dB前後まであるが，受信確認用の簡易な測定器は25 dB前後である．

測定器によっては，MERの測定キャリアを選択できるようになっているので，目的に合った設定で測定する必要があります．例えば，全キャリアの平均，階層ごとの平均，TMCCのような特定キャリアの値などです．

C/NとMERの関係を図6-7に示します．ここで，受信機の性能によるMERの劣化要素としては，RFフロントエンドの振幅ノイズ，波形歪み，局部発振器のフェーズ・ノイズ（位相雑音），OFDM復調部の量子化ノイズなどがあります．

▶ 等価C/N

等価C/Nは，ビタビ復号前BERとRS復号前BERからC/Nに相当する値を求めたものです．あらかじめC/Nに対するBER値の関係を数式化しておき，全キャリアのBERの平均値から逆に受信機入力C/Nに相当する値を算出します．等価C/Nの測定には，高精度な受信測定器と専用のソフトウェアなどが必要です．このほか，MERから推定したC/N値を換算C/Nとして表示する受信測定器もあります．

◆ **市販受信機のレベル表示機能**

市販の地デジ受信機には，「アンテナレベル」や「受信レベル」などの名称で受

6-1 地デジの受信状態を評価する方法 **111**

図6-8 市販受信機のレベル表示画面の例

信状態を画面上に数値表示する機能があります(図6-8).この画面に表示される数値は,信号の強さを表すシグナル・レベル(端子電圧)ではなく,一部のキャリアのMERなどをもとに算出した独自の値なので,受信測定器で測った端子電圧値(dBμVで表された値)と比較することはできません.また,受信機のメーカによって数値の算出方法が異なるので,異なるメーカの受信機同士で値を比較することもできません.

しかし,アンテナの方向調整や受信状態の変動を確認するには,たいへん便利な機能です.映像が正常に映らなくなる限界の数値を把握しておけば,経験的に受信マージンを推定することができます.

6-2　地デジの受信障害

放送のサービス・エリア内でありながら,何らかの要因によって正常な受信ができないことを受信障害といいます.地デジの受信障害の主な原因としては,電界強度の低下,マルチパス,SFN混信,他の放送波の混信,受信設備の不良などが挙げられます.このなかで電界強度の低下,マルチパス,SFN混信による受信障害について説明します.

◆電界強度の低下

地形や建造物による遮蔽で電界強度が低下して,受信機のアンテナ端子へ加わる信号レベル(端子電圧)が受信限界以下になると,受信障害となります.この改善方法としては,高利得なアンテナを使用することがもっとも有効ですが,ブースタ・

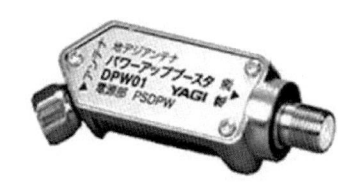

写真6-4 地デジ受信改善用ブースタ・アンプの例(左：八木アンテナ DPW01　右：DXアンテナ U20L1CB)

アンプ（**写真6-4**）の使用も効果があります．電界強度が低い場合に使用するブースタ・アンプは，地デジ受信改善用のロー・ノイズなものを，できるだけアンテナの近くに挿入することが重要です．ただし，電界強度が極端に低い場合は，ブースタ・アンプを挿入しても改善できないことがあります．

　また，地形の影響や建造物の陰で電界強度が低下しているような場所では，単に電界強度の低下だけではなく，マルチパスによる障害も発生している可能性があるので，受信状態の改善が難しい場合には，受信測定器による遅延プロファイルの確認が必要です．

◆マルチパスによる受信障害

　地デジは，マルチパスによる遅延波がガード・インターバル内（126 μs以下）であれば，その影響をほとんど受けずに受信が可能です．電波の伝播速度は1 μsあたり300 mですから，126 μsに相当するマルチパスの伝播経路差は37.8 kmとなり，建造物の反射などで生じる遅延波の大部分は，ガード・インターバルに収まります．

　しかし，地形の関係で，**図6-9**のように特定の地域だけガード・インターバル越えマルチパスによる受信障害が発生する場合があります．このような地域では，指向特性の良い高性能アンテナの使用，ケーブル・テレビによる再送信，ギャップ・フィラーと呼ばれる小電力の再送信施設の設置などの難視聴対策が必要になります．

◆SFNによる受信障害

　SFN（Single Frequency Network：単一周波数中継網）の中継局は，親局（または他の中継局）と電波が重複するエリアにおいて，お互いの電波の遅延時間差が126 μs

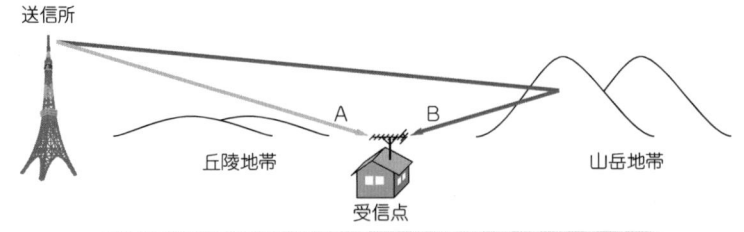

図6-9 ガード・インターバル越えマルチパス

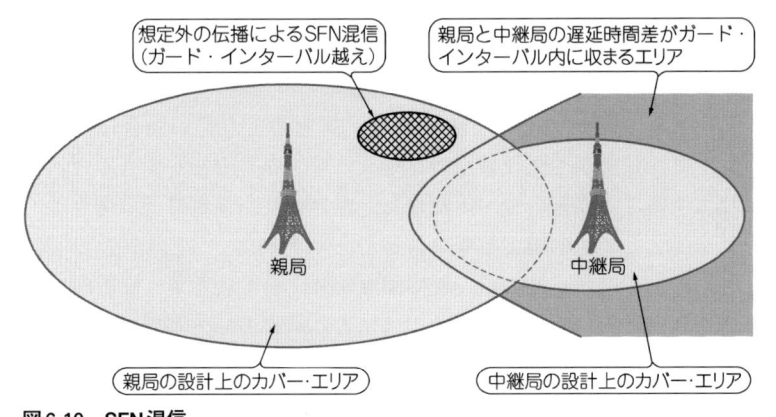

AとBの伝播経路に37.8km以上の差があると遅延時間差がガード・インターバル（126μs）を越えてしまうので受信障害の原因となる

図6-10 SFN混信
本来は親局のカバー・エリアである地域において，地形の影響などで親局の電波が想定より弱い場合，あるいは中継局の電波が想定以上に強い場合に，ガード・インターバル越えのSFN混信となる．

想定外の伝播によるSFN混信（ガード・インターバル越え）

親局と中継局の遅延時間差がガード・インターバル内に収まるエリア

親局の設計上のカバー・エリア
中継局の設計上のカバー・エリア

のガード・インターバル内に収まるように設計されています．しかし，図6-10のように，中継局の電波がそのカバー・エリアの外で混信障害を起こす場合があります．これはSFN混信と呼ばれ，遅延時間差がガード・インターバルを越えているために，難視聴（SFN難視）が発生します（SFNについてはコラム参照）．

このようなSFNによる難視聴地域は，中継局から発射する電波の遅延時間を調整することによって解消できる場合もありますが，遅延時間の調整で解消できない場合には，改善対策として，難視聴エリアをカバーするMFN（Multi Frequency Network）局の設置などが必要になります．

Column　SFN

　放送エリアを複数の送信所（親局および中継局）でカバーする場合，アナログ放送では，電波が重複するエリアでの混信を避けるために，隣接する送信所どうしでチャネル周波数を変える必要があります．この方式をMFN（Multi Frequency Network）と呼び，テレビ放送だけでなくラジオ放送でも採用されています．MFNは電波の周波数利用効率が低いうえ，同じ放送局でも受信する地域によってチャネルが異なるので不便です．

　これに対して地デジでは，複数の送信所からの電波が重複するエリアであっても，アンテナに届く電波の遅延時間差がガード・インターバル以内であれば，混信による受信障害が発生しないため，隣接する送信所どうしを同じチャネル周波数とすることができます．この方式をSFN（Single Frequency Network）と呼びます．SFNは電波の周波数利用効率が高く，受信する地域によって受信チャネルを変える必要がない，優れた中継方式です．MFNとSFNのイメージを**図B**に示します．

　ところで，地デジにおいてもすべての送信所がSFNというわけではなく，一部の中継局はMFNとなっています．これは，他県の放送や既存のアナログ放送との混信が生じる地域，あるいは地形的にガード・インターバルを越えた混信が発生する地域などで，SFNを採用できないケースがあるためです．またNHK総合は，ローカル放送に対応するため，あえて県域ごとにチャネル周波数を変えています．

小田原 46ch　平塚 31ch　横浜（親局）42ch　　小田原 18ch　平塚 18ch　横浜（親局）18ch

（a）MFN（アナログ放送）　　（b）SFN（地デジ）

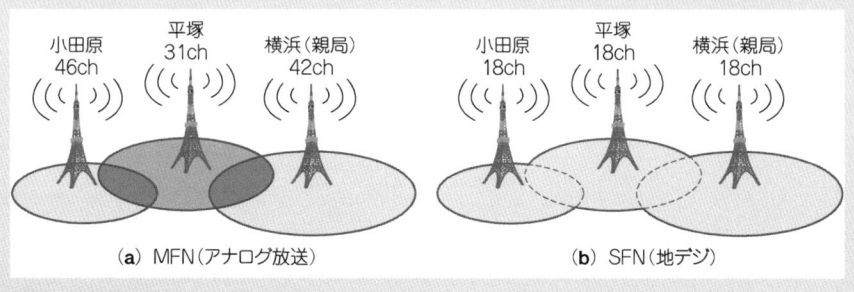

図B　MFNとSFN

第7章

地デジ受信機のしくみ

システム概要とパケット化, 多重化, MPEG-2 TSの分離方法
MPEG-2システム

　受信機の機能ブロックは, デジタル変調の復調を行うフロントエンド部と, フロントエンド部から渡された信号から映像や音声をデコードして視聴者に提供するバックエンド部の二つに分けて考えるのが一般的です. そして, これらフロントエンド部とバックエンド部を繋いでいるMPEG-2 TSは, 地デジのみならずデジタル放送全般に関係する大変重要な規格です.

7-1　MPEG-2システムの概要

　映像, 音声, 付随データなどはおのおの個別の方式で符号化されますが, これらのデータを実際のアプリケーションで利用するには, 多重化を行って1本のデータ・ストリームにする必要があります. その際, 多重化前の状態に分離するための情報や, デコードのためのクロック同期も必要となります. MPEG-2システムは, こうした多重化を行うための方式です.

　MPEG-2システムでは, MPEG-2 PS(Program Stream), MPEG-2 TS(Transport Stream)の2種類の方式が標準化されています.

　MPEG-2 PSは, 主に映像や音声を1本のプログラムに多重化するためのもので, MPEG-1システムを発展させたものという位置付けになります. 蓄積系メディア向けの規格になっていて, MPEG-1システムはビデオCD, MPEG-2 PSはDVDが主な対象となります.

　MPEG-2 TSは, 複数のプログラムを1本のストリームに多重化することが可能

で，多チャネル化されたストリームを作成することができます．また，データ・パケットが188バイトと比較的小さな単位なので，復調後のストリームへの同期化が高速に行えます．これらの特徴から，デジタル放送に適した方式であると言うことができます．

7-2　日本のデジタル放送の標準規格と運用規定

　図7-1は，日本のデジタル放送に関する規格の構造を示したものです．DVBやATSCなど海外の方式も，RMPがなかったり，データ放送の方式が別の方式だったりという相違はありますが，おおむね同様です．

　ISOの規格，ISO/IEC13818-1では，MPEG-2システムの基本部分のみが定められており，デジタル放送の方式ごとに発生する詳細な項目については，各規格化団体において補足したうえで個別に規格化されています．

　日本のデジタル放送については，ARIB(社団法人電波産業会)で規格化されて公開されています．

　ARIBで公開されている文書は大きく2種類に分類されています．一つはSTDとして採番されているもので，これは標準規格と呼ばれます．地デジに関する規格なら，伝送路符号化(B31)，番組配列情報(B10)，データ放送規格(B24)，アクセス制御方式(B25)といった具合に，個別に規格化がされています．

　もう一つはTRとして採番されているもので，技術資料と呼ばれます．このなかの運用規定と呼ばれる資料は，デジタル放送にとってはたいへん重要な資料なので，

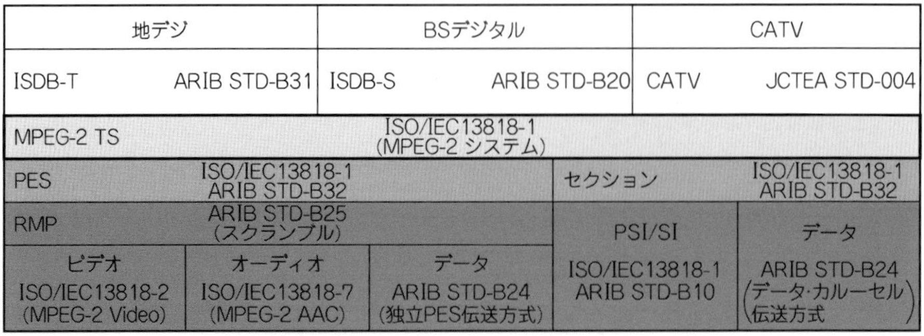

地デジ		BSデジタル		CATV	
ISDB-T	ARIB STD-B31	ISDB-S	ARIB STD-B20	CATV	JCTEA STD-004
MPEG-2 TS	ISO/IEC13818-1 (MPEG-2 システム)				
PES	ISO/IEC13818-1 ARIB STD-B32			セクション	ISO/IEC13818-1 ARIB STD-B32
RMP	ARIB STD-B25 (スクランブル)			PSI/SI	データ
ビデオ ISO/IEC13818-2 (MPEG-2 Video)	オーディオ ISO/IEC13818-7 (MPEG-2 AAC)	データ ARIB STD-B24 (独立PES伝送方式)		ISO/IEC13818-1 ARIB STD-B10	ARIB STD-B24 (データ・カルーセル伝送方式)

図7-1　日本のデジタル放送の規格体系
テレビ放送は，さまざまな規格のもとになり立っている．図中，下部に位置するものほど素材に近い規格で，一つずつ上の段の規格(フォーマット)に受け渡されて変調波となる．こうした規格の体系を表したものを，プロトコル・スタックとも呼ぶ．

標準規格と併せて参照されることをお勧めします．

　運用規定とは，標準規格で定められた膨大な規格のなかから，実際に放送で運用する範囲を絞ったものです．現在放送されているデジタル放送は，運用規定で定められた範囲のなかで放送されています．

　これらの文書は，2008年の春からPDFファイルが無償でダウンロードできるようになりました．これらのうちMPEG-2 TSに関連する標準規格，および技術資料の中で重要なものを以下に示します．

- ARIB STD-B10
『デジタル放送に使用する番組配列情報』
- ARIB STD-B32
『デジタル放送における映像符号化，音声符号化及び多重化方式』
- ARIB TR-B14（第二分冊）
『地上デジタルテレビジョン放送運用規定』
- ARIB TR-B15（第二分冊）
『BS/広帯域CSデジタル放送運用規定』

7-3　時分割多重でデータを多重化

　MPEG-2 TSのTSとはTransport（運搬）Stream（流れ）の頭文字で，データが途切れることなく流れている様子を指し示したものです．MPEG-2 TSで伝送されるデータは（一部例外はありますが），一定のビット・レートで流れ続けます．そのデータ列の中に，細かく分割されたさまざまなデータが時系列的に多重されます．このことを時分割多重と呼びます．

　図7-2は時分割多重のイメージを，荷物を運搬するベルト・コンベアに例えたものです．箱詰め（TSパケット化）された荷物がビデオ，オーディオ，データの各工場から次々と運ばれてきます．管理者が荷物の量に応じてコンベアに載せる順序を指示し，ラベルを貼る係が荷物の一つ一つに識別ラベル（PID）を貼っています．また，空いたスペースには管理用の荷物が載せられ，コンベアのマスに空白ができないよう埋めています．

　図では，ビデオ工場からの運搬速度が15 Mbps，オーディオ工場からの運搬速度が0.2 Mbps，データ工場からの運搬速度が2 Mbpsとなっています．これらの荷物を余すことなく運ぶには，多重化のコンベアは15 + 0.2 + 2 = 17.2 Mbps以上の速度でないといけないので，18 Mbpsとされています．差分の0.8 Mbpsについては，

管理者の指示のもとで荷物の明細が入れられた管理伝票用の箱(PSI/SI)か，空箱(Null)を入れて隙間なく運搬されています．

また，図7-2では多重化する素材として，映像，音声，データが各一つずつですが，もっとたくさんの素材を多重化して伝送する際も，原理的な考え方は同じです．例えば，図のHDTVビデオ映像(15 Mbps)を3本の4.5 MbpsのSDTVビデオ映像に変更し，音声も0.2 Mbpsを各映像用に用意したとすると，$4.5 \times 3 + 0.2 \times 3 + 2$

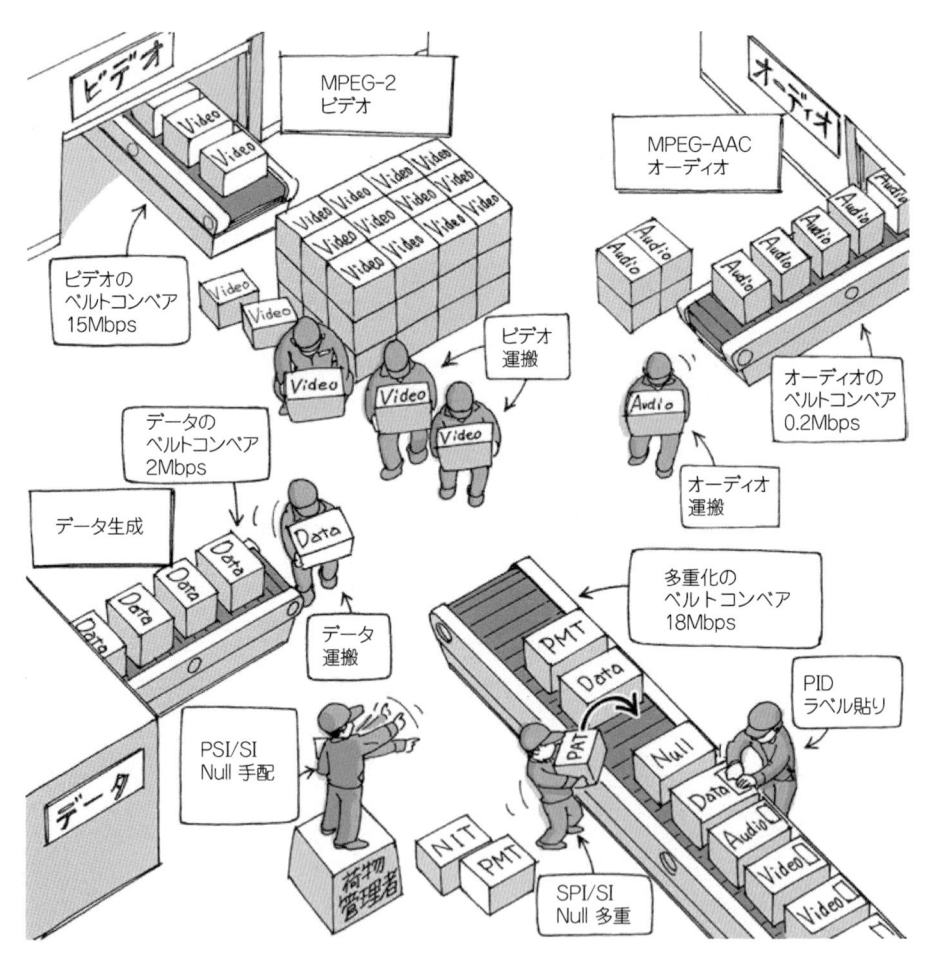

図7-2　MPEG-2 TSの時分割多重化のイメージ
時分割多重化のイメージをベルトコンベアに例えている．各方面からの荷物の量に応じて，管理者が荷物を載せる順序を指示している．コンベアに載せられた荷物は整然と並べられて運搬される．

＝16.1 Mbpsとなります．18 Mbpsの速度のベルト・コンベアで十分運搬できることが分かります．

このように，TS出力の速度の範囲内で，複数の番組や素材を伝送できるのがMPEG-2 TSの大きな特徴です．多チャネル・サービス，連動データ放送，字幕サービス，マルチ映像やマルチ音声サービスなど，多彩なサービスの提供を可能としているのもMPEG-2 TSの特徴と言えます．

7-4　PESとセクション

MPEG-2 TSに多重されるデータ形式は2種類あります．一つは映像や音声などを格納するPES(Packetized Elementary Stream)と呼ばれるパケット形式，もう一つはデータやPSI/SI(Program Specific Information/Service Information)などの情報を伝送するセクションという形式です．

◆PES(Packetized Elementary Stream)

圧縮符号化された映像や音声のES(Elementary Stream)は，まずPESというパケットに格納されます．

PESは，MPEG-2 TS，MPEG-2 PS双方で利用されるので，原理的にはPESを切り口として，TSとPSの相互変換が可能とされています．PESの構造を**図7-3**に示します．

PESヘッダには，パケットの先頭を示すスタート・コードや，ストリームの種類を示すストリームID，その他のステータスを記述するフィールドなどが設けられています．また，フラグに応じてオプショナル・フィールドという拡張部を設けることができ，その中にストリームの表示やデコードのための時間情報(PTS/DTS)などを記載する構造になっています．

デジタル放送では，映像と音声が個別のコーデックで符号化されるため，提示時間の管理が必須です．そのため，PES化されたストリームは，PTS(Presentation Time Stamp)，DTS(Decoding Time Stamp)によって表示やデコードのタイミングが厳格に管理されています．

なお，動画と連動して提示することが必要な一部のデータに関しても，PES形式で伝送されます．PESで伝送されるデータの代表としては，字幕データが挙げられます．

PES化されたストリームは，次にTSパケットに収められますが，TSパケット

のペイロードは最大で184バイトのため，分割して格納されます（図7-4）．この際，TSパケットに対して，PESは先頭から収めていきますが，PESの先頭が格納されたTSパケットでは，PESの開始位置が判別できるようにスタート・フラグ（7-5

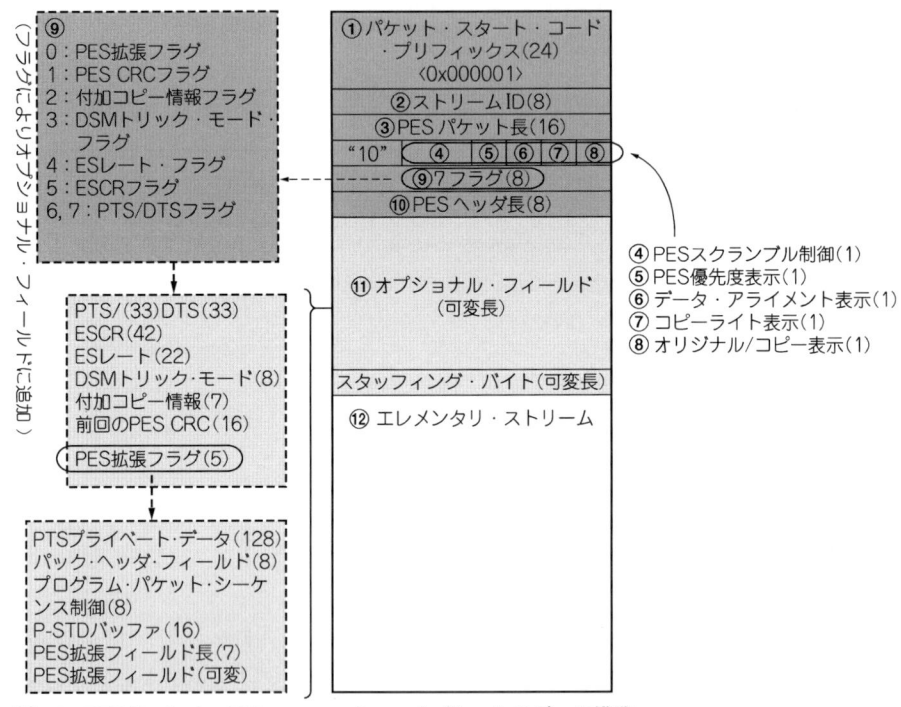

```
⑨
0：PES拡張フラグ
1：PES CRCフラグ
2：付加コピー情報フラグ
3：DSMトリック・モード・
　フラグ
4：ESレート・フラグ
5：ESCRフラグ
6,7：PTS/DTSフラグ

PTS/(33)DTS(33)
ESCR(42)
ESレート(22)
DSMトリック・モード(8)
付加コピー情報(7)
前回のPES CRC(16)
PES拡張フラグ(5)

PTSプライベート・データ(128)
パック・ヘッダ・フィールド(8)
プログラム・パケット・シーケンス制御(8)
P-STDバッファ(16)
PES拡張フィールド長(7)
PES拡張フィールド(可変)
```

① パケット・スタート・コード・プリフィックス(24)
　〈0x000001〉
② ストリームID(8)
③ PESパケット長(16)
"10" ④ ⑤ ⑥ ⑦ ⑧
⑨ 7フラグ(8)
⑩ PESヘッダ長(8)
⑪ オプショナル・フィールド（可変長）
スタッフィング・バイト（可変長）
⑫ エレメンタリ・ストリーム

④ PESスクランブル制御(1)
⑤ PES優先度表示(1)
⑥ データ・アライメント表示(1)
⑦ コピーライト表示(1)
⑧ オリジナル/コピー表示(1)

図7-3　PES(Packetized Elementary Stream)**パケットのデータ構造**
（図中の( )内はビット数，" "または ' ' はバイナリの数値，＜＞は固定値の場合の数値，0x…は16進数を表す．以降の図も同様）

TSヘッダ ← 188 → スタッフィング
TSパケット
PES
PESヘッダ

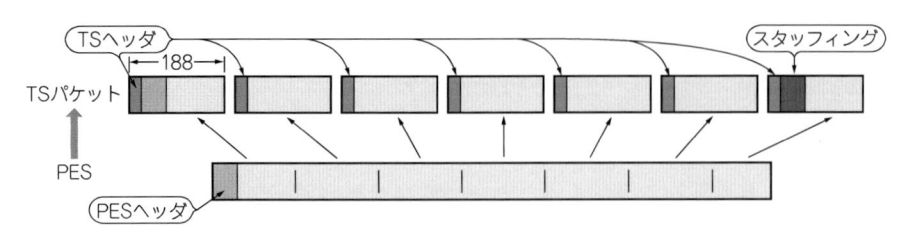

図7-4　PESのTSパケット化の例
ESが格納されたPESをTSパケット化する際には，TSパケットのペイロードに収まるサイズに細分化される．TSヘッダは4バイトの場合が多いが，アダプテーション・フィールドが追加される場合もあるため，適応的に処理される．

節参照)を立てます.

　また,分割後の最終データがペイロードのサイズに満たない場合は,アダプテーション・フィールドのスタッフィング・データ(7-5節参照)を利用して184バイトに合わせます.

　一般的には,PESのデータ長はTSパケットよりも大きいため,複数のPESが一つのTSパケットに存在することはありません.したがって,PESの先頭は必ずペイロードの先頭から始まります.

◆セクション

　PSI(Program Specific Information),SI(Service Information)といった情報やデータを伝送するための形式がセクションです.PSIについては,ISOで標準化されているテーブル構造がそのままARIBで採用されています.SIについては各放送方式によって異なりますが,本章では日本のARIB規格を参考に説明します.

　ARIB STD-B32では,2種類の形式が定義されていますが,ここではPSI/SIに広く用いられている拡張形式を図7-5に示します.

　PESと異なり,セクションのデータ量には長短さまざまなデータが存在するため,ポインタ・フィールドと呼ばれる,セクションの先頭位置を指定する8ビット

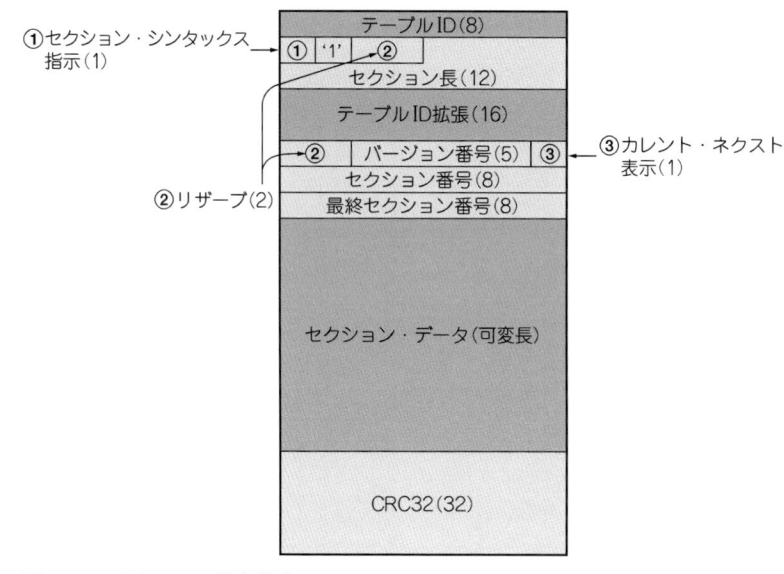

```
①セクション・シンタックス       テーブルID(8)
　指示(1)              ① '1' ②
                      セクション長(12)
                      テーブルID拡張(16)
                   ②  バージョン番号(5) ③   ③カレント・ネクスト
                      セクション番号(8)        表示(1)
②リザーブ(2)           最終セクション番号(8)

                      セクション・データ(可変長)

                      CRC32(32)
```

図7-5　セクションの基本構造

のデータが付加されます．ポインタ・フィールドの値は，直後からセクションが始まる場合は0x00となります．

セクションのTSパケット化の例を図7-6と図7-7に示します．セクション・データが183バイト以下の場合は，図7-6の(a)，(b)いずれかの方法でスタッフィングを行います．(a)は，PESのスタッフィングと同じく，アダプテーション・フィールドを用いる方法です．(b)は，余ったエリアを0xFFで埋める方法です．セクション長がペイロード・エリアよりも長い場合は，PESと同様に分割してTSパケット化します．図7-7を参照してください．

さらに，セクション・データの場合は，複数のセクションを一つのTSパケットに格納することが許されています．

図7-8は，複数のセクションをTSパケット化する場合の例です．図7-7と比較すると，2番目のTSパケットにもポインタ・フィールドがある点が異なります．

このように，ポインタ・フィールドはTSパケット内にセクションの先頭がある場合は必ず挿入され，セクションの先頭位置を記述します．例えば，セクション1の残りが43バイトあり，その次からセクション2が始まる場合は，ポインタ・フィールドの値は43(実際には16進に換算した0x2B)という値が記されます．

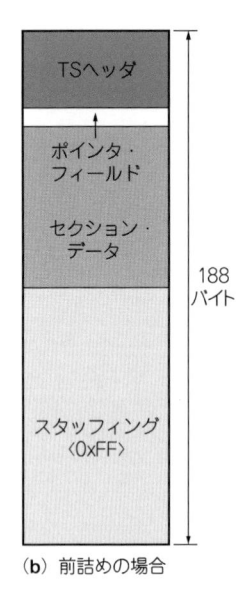

図7-6　セクションのTSパケット化例(183バイト以下の場合)
セクションの場合，空きエリアの処理は，後詰め，前詰めの2種類の方法がある．

(a) 後詰めの場合

(b) 前詰めの場合

図7-7 セクションのTSパケット化例(183バイトを超える場合)

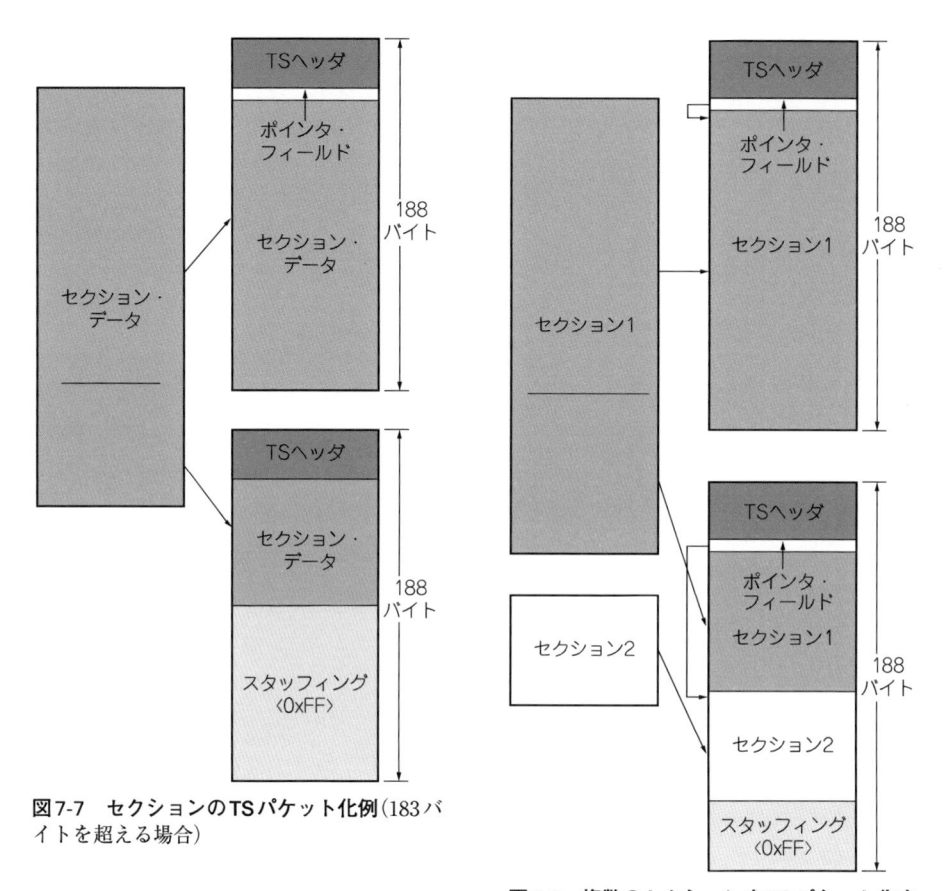

図7-8 複数のセクションをTSパケット化する場合の例
PESとは異なり，一つのTSパケットに複数のセクションがおさめられることがある．セクションの役割が細分化されているEIT(Event Information Table)では，この方法がよく利用される．

7-5　TSパケットの構造

　それでは，TSパケットがどのような構造になっているのかを見てみましょう．図7-9を見てください．
　パケットのサイズは，188バイトが基本となります．デジタル放送ではペイロー

ドの後に16バイトのデータ・エリアが付加されて204バイトの構造をもつこともありますが，16バイトのエリアは，主に誤り訂正符号や伝送路符号化の情報を付加するためのエリアとして利用され，ペイロードとヘッダを合わせた部分は，あくまで188バイトに変わりはありません．

パケットのヘッダ構造(①〜⑬)は，PES，セクションにかかわらず，すべてのTSパケットに共通しています．

① 同期バイト(8)

パケットの先頭を識別するためのデータで0x47の固定値です．

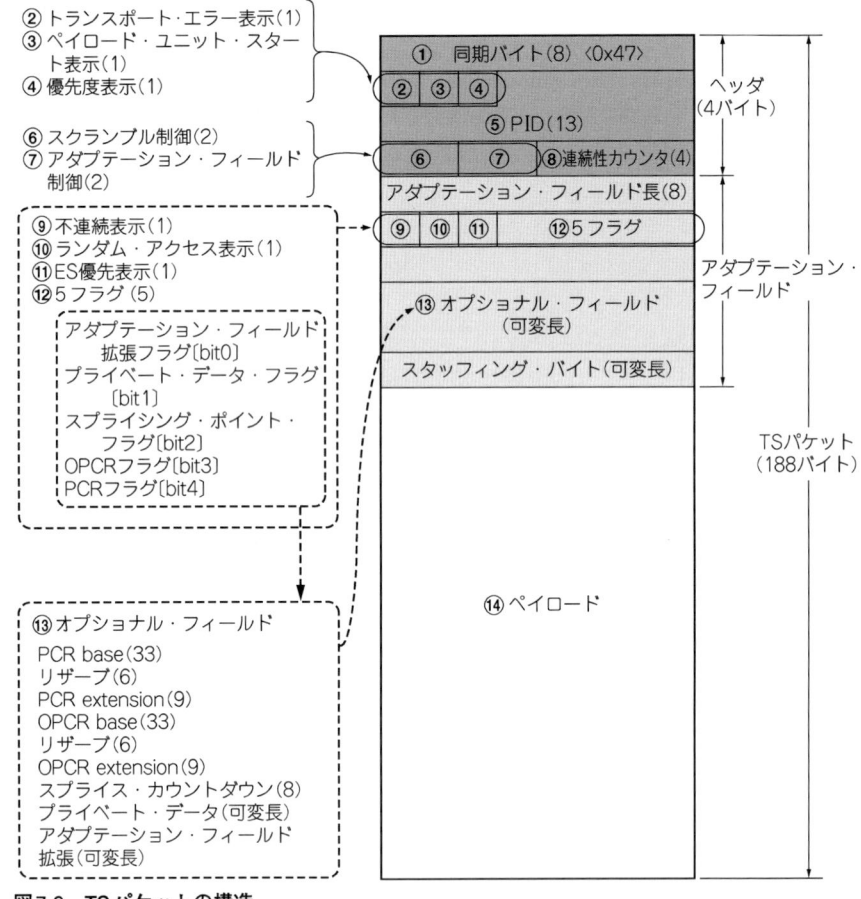

図7-9 **TSパケットの構造**

② トランスポート・エラー表示(1)
③ ペイロード・ユニット・スタート表示(1)
④ 優先度表示(1)
⑥ スクランブル制御(2)
⑦ アダプテーション・フィールド制御(2)
⑨ 不連続表示(1)
⑩ ランダム・アクセス表示(1)
⑪ ES優先表示(1)
⑫ 5フラグ(5)
　アダプテーション・フィールド拡張フラグ[bit0]
　プライベート・データ・フラグ[bit1]
　スプライシング・ポイント・フラグ[bit2]
　OPCRフラグ[bit3]
　PCRフラグ[bit4]
⑬ オプショナル・フィールド
　PCR base(33)
　リザーブ(6)
　PCR extension(9)
　OPCR base(33)
　リザーブ(6)
　OPCR extension(9)
　スプライス・カウントダウン(8)
　プライベート・データ(可変長)
　アダプテーション・フィールド拡張(可変長)

① 同期バイト(8) ⟨0x47⟩
② ③ ④
⑤ PID(13)
⑥ ⑦ ⑧ 連続性カウンタ(4)
アダプテーション・フィールド長(8)
⑨ ⑩ ⑪ ⑫ 5フラグ
⑬ オプショナル・フィールド(可変長)
スタッフィング・バイト(可変長)
⑭ ペイロード

ヘッダ(4バイト)
アダプテーション・フィールド
TSパケット(188バイト)

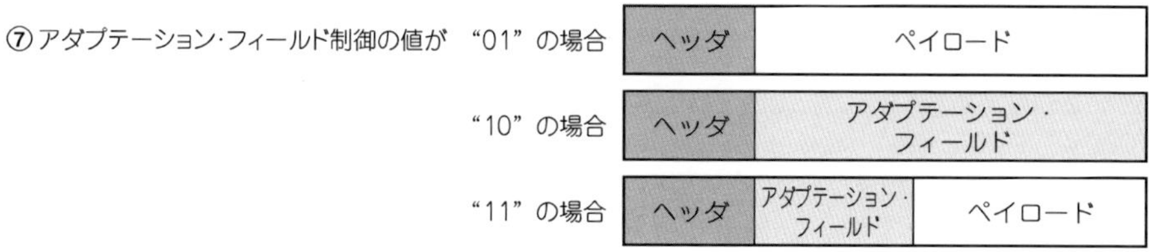

⑦ アダプテーション・フィールド制御の値が "01" の場合　| ヘッダ | ペイロード |

"10" の場合　| ヘッダ | アダプテーション・フィールド |

"11" の場合　| ヘッダ | アダプテーション・フィールド | ペイロード |

図7-10　制御フラグによるデータ構造の違い

② トランスポート・エラー表示(1)

　当該パケットにビット・エラーが含まれる場合は '1' とします．
③ ペイロード・ユニット・スタート表示(1)

　PESまたはセクションの先頭が存在することを示します．**図7-8**の場合，2番目のTSパケットもスタート表示が '1' となります．
④ 優先度表示(1)

　パケットの重要度を示します．
⑤ PID(13)

　パケット識別用の13ビットの情報です．詳細は次節を参照してください．
⑥ スクランブル制御(2)

　ペイロード部のスクランブルの有無と種類を識別します．
⑦ アダプテーション・フィールド制御(2)

　アダプテーション・フィールドとペイロードの有無を示します(**図7-10**)．なお，"00"はISOでもARIBでも未定義となっており，一般的には使用されません．
⑧ 連続性カウンタ(4)

　同じPIDをもつTSパケットごとに1ずつインクリメントする4ビットの巡回カウンタです．
⑨〜⑬　アダプテーション・フィールド

　PCR(Program Clock Reference)などの付加情報の伝送や，スタッフィングなどに使用されます．
⑭ ペイロード

　格納されるデータ本体です．

7-6　PSIによって多重化の構成が分かる

　受信後にMPEG-2 TSの中のサービス（番組）を利用するには，ターゲットとなる映像や音声ストリームを多重化されたMPEG-2 TSの中から抜き出す必要があります．そのためには，サービスがどのように多重化されているのかを知らなければなりません．

　MPEG-2 TSでは，それぞれのデータを識別するためにデータの種類（映像，音声，データなど）ごとに個別のPID（Packet IDentifier）が与えられますが，このPIDの値は一定の範囲内で任意に指定することができます．このため，どのPIDがどのような役割や内容を持っているかを受信機に知らせる必要があります．こうした情報を伝達するためのデータは，PSI（Program Specific Information）/SI（Service Information）と呼ばれ，MPEG-2 TSに多重されて伝送されます．

　このPSI/SIを受信側で解読することで，映像や音声はもとより，複数のプログラムが多重化されたストリームでも，必要なデータ・ストリームを正確に取り出すことを可能にしています．

　PSI/SIは，その内容ごとにセクション構造をもったテーブルとして定義されます．データ構造を示すものや，伝送チャネルやスクランブルの情報，現在時刻など受信機動作に関する情報を伝達するものなど，さまざまな種類のテーブルが定義されています．

　次節では，PSI/SIにどのような種類があって，どのような役割を持っているのかを説明していきます．

7-7　PIDとPSIの種類

　PIDの値は，特定の範囲内で自由に使用することができますが，ISO/IEC13818-1や，ARIBやDVBなど各放送規格において予約されているID値が存在します．**表7-1**に，ARIBでのPIDの割り当てを示します．

▶PAT（Program Association Table）
　番組の構成を記述するテーブルです．プログラム番号と対応するPMT（Program Map Table）のPIDが一対となり，ストリームに多重化されたプログラムすべてが記載されます．MPEG-2 TSを解析する際には，まずPAT（PID=0x0000）を検出して，その内容を解析する作業が第一となります．

ストリーム内にNITが存在する場合は，PMTと同じ書式でNITの記述がされます．なお，プログラム番号0x0000はNIT用の番号となります．

PATのセクション構造は，図7-11を参照してください．

▶PMT (Program Map Table)

番組を構成する各ストリームの情報とそのPIDを指定するテーブルです（図7-12）．映像や音声など各ストリームに割り振られているPID，およびストリームの種別の記載と，番組が参照するPCR (Program Clock Reference) を記述します．

また，記述子 (Descriptor) と呼ばれる付加情報を記載するエリアが設けられており，該当するプログラム全体，もしくは個別のストリームへの情報を与えることも可能です．

表7-1 ARIBでのPID (Packet Identifier)の割り当て
もとの規格のISO/IEC 13818-1ではPAT，PMT，NIT，CAT，Nullの5種類のみが定められている．これら以外は，各放送システムで定められている．日本のARIB規格は，参考にしたDVBとおおむね同一である．

テーブル	PID	Table ID	内容
PAT	0x0000	0x00	Program Association Table
CAT	0x0001	0x01	Conditional Access Table
PMT	PAT定義	0x02	Program Map Table
NIT	0x0010	0x40, 0x41	Network Information Table
SDT	0x0011	0x42, 0x46	Service Description Table
BIT	0x0024	0xC4	Broadcaster Information Table
TOT	0x0014	0x73	Time Offset Table
EIT	0x0012 0x0027	0x4E～6F	Event Information Table
Null	0x1FFF	—	レート調整用の無効パケット

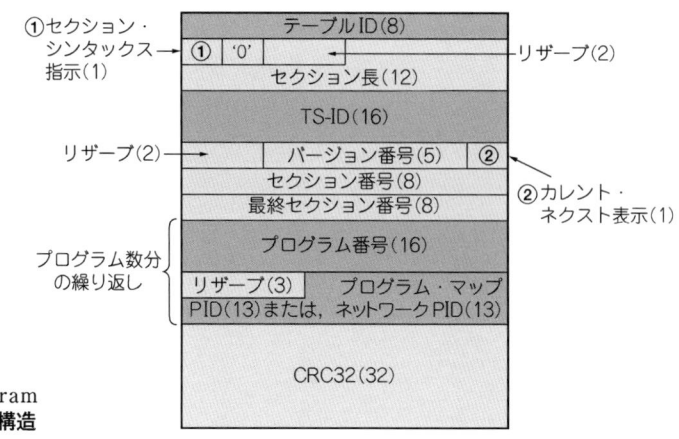

図7-11 PAT (Program Association Table)の構造

- ①セクション・シンタックス指示(1)
- テーブルID(8)
- '0'
- リザーブ(2)
- セクション長(12)
- TS-ID(16)
- リザーブ(2)
- バージョン番号(5)
- ②
- セクション番号(8)
- 最終セクション番号(8)
- ②カレント・ネクスト表示(1)
- プログラム数分の繰り返し
  - プログラム番号(16)
  - リザーブ(3)
  - プログラム・マップPID(13)または，ネットワークPID(13)
- CRC32(32)

7-7 PIDとPSIの種類

なお，ARIB規格では，プログラム番号をサービスIDと表現しているので，以後はサービスIDと表現します．

▶NIT（Network Information Table）
　放送局や放送網など，伝送路に関する情報を記述するテーブルです．特に地デジではチャネル・サーチの際に利用される重要なテーブルの一つです．NITの構造を図7-13に示します．

▶CAT（Conditional Access Table）
　限定受信方式に関する情報を記述するテーブルです．

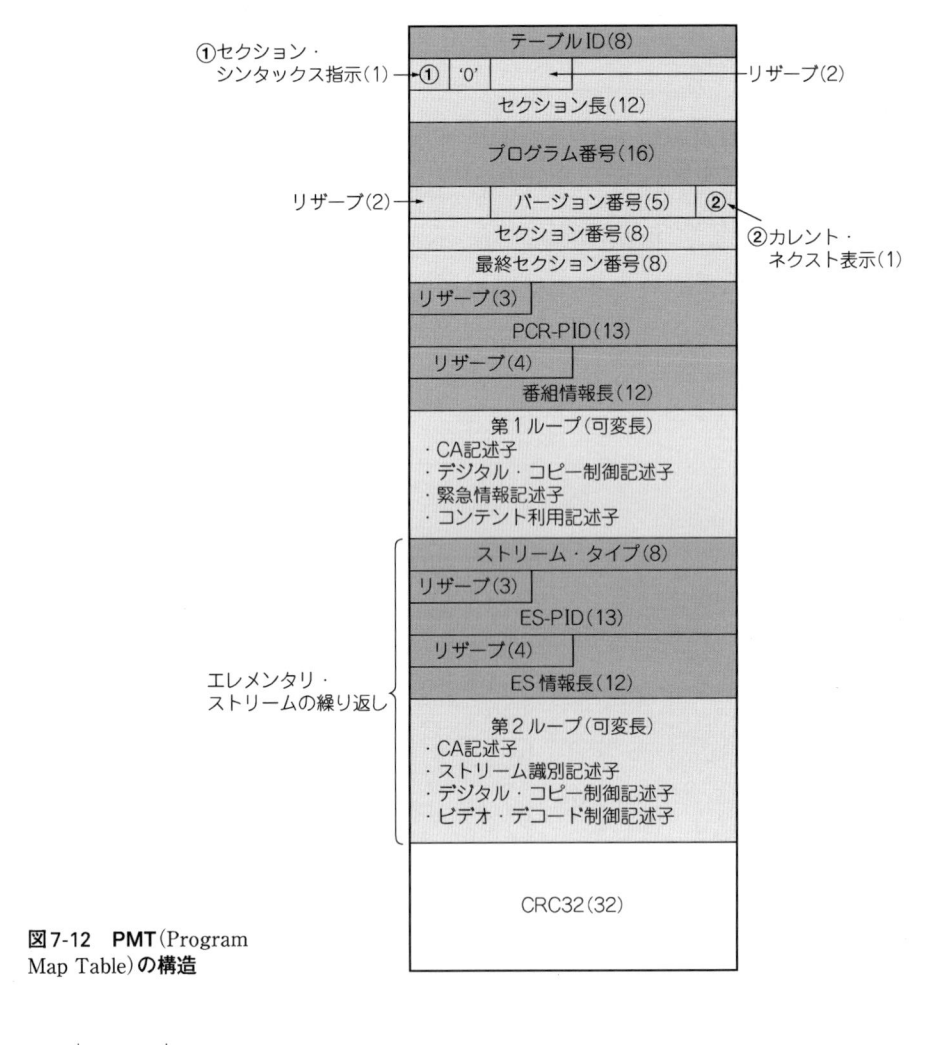

①セクション・シンタックス指示(1)
テーブルID(8)
'0'
リザーブ(2)
セクション長(12)
プログラム番号(16)
リザーブ(2)
バージョン番号(5)
②
②カレント・ネクスト表示(1)
セクション番号(8)
最終セクション番号(8)
リザーブ(3)
PCR-PID(13)
リザーブ(4)
番組情報長(12)
第1ループ（可変長）
・CA記述子
・デジタル・コピー制御記述子
・緊急情報記述子
・コンテント利用記述子
ストリーム・タイプ(8)
リザーブ(3)
ES-PID(13)
リザーブ(4)
ES情報長(12)
エレメンタリ・ストリームの繰り返し
第2ループ（可変長）
・CA記述子
・ストリーム識別記述子
・デジタル・コピー制御記述子
・ビデオ・デコード制御記述子
CRC32(32)

図7-12　**PMT**（Program Map Table）**の構造**

▶SDT (Service Description Table)
　編成チャネル名などに関する情報を記述するテーブルです．
▶TOT (Time Offset Table)
　時刻と日付情報を記述するテーブルです．サマー・タイムが実施された場合の対応も考慮されています．
▶BIT (Broadcaster Information Table)

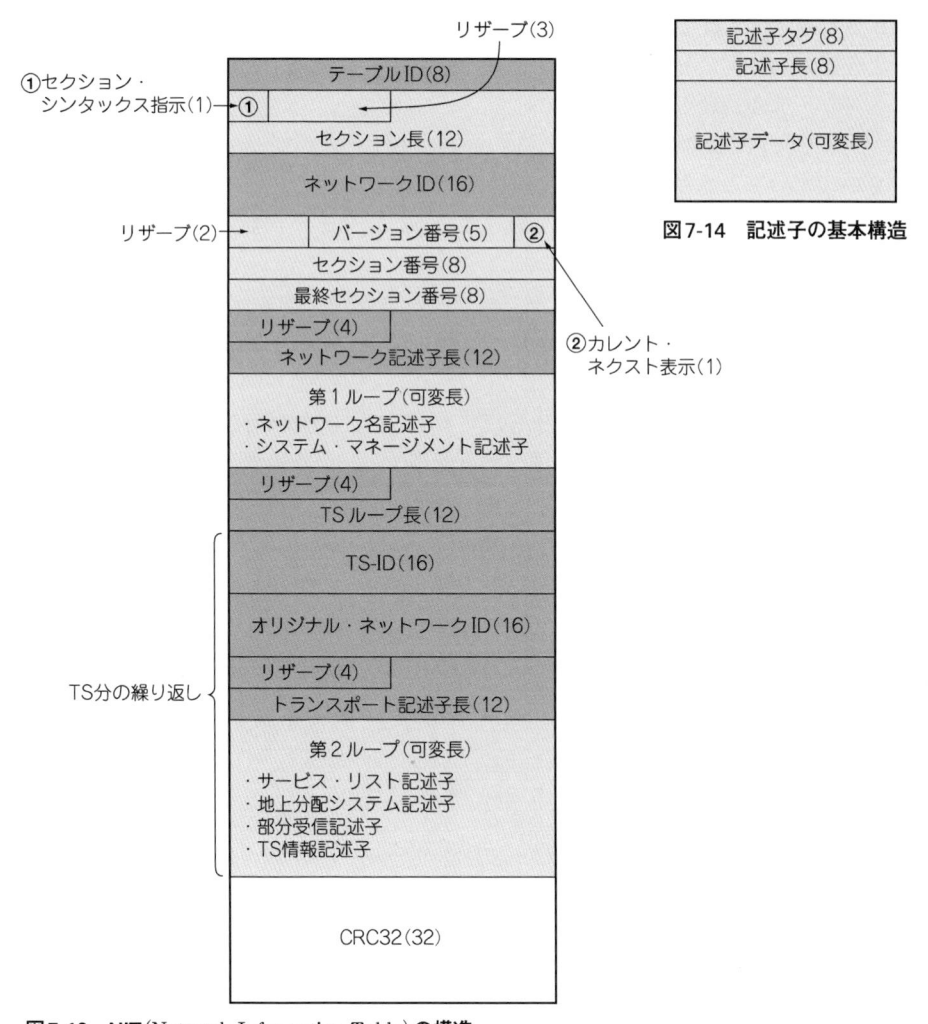

```
                                リザーブ(3)
                ┌─────────────────────┐  ┌──────────────┐
①セクション・        │      テーブルID(8)      │  │  記述子タグ(8)   │
シンタックス指示(1)─①│                     │  │  記述子長(8)    │
                │     セクション長(12)       │  │              │
                ├─────────────────────┤  │ 記述子データ(可変長)│
                │    ネットワークID(16)      │  └──────────────┘
リザーブ(2)→    │  バージョン番号(5)  │②│     図7-14　記述子の基本構造
                │     セクション番号(8)      │
                │   最終セクション番号(8)    │       ②カレント・
                │      リザーブ(4)         │       ネクスト表示(1)
                │  ネットワーク記述子長(12)   │
                │      第1ループ(可変長)    │
                │  ・ネットワーク名記述子     │
                │  ・システム・マネージメント記述子│
                │      リザーブ(4)         │
                │     TSループ長(12)       │
                ├─────────────────────┤
                │      TS-ID(16)         │
                │ オリジナル・ネットワークID(16)│
   TS分の繰り返し│      リザーブ(4)         │
                │  トランスポート記述子長(12) │
                │     第2ループ(可変長)    │
                │  ・サービス・リスト記述子   │
                │  ・地上分配システム記述子   │
                │  ・部分受信記述子         │
                │  ・TS情報記述子          │
                │       CRC32(32)         │
                └─────────────────────┘
```

図7-13　**NIT** (Network Information Table) の構造

7-7　PIDとPSIの種類

地上ブロード・キャスタの情報，ならびに伝送パラメータの情報を記述するテーブルです．

▶EIT（Event Information Table）
　番組の名称，放送日時，番組内容の説明などを記述します．一般的に，EPG（電子番組ガイド）と呼ばれる情報の大部分はEITで構成されます．

▶記述子
　各テーブルは，必要とされる共通の情報をテーブル・ヘッダとループ部に記載するようになっています．さらに，記載内容によって必要となる情報が異なってくることを想定して，より詳細な情報を記載できるよう，記述子と呼ばれるものを追記するスペースが設けられています．

　一例として，PMTの記載内容を見てみましょう．図7-12をもう一度参照してください．プログラム番号やPCR-PIDは，プログラム内で共通の情報です．さらに第1ループというエリアがありますが，ここにはプログラム全体に共通となる記述子が記載されます．

　次に，映像，音声，データなど当プログラムに関連するストリーム情報をESループ部に記述しますが，各々のESループ部には第2ループと称されるエリアがあり，ESに固有の記述子を記載するようになっています（図7-14）．

　番組配列情報の規格であるARIB STD-B10では，50種類を超える記述子が規定されていますが，地デジでよく使用される記述子の一部を，表7-2に示します．

表7-2　地デジでよく利用される代表的な記述子
おのおのの記述子は，運用規定（ARIB TR-B14第四編など）によってどのPSI/SIに挿入されるかが決められている．

記述子名	記述子タグ	機能の概要
ネットワーク名記述子	0x40	ネットワーク名の記述
サービス・リスト記述子	0x41	編成チャネルとその種別の一覧の記述
衛星分配システム記述子	0x43	衛星伝送路の物理的条件の記述
地上分配システム記述子	0xFA	地上伝送路の物理的条件の記述
コンポーネント記述子	0x50	番組要素信号に関する，種別，説明などの記述
デジタル・コピー制御記述子	0xC1	デジタル記録機器におけるコピー世代を制御する情報，および最大伝送レートの記述
コンテント利用記述子	0xDE	記録および出力を制御する情報の記述
緊急情報記述子	0xFC	緊急警報信号としての必要な情報および機能の記述
システム管理記述子	0xFE	放送／非放送などの識別
部分受信記述子	0xFB	地上伝送路の部分受信階層で伝送されているサービス識別の記述

7-8 基準信号の同期と時間情報

　MPEGのエンコード/デコードや，MPEG-2 TSのクロックとして使用される基準信号は27 MHzと決められています．

　DVDやパソコンなどでコンテンツを再生する場合，再生装置は内蔵クロックを基準信号とします．データの読み出しからデコードまで内蔵の基準クロックで動作するので，コンテンツが作成された際のクロックを意識することは特にありません．

　ところが，放送の場合は事情が異なります．受信した信号をリアルタイムにデコードして提示するためには，放送波への同期化が必須となります．

　図7-15を見てみましょう．放送局，受信機ともに27 MHzを基準信号としていますが，この二つの基準信号は，当然ながら別々の装置なので同期していません．ほんのわずかながら時間差があります．

　MPEG-2システムで定義されているデコーダ・モデルでは，映像や音声に所定のバッファをもつことになっていますが，基準信号に時間差があると，バッファがやがてオーバーフローもしくはアンダーフローを起こし，映像や音声が破綻してしまいます．

　こうした破綻を引き起こさないためには，受信機側は放送波の基準信号と自らの基準信号を同期させる必要があります．MPEG-2システムでは，図7-16のように，受信側で同期をとる方法を提唱しています．

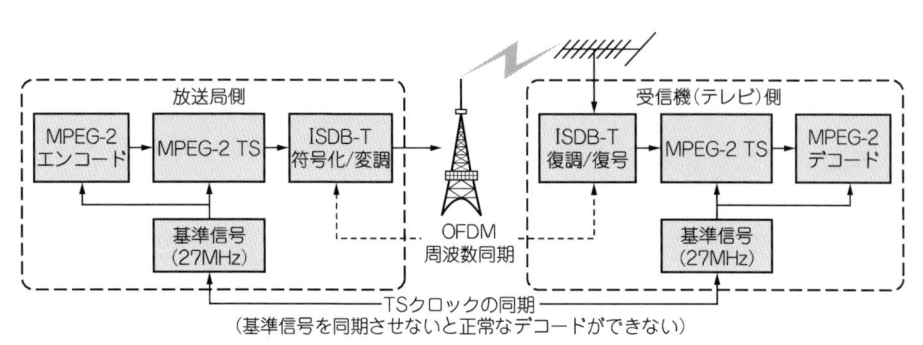

図7-15　放送における同期の必要性
コンテンツのエンコードは放送局側の基準信号を基準にしているため，受信側も同じ基準信号を再現しないと再生に影響を及ぼす．

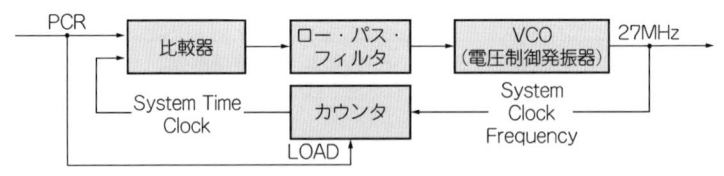

```
       PCR
        ─────┬─→┌──────┐   ┌──────────┐   ┌──────────────┐ 27MHz
             │  │ 比較器 │─→│ロー・パス・│─→│     VCO      │────→
             │  │      │   │ フィルタ   │   │(電圧制御発振器)│
             │  └──────┘   └──────────┘   └──────────────┘
             │      ↑                            │
             │ ┌──────┐                          │
             └→│カウンタ│←─────────────────────────┘
               └──────┘   System Clock Frequency
         System Time Clock   ↑
                            LOAD
```

図7-16[(6)] **PLLを用いたクロック・リカバリ**
放送波から抽出したPCRと機器内部で生成したPCRを比較し，VCOをコントロールすることで放送局側の基準信号(27 MHz)を再現することが可能となる．

　PCR(Program Clock Reference)は，90 kHzでカウントする33ビットのPCR baseと，27 MHzで300までカウントする9ビットのPCR extensionの計42ビットで構成されます．つまり，PCR extensionが一巡してPCR baseが一つカウント・アップすることになるので，クロックの周波数は27 MHzになります．

　カウンタ部は，PCRの初期値をいったんロードし，自走でカウントを始めます．カウントの際の基準クロックは，VCO(電圧制御発振器)の27 MHzです．比較器では，カウンタで生成される自走のPCRとMPEG-2 TSから抽出されるPCRを比較し，VCOへ与える制御信号を出力します．この制御信号はフィルタで制御電圧に変換されVCOの周波数をコントロールします．自走のPCRが早ければVCOの発振周波数を下げるように働き，遅ければ周波数を上げるほうに働きます．

　こうして常時MPEG-2 TSから抽出したPCRと自走PCRを比較することで，VCOの発振周波数を放送局側の基準信号に同期させることができます．

7-9　MPEG-2 TSの解析手順

　通常，OFDM復調ICからの出力信号は，MPEG-2 TS形式で伝送されます．
　受信機はリモコンの操作に適切に反応するために，伝送されるMPEG-2 TSの内容を把握しておく必要があります．そのために，MPEG-2 TSの中からPSI/SIを抽出して内容の解析を行います．ここでは，その解析手順を見てみます．

① 同期バイトの検出
　まずは，連続で送られてくるデータ列の中から，ヘッダの位置を検出する必要があります．その際に手掛かりとなるのは同期バイト(0x47)です．ただし，同期バイトを示す0x47は，ヘッダにのみ使われるわけではありません．データの値が0x47だからといって，ただちにそのデータが同期バイトとは限らないのです．
　では，どのようにしてヘッダを探し出すのでしょうか．通常，ヘッダの検出には複数の0x47を探し出し，その周期性を調べます．

MPEG-2 TSのパケット・サイズは，ストリームの中では固定で，デジタル放送では188バイト，もしくは204バイトがよく利用されます．つまり複数の0x47を検出したら，それぞれのデータの間隔を調べます．188バイトもしくは204バイト間隔で0x47が検出し続けられるなら，それが同期バイトということになります．

　MPEG-2 TSの検査規格として，広く利用されているTR 101 290では，パケット・サイズ間隔で，0x47が5回以上連続して検出できれば，これらの0x47を同期バイトとみなし，検出後に2回連続でヘッダの位置に0x47が来なかった場合は喪失とみなすことになっています．

　さて，ヘッダの検出が完了したことで，
　　(1) パケットの先頭
　　(2) パケット・サイズ
の2点を知ることができました．

② PATの検出と解析

　ヘッダの先頭を特定できれば，ヘッダの4バイトを順次解読することが可能になります．

　ヘッダの中のPIDをパケットごとに観測し，PAT(PID = 0x0000)のパケットをメモリなどに取り込み，内容を解析します．PATには，現在このMPEG-2 TSに多重されているサービスがすべて記載されており，サービスIDと，そのサービスIDに対応するPMT-PIDを知ることができます．

　ユーザ・インターフェースから与えられる番組選択の情報は，サービスIDで伝えられます．PATの解析が完了していれば，選択されたサービスIDを見るためにはどのPMTを解析すればよいかが分かります．

　図7-17(巻末付録)は，PATのデータ構造例をバイナリ・データで示したものです．図の右側にデータの主な意味を示しています．

　TSパケットのパケット・ヘッダ4バイト，ポインタ・フィールド1バイトに続いてPATのセクションが始まります．テーブルIDからの8バイトが，PATのテーブル・ヘッダとなります．

　PATには，TSに多重されているプログラム(=サービス)と，そのサービスを提示する際に参照するPMTのPIDが一対で記載されています．

　図7-17では，一番目のプログラム・ループにNITの記述があります．NITは正確にはサービスではないのですが，受信機の動作に直接関係する重要な情報が記載されている関係からか，PATに記載するようISO規格で定められています．

　NIT以降の四つのループが，実際のサービスに関する記述となります．プログラ

ム・ループの記述を読み取ることによって下記のような関係が分かります．

- サービス1(プログラム番号＝0x0448)のPMT-PIDは0x01F0
- サービス2(プログラム番号＝0x0449)のPMT-PIDは0x03F0
- サービス3(プログラム番号＝0x05C8)のPMT-PIDは0x1FC8
- サービス4(プログラム番号＝0xFFF0)のPMT-PIDは0x1CF0

③ PMTの検出と解析

PATの解析情報と指定されたサービスIDから，対象となるPMTを特定することができました．次にPMTの解析を行います．PMTには，下記の情報が記述されています．

- プログラム番号(サービスID)
- ESのストリーム・タイプとそのPID
- PCR-PID
- 記述子による付加情報

ストリーム・タイプについては，ARIBの運用規定『ARIB TR-B14』において，**表7-3**のような種類を使用してよいことになっています．

ストリーム・タイプとPIDの関係が分かれば，映像，音声のデコード回路に送るパケットを特定することができます．

また，PMTにはそのプログラムが参照する基準クロック(PCR)が示されているので，PCRを参照して映像や音声の提示をコントロールします．PCRはPMTごとに個別にもってよいことになっているので，PMTの解析から目的となるプログラム用のPCRに到達しなければなりません．

図7-18(巻末付録)は，PID＝0x01F0のPMT(Program Map Table)のデータ構造例です．PMTのテーブル・ヘッダからは，サービスIDとPCR-PIDを読み取ることができます．テーブル・ヘッダの次に，記述子を挿入するためのエリア(第1

表7-3[(7)] ストリーム・タイプの割り当て

ストリーム・タイプ	割り当て
0x01	ISO/IEC11172 Video(MPEG-1 ビデオ)
0x02	ISO/IEC13818-2(MPEG-2 ビデオ)
0x06	ISO/IEC13818-1(MPEG-2 システム) PES packets containing private data (字幕／文字スーパ)
0x0D	ISO/IEC 13818-6(データ・カルーセル)
0x0F	ISO/IEC 13818-7(MPEG-2 AAC オーディオ)
0x1B	ITU-T Rec.H.264｜ISO/IEC 14496-10 Video (簡易動画)

ループ)が設けられていて，**図7-18**の例では限定受信方式記述子が記載されています．

　テーブル・ヘッダから第1ループまでの情報は，プログラム全体に関係するもので，この後に記載されるエレメンタリ・ストリーム(ES)のそれぞれに共通です．映像，音声，字幕といった時間経過に応じて提示する必要のあるESは，テーブル・ヘッダに記載されたPCRを参照してデコードされます．また，スクランブルがかかっている場合は，解除するために参照するECM(Entitlement Control Message)が必要となりますが，第1ループの限定受信方式記述子に記載されたECM-PIDから，このプログラムで使用するECMを知ることができます．

　この後に，実際の映像や音声，データなどの素材に関するPIDが並びます．それぞれストリーム・タイプとPIDが示されているので，どのPIDにどのようなストリームが収められているかを知ることができます．**図7-18**の場合，下記の番組ソースがあることが分かります．
- エレメンタリ・ストリーム1はMPEG-2ビデオで，PIDは0x0100
- エレメンタリ・ストリーム2はAACオーディオで，PIDは0x0110
- エレメンタリ・ストリーム3はPESストリーム(字幕)で，PIDは0x0130
- エレメンタリ・ストリーム4はDSM-CCデータで，PIDは0x0140

　図7-17(巻末付録)のPATデータ構造例にある，他のPMT(0x03F0，0x1FC8，0x1CF0)についても同様に内容を解析していくことで，**図7-19**(巻末付録)のように，このMPEG-2 TS全体の構造を把握することができます．このようにPATとPMTは，PSI/SIを除いたPIDについて，どのPIDがどのような種類のデータを載せているのかを示しています．こうして得られるPIDとデータの関係は，次から次に枝をたどっていくようすから，ツリー構造と呼ばれます．

　PATやPMTなどのPSI情報には，コンテンツにたどり着くための各種IDや，デコードに必要な情報が含まれています．番組を視聴するために最低限必要な情報ですが，これだけでは大変操作しづらいものになってしまいます．そこで，これらのPSIを補う形でSDTやNITなどに付加情報が記載されます．

　実際にTSアナライザを使用してTS解析を行うと，**図7-20**のようなツリー構造が表示されます．さらに，放送局(TS)名や番組(サービス)名も併せて表示される場合があります．これは，SDTやNITの解析結果を画面表示に加えているためです．

④ **SDTの解析**

　図7-21(巻末付録)は，SDT(Service Description Table)のデータ構造例です．

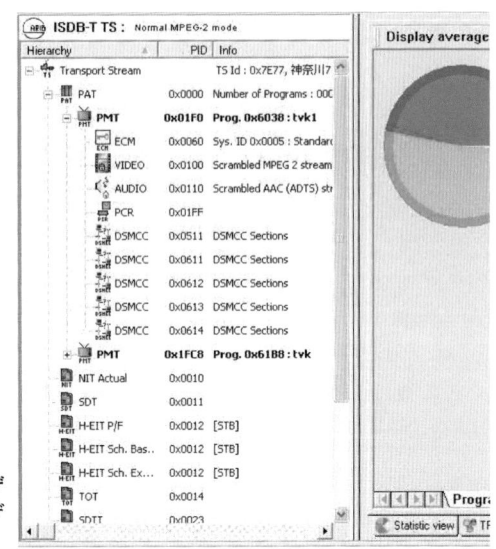

図7-20 ツリー構造を解析したアナライザの画面（仏・トムソン社MPEGアナライザ Mercury）

SDTには，各サービスのタイプやサービス名（編成チャネル名）に関する付加情報が記載されています．この例の場合，次の番組ソースがあることが分かります．
- サービスID = 0x0448
    サービス・タイプはデジタルTV
    サービス名は「関東テレビ1」
- サービスID = 0x0449
    サービス・タイプはデジタルTV
    サービス名は「関東テレビ2」
- サービスID = 0x05C8
    サービス・タイプはデータ
    サービス名は「関東テレビG」

なお，サービスID = 0xFFF0については記載されていません．これは，このサービスが番組を提供するものではなく，受信機のファームウェアなどのアップデートで利用されるエンジニアリング・サービス（第10章参照）であるためです．

⑤ NITの解析

図7-22（巻末付録）は，NIT（Network Information Table）のデータ構造例です．

NITはISOの規格上はPSIに属しますが，内容については個別運用とされています．ただ，受信や変調に関する各種の情報が記載されており，大変重要なテーブルです．周波数スキャンの際に利用されることは，第7章Appendixの7-Bで説明しますが，ここでは記述内容を詳しく見てみましょう．

　PMTと同じように，テーブル・ヘッダの後に記述子を挿入する第1ループがあります．図7-22では，ネットワーク名記述子が挿入されており，地域識別に事業者識別番号が記載されていることが分かります．

　次のTSループの記述についてですが，本来のTSループは自己のTSに関する情報だけでなく，関係する他のTSについての情報も記載することができるのですが，地デジでは自己のTSについてのみ記載することになっています．

　第2ループには，サービスや受信に関する重要な情報が記載されています．サービスに関する記述が分散していますが，これは記述子ごとの役割が異なるためです．

図7-22(巻末付録)のNITデータ構造例は下記のように解釈することができます．

- サービスID＝0x0448と0x0449
  タイプA(64QAM)で伝送されるデジタルTVサービス
- サービスID＝0x05C8
  タイプC(QPSK)で伝送されるデータサービス，部分受信部に配置される
- サービスID＝0xFFF0
  タイプA(64QAM)で伝送されるエンジニアリング・サービス
- 第1ループの情報
  ネットワーク名＝関東広域9(地域識別：関東広域，事業者識別：9を意味する)
- 第2ループの情報
  ガード・インターバル＝1/8
  モード＝3
  物理チャネル＝13，19，27，34，37，40，46，47
  TS名(放送局名)＝関東テレビ
  リモート・コントロール・キーID＝9

7-10　テーブル情報のテレビ画面での利用例

　これまで説明してきた情報は，実際にどのような形で使用されているのでしょうか．ここでは地デジの画面イメージ図(図7-23)を例にして解説します．

図7-23 地デジ画面の例(映像協力:テレビ神奈川,tvkコミュニケーションズ)

① **TS名と物理チャネル**

　受信している物理チャネルと,NITに記述されているTS名を表示しています.アンテナレベルは電界強度やC/N値などから算出されていますが,機種(もしくはメーカ)ごとに独自の値と考えたほうが良いでしょう.

② **3桁番号**

　受信しているチャネル番号です.NIT(Network Information Table)の中で記述されるリモート・コントロール・キーIDとサービスIDから合成されます.

③ **ワンタッチ・ボタン番号**

　リモコンの数字キーに対応した番号です.周波数スキャンを行った際に作成されたチャネル・テーブルによります.

④ **時刻表示**

　現在の時刻です.TOT(Time Offset Table)を参照しています.

⑤ **ロゴ・マーク**

　現在受信している放送局のロゴ・マークです.ダウンロード・データとして受信機に蓄積され,必要に応じて利用されます.

⑥ **イベント名，スケジュール**

現在の番組名です．EIT（Event Information Table）のPresent（現在）記述を参照しています．

このように，MPEG-2 TSの中で使用されている各種のIDは，視聴者の操作に対応して選局をするために必要となるもので，直接視聴者に提示されることはありません．

地デジ受信機で，リモコンの操作から番組（映像，音声）を提示するまでの手順を大まかに追ってみると，下記のような順序になります．

(1) リモコン・ボタン1が押される
(2) チャネル・テーブルを参照し，リモコン・ボタン1に対応したRFチャネルにチューニングする
(3) NITを取得し，サービスIDとサービス・タイプを照合し，TVサービスのサービスIDのうち，末尾のビットが0のサービスIDを記憶する
(4) SDTを取得し，(3)で取得したサービスIDの記述を読み，サービス名を記憶する
(5) PATを取得し，(3)で取得したサービスIDに対応したPIDを記憶する
(6) (5)で取得したPIDのPMTより以下の内容を取得する
- テーブル・ヘッダ中のPCR-PID
- 第1ループに限定受信方式記述子があれば，そのECM-PID
- ESループから番組を構成しているエレメンタリ・ストリーム（映像，音声，データ，字幕など）それぞれのPIDとコンポーネント・タグ
- 映像，音声が複数ある場合は，コンポーネント・タグ値を参照してデフォルトに指定されているほうのPIDをデコード対象のPIDとする

(7) (6)で取得した情報からECMを取得し，スクランブル解除の鍵コードを取得し，デスクランブルを行う
(8) デスクランブルされた映像や音声データを順次デコーダに送る
(9) 映像や音声を出力し，(3)～(5)で得た情報を画面にオーバ・レイ表示する

実際には番組情報（EIT），時刻情報（TOT），コピー制御情報（PMT），放送局ロゴのダウンロードなど，もっと複雑な処理が行われています．また，第10章で紹介するマルチビュー・テレビやまだら放送，イベント・リレーなどが実施された場合でも，PSI/SIの情報をもとに，操作されたとおりの番組を提示する基本的な動作は変わりません．

第7章 Appendix

7-A　　　　　階層変調と放送TS

◆階層変調

　地デジの大きな特徴の一つに階層変調があります．これは13のセグメントを最大三つの階層に分け，それぞれに個別のキャリア変調（変調方式と符号化率の組み合わせ）を設定できるものです．

　一般的に，デジタル変調において伝送できる情報レートとノイズへの耐性は，トレードオフの関係にあると言えます．例えば，QPSK（内符号化率1/2）はノイズへの耐性が一番強いため，同じ送信電力でより広い地域で受信することが可能となります．また，他の変調方式よりも小さなアンテナで受信することができると言い換えることもできます．ただし，伝送可能な情報量はもっとも少なくなるので，ハイビジョン映像やマルチ・チャネルの音声などは伝送できなくなります．逆に，64QAM（内符号化率 7/8）は，もっとも多くの情報を伝送することができるものの，ノイズの影響を受けやすく車載チューナや携帯端末での受信には向きません．

　ARIB STD-B31では，これらキャリア変調の設定について**表7-A**のように階層強度の順番を決めたうえで，次のような法則で階層変調の順序を与えることになっています．

　（1）階層強度が強い順にA階層（最強階層），B階層，C階層（最弱階層）とする
　（2）部分受信階層は必ずA階層とする

　部分受信と呼ばれる階層変調の方法が地デジのワンセグ放送と呼ばれるもので，

表7-A[3]　キャリア変調と階層強度の関係

階層強度の順番	強 →														弱
	1	2	3	4	5	6	7	8	9	10	11	12	13	14	15
変調方式	QPSK*1					16QAM					64QAM				
内符号化率	1/2	2/3	3/4	5/6	7/8	1/2	2/3	3/4	5/6	7/8	1/2	2/3	3/4	5/6	7/8
情報レート (Mbps)*2	0.312	0.416	0.468	0.52	0.546	0.624	0.832	0.936	1.04	1.092	0.936	1.248	1.404	1.56	1.638

*1：DQPSK は省略している
*2：ガード・インターバル1/8の場合の1セグメントあたりの情報量

現在では地デジ放送の多くがハイビジョン（12セグメント）とワンセグ（1セグメント）の2階層で伝送を行っています．

では，このハイビジョンとワンセグの複数番組の放送をMPEG-2 TSの点で見てみるとどうなるでしょうか．

ISDB-T符号化部の前後で使用するMPEG-2 TSは，見かけ上はマルチ・プログラムのTSとなんら変わりませんが，PIDで選別されて各階層へ振り分けられています．**図7-A**を見てください．

ワンセグ，ハイビジョンそれぞれがA，B階層に振り分けられています．また，PSI/SIはPATを除き，A階層に振り分けられています．

これらのうち，どちらの階層（あるいは両方）を受信して視聴するのかは受信機の商品企画になります．ここでは，今現在の一般的な受信例で説明します．

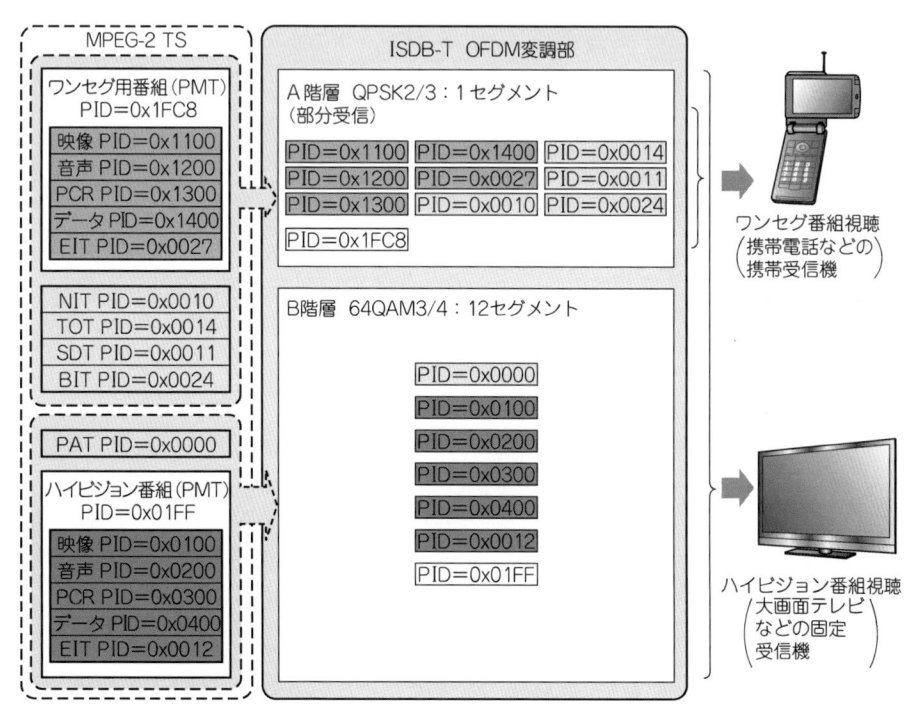

図7-A　MPEG-2 TSの階層化
ワンセグのコンテンツは部分受信階層に，ハイビジョンはそれ以外の12セグメントに割り当てられている．PSI/SIは運用規定でどの階層に多重するかが決められている．

◆ワンセグ受信機の部分受信

　家庭用のテレビではワンセグ番組の表示に対応しているかどうかにかかわらず，(PSI/SIなどの必要な情報があるため)A階層も含めた全セグメントを受信します．ワンセグ非対応であれば，ハイビジョン番組のみを選局できるように，主にソフトウェアで処理されます．

　一方，携帯電話などのワンセグのみの受信機は，13セグメントのうちワンセグ・サービスのある部分受信階層のみを受信します．携帯機器では，各機能の消費電力が重要なファクタを占めます．地デジの受信では対象となる1セグメントのみに受信対象を絞ることで消費電流をセーブしています．

　図7-Aに示したように，各階層への多重化はPIDによって振り分けられます．PSI/SIに関しては，どの階層へ多重するかがあらかじめ定められています．NIT，SDT，TOT，BITなど，どのサービスからも共通して参照されるものについてはA階層(最強階層)に多重されます．

　ただし，PATは運用規定の中で部分受信階層には多重しないことになっているため，ワンセグ+ハイビジョンの一般的な階層パターンの場合，ハイビジョンと同じB階層に多重されます．

　EITは，本文で説明したように，階層ごとに別々のPIDを与えられて多重されます．

　サービスを構成するコンテンツなどについては，次の3種類の伝送パターンが想定されています．

(1) サービスを構成する複数のコンポーネント(ES)はすべて同一階層で伝送する

　もっとも一般的な伝送方法です．現在は，ほとんどの放送局の通常時の運用がこのパターンです．

(2) サービスを構成する複数のコンポーネントを異なる階層で伝送する

　例えば，PMT，PCR，音声コンポーネントを強階層で伝送することで，電波状態が悪くても音声だけは聴取できるようになります．

(3) サービスを構成するコンポーネントが複数の階層から参照される

　例えば，階層の異なる複数のサービスから，同一のPCRを参照するような場合です．コンポーネントが共通化されるので，伝送容量を節約することが可能になります．

　なお，部分受信階層のサービスについては，他の階層の参照はできません．必ず部分受信階層に必要なコンポーネントを多重することになります．

◆放送TSと試験装置

　図7-Aのような階層分けの方法について，符号化装置の入力を切り口とした放送TSというデータ形式がARIB STD-B31で定められています．

① パケット・サイズは204バイトとなります．ビット・レートはISDB-T符号化のシンボル・レートと一致した値(2048/63≒32.507937Mbps)となります．

② ISDB-T方式の符号化装置では，各階層の変調パラメータやモード，ガード・インターバルなどの設定状態に応じて1フレームが構成されます．放送TSは，このフレーム構造に適合した情報量と順序で再多重化されたものとなります．特に無効パケットと呼ばれる冗長パケットが設定に応じて付加され，①のビット・レートに一致するように調整されます．

③ 189バイト目以降の8バイト部分に，ISDB-T Informationと呼ばれる付加情報が記述されます．フレームに対する位置情報や，そのパケットが多重される階層情報などが記載されます．

④ IIP(ISDB-T Information Packet)パケットと呼ばれる情報パケットが，フレームの無効部分に1個多重されます．IIPにはTMCCに記述されるモード，ガード・インターバル，各階層の変調パラメータなどが記載されます．

　放送TSのメリットは，
　（1）フレーム構造に変換されているため，再多重化の際の処理(PCRの補正，情報レートに対するオーバーフロー)の心配がない

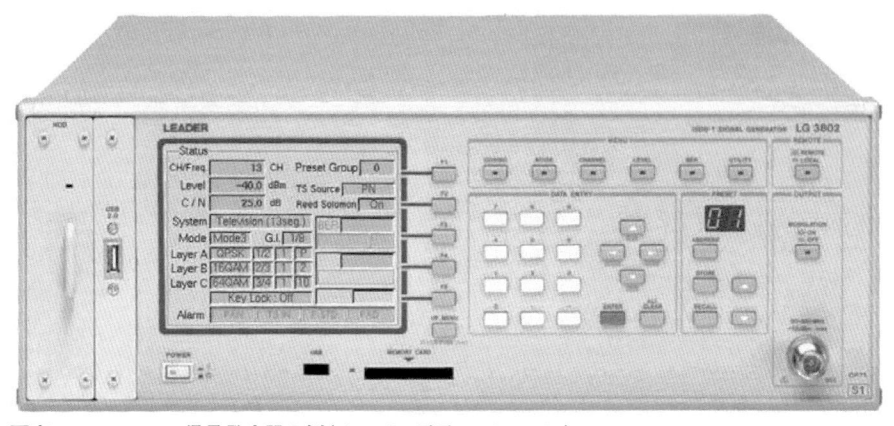

写真7-A　ISDB-T信号発生器の例(リーダー電子　LG3802S1)

(2) TMCC(Transmission and Multiplexing Configuration Control)情報が多重されているため，符号化装置で階層化のための設定が不要

といった点が挙げられます．

実際，ARIBでは受信機の開発や検査用として，各種試験用のストリームが販売されていますが，これらの多くは放送TSという形式で生成されています．

ただし，放送TS化されたストリームはあらかじめ設定された変調パラメータ専用となるため，たとえば，A階層の変調をQPSK1/2に変更してみたいといった応用は効きません．ストリーム自体を作り直す必要があります．

こうした理由から，ISDB-Tの試験装置(**写真7-A**，**図7-B**)としては，通常のMPEG-2 TSだけでなく，放送TSにも対応した装置が求められます．

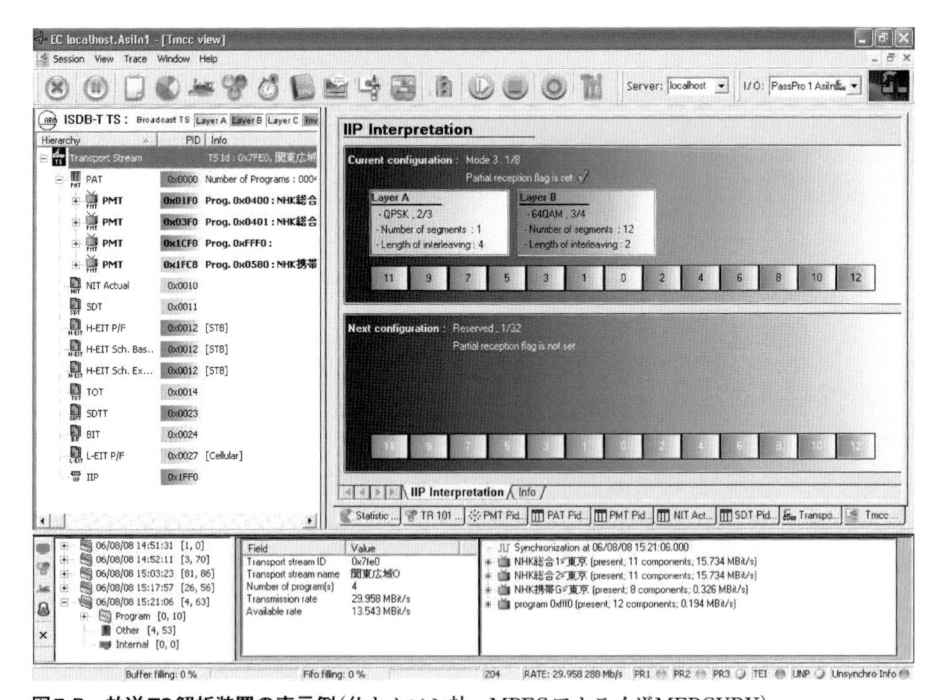

図7-B　放送TS解析装置の表示例(仏トムソン社　MPEGアナライザMERCURY)
IIPを解析することで，その放送TSがどのような変調設定用に多重されているかが分かる．また，「ISDB-T Information」部を読み取ることで，それぞれのPIDがどの階層に多重されているかが分かる．

146　第7章　MPEG-2システム

7-B　　周波数スキャンのしくみ

　地デジが受信できるテレビやレコーダなどを購入して初めて電源を入れると，まず最初に郵便番号を入力するなど，設置地域の情報入力を求められます．その後，受信機は周波数スキャン（受信サーチ，チャネル・スキャン，チャネル・サーチなどと呼ばれることもあるが，どれも同義語．本書では周波数スキャンという表現に統一する）を行って，受信可能なチャネルを自動的に探します．

　こうした作業が通常の視聴が可能となる前に必要なのは，地上波特有の送信事情によるものです．地上波放送の送信の基本は都道府県や地域単位です．東京と大阪では，たとえ同じ番組を放送していても，放送している放送局は異なりますし，送信所も異なります．

　では，同じ都道府県内であれば同じなのかというと，これも居住地域（受信機の設置場所）によって少しずつ異なります．特に最近は難視聴地域を解消すべく，各地に中継塔の設置が進められているので，地域によっては主放送波よりも中継塔からの中継波を受けたほうが良好な受信ができる場合があります．

　周波数スキャンは，現在の設置環境で受信可能なチャネルを探し出すだけでなく，同じ放送波の中で受信状態が最良のチャネルを自動で選択し，設置された環境に最適のチャネル・テーブルを構成します．

◆周波数スキャンの動作フロー

　では実際に，どのようにしてスキャンを行っているのかを動作フローで見てみましょう．

(1) 地デジはUHF帯で放送することが決められているので，まず受信機は13 chにRF周波数をチューニングします．フロントエンド部のロック状態や信号レベル，C/N，BERなどを一時的に記憶します．ロックしなかった場合は次のチャネルに進みます．

(2) 放送が受信できたら，復調後に出力されるMPEG2‐TSの中からNITを抽出し，記述内容を解読します．特に記述の中で重要なのは，TS‐ID，リモート・コントロール・キーIDの2点となります．

　NITからは，ほかにもTS名，送信周波数リスト，ネットワーク名，サービス（番組）のリスト，およびサービスの種類を取得することができます．

　これらの情報は，スキャンの方法やスキャンの結果に利用されますが，受信機の

製造メーカやモデルによって利用の方法はそれぞれ異なります．

　各放送が使用するこれらのIDのうち，TS‐IDやサービスIDは，全放送局で重複しないよう，運用規定で定められています．また，リモート・コントロール・キーIDは12しかないため，全局で異なるIDというわけにはいきませんが，各エリア内では重複しないように考慮された割り当てがされています．

　ARIBの運用規定から，関東エリアの事業者と各種IDの一覧を抜粋したものを**表7-B**に示します．

（3）NITの情報を取得し終えたら，次の14 chにチューニングして，やはりNITを取得します．以後，同じ作業を62 chまで繰り返します．

（4）すべてのチャネルの情報を取得したら，次に取得したデータを照合します．同じTS‐IDを持つ電波が複数受信できた場合は，それらを同じ放送とみなし，電界強度や*BER*などを比較して，より条件の良い，一つのRFチャネルのみを選択して

表7-B[(2)]　**関東エリアの事業者と各種IDの一覧**
関東1都6県を抜粋した．放送局が使用するID類は，全国すべての地上デジタル放送局について取り決められている．BSデジタル，広帯域CSデジタル放送も同様にARIB TR-B15で定められている．

地域名	地域識別	地域事業者識別	事業者名	リモコン・キーID	ネットワークID	TS‐ID	サービスID			
							テレビ型	データ型1	データ型2	部分受信
関東広域	1	0	NHK 総合	1	7FE0	7FE0	0400～0407	0480～0487	0500～0507	0580～0587
		1	NHK 教育	2	7FE1	7FE1	0408～040F	0488～048F	0508～050F	0588～058F
		2	日本テレビ放送網	4	7FE2	7FE2	0410～0417	0490～0497	0510～0517	0590～0597
		3	東京放送	6	7FE3	7FE3	0418～041F	0498～049F	0518～051F	0598～059F
		4	フジテレビジョン	8	7FE4	7FE4	0420～0427	04A0～04A7	0520～0527	05A0～05A7
		5	テレビ朝日	5	7FE5	7FE5	0428～042F	04A8～04AF	0528～052F	05A8～05AF
		6	テレビ東京	7	7FE6	7FE6	0430～0437	04B0～04B7	0530～0537	05B0～05B7
		8	放送大学学園	12	7FE8	7FE8	0440～0447	04C0～04C7	0540～0547	05C0～05C7
東京	23	7	東京メトロポリタンテレビジョン	9	7E87	7E87	5C38～5C3F	5CB8～5CBF	5D38～5D3F	5DB8～5DBF
神奈川	24	7	テレビ神奈川	3	7E77	7E77	6038～603F	60B8～60BF	6138～613F	61B8～61BF
群馬	25	7	群馬テレビ	3	7E67	7E67	6438～643F	64B8～64BF	6538～653F	65B8～65BF
茨城	26	0	NHK 総合	1	7E50	7E50	6800～6807	6880～6887	6900～6907	6980～6987
千葉	27	7	千葉テレビ放送	3	7E47	7E47	6C38～6C3F	6CB8～6CBF	6D38～6D3F	6DB8～6DBF
栃木	28	7	とちぎテレビ	3	7E37	7E37	7038～703F	70B8～70BF	7138～713F	71B8～71BF
埼玉	29	7	テレビ埼玉	3	7E27	7E27	7438～743F	74B8～74BF	7538～753F	75B8～75BF

チャネル・テーブルに割り当てます.

チャネル・テーブルとは，受信機のリモコンに配置されている1～12の数字ボタン（ワンタッチ・ボタン）を押したときに，どの放送局を選局するかを記憶しておくためのテーブルです．従って，リモート・コントロール・キーIDは，1～12のいずれかの数値が与えられます．

(5) 受信する地域によっては，同じリモート・コントロール・キーIDで異なる放送局を受信することがあります．こうした場合は，一方の放送局は空いたチャネル番号に割り当てられます．通常は，郵便番号や住所で入力された居住地域内にある放送局が優先されます．

こうしてチャネル・テーブルが完成した後は，リモコンの数字ボタンを押すだけ

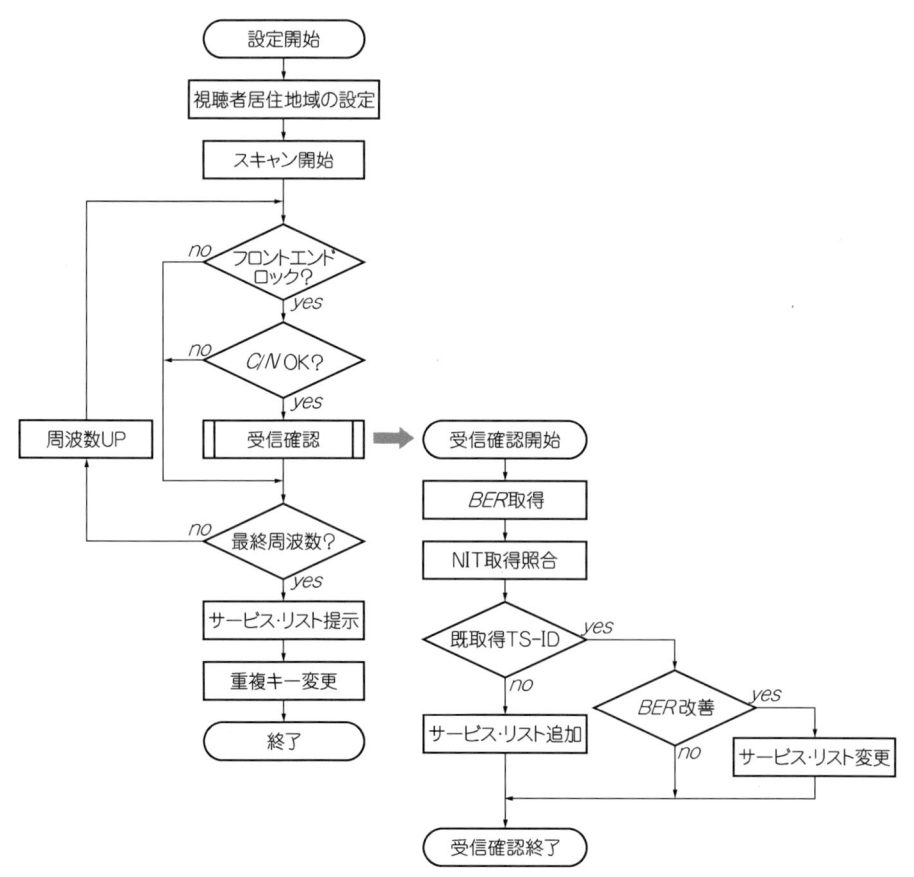

図7-C[(3)]　**周波数スキャン・フロー**

Appendix 7-B　周波数スキャンのしくみ　**149**

で放送局を瞬時に選局することが可能になります．

図7-CはARIBの受信機標準仕様に記載されている仕様例で，周波数スキャンの一連の動作をフローチャート化したものです．実際の例として，表7-Cに筆者の環境(神奈川県)でのスキャン結果を示します．

"3"のリモート・コントロール・キーIDを持つ放送局として，tvk(テレビ神奈川)とチバテレビを受信した結果となっています．先にも述べたように，このような場合は設置環境が優先されるので，tvkが"3"に，チバテレビは空いているリモコン番号のうち，一番若い"9"に割り当てられました．

なお，ほとんどの受信機では，周波数スキャンによってでき上がったチャネル・テーブルは，後で変更することが可能になっています．

室内に設置するテレビなどの受信機では，新しい放送局が開局したり，近くに中継塔が新設されて条件の良い受信チャネルが変わる場合などを除いて，再度周波数スキャンをする必要はほとんどありません．ところが，ワンセグ受信機やカー・チューナなど，移動が前提となる受信機では事情が少し異なります．

東京から大阪へ移動しながらテレビを視聴するとなると，放送エリアが変わるたびに，スキャンし直す必要があります．地デジのしくみ上，仕方がないのですが，13～62 chをすべて調べるスキャンの動作は案外時間がかかるものです．

このため，ワンセグ受信機やカー・チューナでは，複数のチャネル・テーブルを用意しておき，切り替えることができるようになっています．頻繁に訪れる場所での視聴など，行動範囲がある程度決まっているなら，即座に切り替えることができ，煩わしさを軽減することができます．

なお，2011年以降は，13～62 chのUHF帯域のうち，53～62 chを他の用途に利

表7-C　スキャン結果の例

リモコン番号	チャネル表示 (3桁番号)	チャネル名	種類	物理チャネル	補足事項 (事業者名)
1	011	NHK総合・東京	テレビ	27	NHK総合
2	021	NHK教育・東京	テレビ	26	NHK教育
3	031 - 0	tvk	テレビ	18	テレビ神奈川
4	041	日本テレビ	テレビ	25	日本テレビ放送網
5	051	テレビ朝日	テレビ	24	テレビ朝日
6	061	TBS	テレビ	22	東京放送
7	071	テレビ東京	テレビ	23	テレビ東京
8	081	フジテレビジョン	テレビ	21	フジテレビジョン
9	031 - 1	チバテレビ	テレビ	30	千葉テレビ放送
12	121	放送大学	テレビ	28	放送大学学園

用することが決まっています．従って，2011年以降に登場するテレビでは，この10 ch分を省略して，スキャンをより早く終了するモデルが登場するかもしれません．

7-C　MPEG-2システムの規格と実際の運用

　MPEG-2 システムはISOで規格化されており，ISO/IEC13818-1という規格番号で発行されています．ところが，この規格の中で定められているのは，MPEG-2 TSの基本的な概念と多重化の方法，MPEG-2 TSの根幹を成すPSIや，ベーシックな記述子の構造などにとどまっています．

　例えば，NITの内容を調べようとしてISO/IEC13818-1を見ても，そこにはPIDが定められているだけで具体的なNITの構造は載っていません．それでは，ISO/IEC13818-1で決められていないテーブルや記述子などは，どこで定められているのでしょうか．

　こうした詳細部分の規格化や運用については，放送を制度化する組織で取り決めています．デジタル放送でいえばDVB，ARIB，ATSCといった団体がこれにあたります．

◆DVB(Digital Video Broadcasting)

　1993年に設立されたDVBは，1990年頃に300あまりの企業や団体が集まって，放送のデジタル化を検討してきた団体が母体となっています．デジタル放送に関しては草分けともいうことができます．主に欧州各国が中心のため，俗に欧州方式と呼ばれていますが，地上デジタル放送の方式の中では最も多くの国に採用されている方式でもあります．

　DVBの規格や規定は，ETSI(European Telecommunications Standards Institute)より出版され，その内容により次の4段階に分類されています．

　　EN(European Norm)
　　ES(ETSI Specification)
　　TS(Technical Specification)
　　TR(Technical Report)

　DVBのおもな規格を**表7-D**に示します．このうち，MPEG-2 TSに関する規格や文書は，DVB方式を採用している地域のみならず，デジタル放送全般で利用されています．MPEG-2 TSの物理インターフェースの規格であるEN50083-9や，

MPEG-2 TSの検査仕様が網羅されているTR 101 290はその代表と言えます。

◆ARIB(Association of Radio Industries and Businesses)社団法人電波産業会

通信・放送分野における新たな電波利用システムの研究開発や技術基準の国際統一化などの推進を目的に1995年に設立されました。

国内では，日本の地上デジタル放送方式をISDB-T方式と呼んでいますが，海外ではISDB-T方式のことをARIB方式と呼ぶこともあります。

ARIBでは，DVBと同じように標準規格であるSTD(Standard)と運用規定であるTR(Technical Report)を定めています(**表7-E**)。

他の方式と比較して日本の運用規定は，例えばTS-IDやサービスIDなど，特定

表7-D 主なDVB規格

TR 101 290の中のMPEG-2 TSに関する計測指標は，DVBだけでなく，MPEG-2 TSを取り扱ううえで広く用いられている。また，EN50083はMPEG-2 TSの物理インターフェース(入出力)に関する規格で，こちらもMPEG-2 TSを扱うほとんどの装置で利用されている。

名 称	規格番号	タイトル
DVB-T	EN300 744	Framing structure, channel coding and modulation for digital terrestrial television
DVB-H	EN302 304	Transmission system for handheld terminals
DVB-SI	EN300 468	Specification for Service Information(SI) in DVB systems
	TR 101 211	Guidelines on implementation and usage of Service Information(SI)
DVB-DATA	EN301 192	Specification for data broadcasting
DVB-PI	EN50083-9	Interfaces for CATV/SMATV Headends and similar Professional Equipment
DVB-M	TR 101 290	Measurement guidelines for DVB systems

表7-E 主なARIB規格と運用規定

規格番号	規格名	備 考
STD-B10	デジタル放送に使用する番組配列情報	PSI/SIに関する規格
STD-B20	衛星デジタル放送の伝送方式	ISDB-S(BSデジタル)
STD-B21	デジタル放送用受信装置(望ましい仕様)	地上/BS/広帯域CS
STD-B24	デジタル放送におけるデータ放送符号化方式と伝送方式	−
STD-B25	デジタル放送におけるアクセス制御方式	−
STD-B29	地上デジタル音声放送の伝送方式	ISDB-TSB
STD-B31	地上デジタルテレビジョン放送の伝送方式	ISDB-T(地上デジタル)
STD-B32	デジタル放送における映像符号化，音声符号化及び多重化方式	
TR-B13	地上デジタル音声放送運用規定	
TR-B14	地上デジタルテレビジョン放送運用規定	
TR-B15	BS/広帯域CSデジタル放送運用規定	

の法則で意味づけがなされているなど，細部に至るまで緻密に決められています．ある意味，日本らしい一面かもしれません．ただ，これだけ緻密に決められているだけあって，送出側である放送局，受信側である製造メーカいずれの立場からも，場合によっては標準規格よりも重要視されることもしばしばです．

　本書はARIB規格を中心にした解説を行っていますが，ARIB規格はかなりの部分についてDVB規格を参照しているので，PSI/SIの構造などはほぼ共通と言えます．

◆ATSC(Advanced Television Systems Committee)

　NTSCに代わる新しいデジタル放送の標準化を目的として，2002年に米国で設立された非営利団体です．早くから標準規格やガイド・ラインをインターネット上で無償公開していたところは自由競争の国である米国らしいと言えるかもしれません(表7-F)．

　国際標準の3方式の中では唯一，シングル・キャリアを採用しているため，移動受信に難があると言われています．また，MPEG-2 TSの扱いにおいても，DVB，ARIBと大きく異なります．

　以下，ATSCに関してARIBやDVBと異なる点を中心に簡単に紹介します．なお，ATSCではPSI/SIに相当する部分をPSIP(Program and System Information Protocol)と称して規格化しています．

(1) PSIPの大部分は0x1FFBというPIDを共用し，テーブルの種類についてはテーブルIDで分類されます．

(2) NITの定義がありません．NITの代わりに，伝送経路やチャネルに関する情報をVCT(Virtual Channel Table)というテーブルで伝送します．

表7-F 主なATSC規格
PAT，PMTの構造はISO/IEC規格のままで，ARIBやDVBと同じである．EITのPIDがMGTで指定される点や，TVCT，RRTなど独自のテーブルを運用しているなどの特徴がある．

規格番号	規格名
A/52B	Digital Audio Compression (AC-3, E-AC3) Standard, Rev. B
A/53	ATSC Digital Television Standard, Parts 1-6
A/54A	Guide to the Use of the ATSC Digital Television Standard, with Corrigendum No. 1
A/58	Harmonization with DVB SI in the Use of the ATSC Digital Television Standard
A/64B	Transmission Measurement and Compliance for Digital Television
A/65C	Program and System Information Protocol for Terrestrial Broadcast and Cable, Revision C, with Amendment No. 1
A/69	Program and System Information Protocol Implementation Guidelines for Broadcasters

(3) 時刻情報はSTT（System Time Table）というテーブルで伝送されます．また，時刻の基準はDVBやARIBと異なり，米海軍の衛星であるGPStimeを参照しています．

(4) EITは内容によって個別のPIDを与えられ，これらのPIDはMGT（Master Guide Table）というテーブルで定義されます．

(5) 視聴制限に関するテーブルとして，RRT（Rating Region Table）が定義されています．視聴制限について，DVBやARIBには専用テーブルとしての定義はなく，CAS（Conditional Access System）の中で設定するようになっています．

第8章

地デジ受信機のしくみ

映像と音声の圧縮のしくみ
動画圧縮と音声圧縮の概要

高品質なコンテンツの提供と情報量の削減．この二律背反する要求事項を実現することができたのも，圧縮技術が実用化されたからにほかなりません．地デジではハイビジョンの圧縮にはMPEG-2ビデオ，ワンセグ放送にはH.264という2種類の動画圧縮技術を用いています．また，音声圧縮方式には5.1チャネル・サラウンドに対応したMPEG-2 AACという方式が採用されています．

　私たちが"デジタル"を身近に感じるようになったのは，1980年初頭に製品化されたCD（コンパクト・ディスク）ではないでしょうか．それまで主流だったアナログ・レコードは，みるみるうちにCDに取って代わられ，録音/再生装置もDAT（Digital Audio Tape）やMD（Mini Disc）といったデジタル機器が，テープ・レコーダに代わって主流になりました．
　オーディオ分野では急速に普及したデジタル技術ですが，映像分野においては1990年代半ばまで待たねばなりませんでした．映像をデジタル化するためには，音声とは比較にならないほど大量の情報を迅速に処理する技術が必要となります．さらに，その情報量をそのまま伝送しようとすると，高速かつ大容量な伝送手段を使用しなければなりませんし，装置の低価格化が難しくなるなど，実用化に際してさまざまな問題が生じます．こうした問題を解決するためには，効率よく情報を圧縮したり，圧縮されたデータを元の情報に復元（伸張）する技術が必須であると考えられてきました．
　そして，高品質な圧縮/伸張技術が実用化されたことが，映像分野のデジタル化を大きく後押しし，1996年になってようやくDVD（Digital Versatile Disc）プレー

ヤが製品化されました．また，この年には専門多チャネルの衛星デジタル放送（現スカイパーフェクTV）も開始されています．この頃を境に，ようやく本格的なデジタル映像の時代が始まったと言うことができるでしょう．

　本章では，デジタル放送になくてはならない圧縮技術について，地デジで使用されるMPEG-2ビデオとMPEG-2 AAC（オーディオ）を中心に，その原理を見ていきます．

8-1　MPEG-2ビデオと動画圧縮の原理

◆動画圧縮はデジタル化に必須

　映像信号をデジタル化し伝送するためには，膨大な情報量が必要となります．一例として，NTSC相当（720×480画素，30フレーム）の品質のテレビ放送をデジタル化した場合，およそ150 Mbpsのビット・レートが必要とされます．さらにHDTVになると1.5 Gbpsものビット・レートになります．ブロードバンドで特殊な専用線を使えば，1.5 Gbpsの伝送レートも可能ではありますが，6 MHzの帯域しかもたない地上波テレビ放送ではとても伝送できるものではありません．

　そこで登場するのが圧縮技術です．動画像を圧縮する技術は，さまざまな機関で研究されてきました．WMV（Windows Media Video）やReal Videoなど，企業主体で開発されたものや，ISOが設置した専門家組織である，MPEG（Moving Picture Expert Group）が開発したMPEG-2ビデオなどの方式があります．MPEG-2ビデオは現在の放送分野で広く採用されています．

　MPEG-2ビデオは，先に標準化されたMPEG-1ビデオの発展型といえるもので，基本的な技術を踏襲しつつ，MPEG-1ではできなかった機能を実現しています．主な違いとして，

- HDTVへの対応
- テレビジョン映像で使用されるインターレース（飛び越し走査）への対応
- 多チャネルを実現する多重化（第7章で述べたMPEG-2 TS）

といった点があります．

　MPEG-2ビデオは大変高度な技術のため，詳細に解説するとそれだけで一冊の本になってしまいます．ここではMPEG-2ビデオ圧縮規格の詳細よりも，「どうやって動画を圧縮しているのか」という，圧縮の原理にスポットをあてて説明します．本来ならば，インターレース映像への対応といった点は，テレビ放送としては外せない項目ではあるのですが，説明が複雑になるため省略しています．MPEG-2ビ

デオ規格について，もっと詳しく知りたいという方は，専門書や解説書がたくさん出版されていますので，そちらを参照してください．

◆可逆圧縮と非可逆圧縮

デジタル・データの圧縮技術には，大きく分けて可逆圧縮と非可逆圧縮の2種類の方法が存在します．

可逆圧縮は，コンピュータなどで取り扱う電子データの分野で主に使用されます．圧縮率はあまり高くありませんが，元の完全な状態に復元することが可能です．この後で説明する可変長符号化や，H.264におけるエントロピー符号化は可逆圧縮の符号化技術が利用されています．

非可逆圧縮は，高い圧縮率を得ることができる反面，一部のデータが削除されてしまうため，完全な復元はできません．動画や音声そのものの圧縮方法はこの非可逆圧縮になります．人の視覚や聴覚にはある特性があることが分かっており，見えにくい部分や聞こえにくい部分については，データを削っても見かけ上変わりません．では，具体的にどうやってデータを圧縮していくのでしょうか．

◆MPEG-2ビデオの概要

図8-1にMPEG-2ビデオの符号化ブロックの構成を示します．MPEGの動画圧縮にはいくつかのツールと呼ばれる要素技術が使用されますが，ここではMPEG

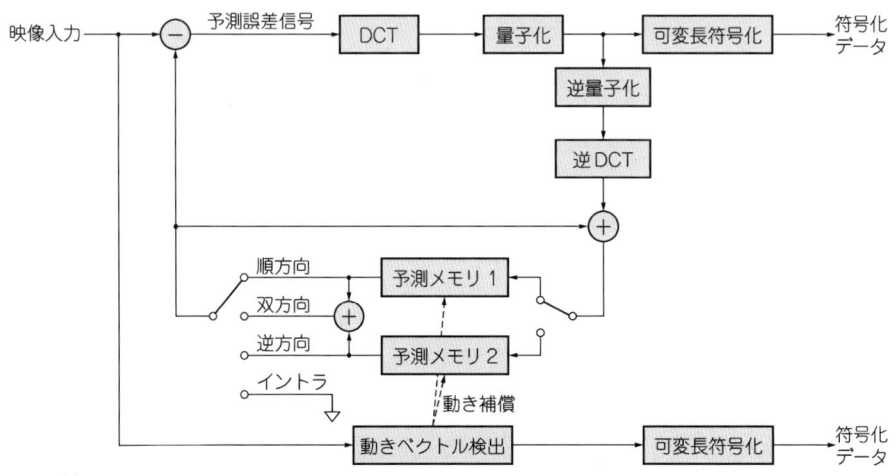

図8-1[7]　符号化ブロック（MPEG-2 ビデオ）

圧縮の根幹を成すDCT，可変長符号化，予測符号化について，その原理を解説します．

▶DCT（Discrete Cosine Transform：離散コサイン変換）

　デジタル放送の動画が1秒間に30枚の静止画像の集合であることは，アナログ・テレビの方式と同じです．この静止画像を圧縮するためにDCTという技術が使われます．

　まず，1枚のデジタル画像データを8×8画素のブロックに分割します．次に，このブロックを2次元DCT変換で周波数成分に分解します．

　8×8画素のブロックの場合，周波数成分ごとに64の基底関数に分解されます．この基底関数を図柄として表現すると図8-2のようになります．左上隅が水平も垂直も全く変化のない場合（直流成分）で，右（水平）および下（垂直）に行くにしたがって周波数成分が高くなっていきます．

　一般的に，2次元DCTで変換した成分（DCT係数）は，低周波成分が圧倒的に多く，高周波成分はごく少なくなります．

　図8-3は，画面の一部分を8×8画素で抜き出し，Y（輝度）成分をDCT変換した例です．直流成分に相当する左上の数値が飛びぬけて大きいことが分かります．

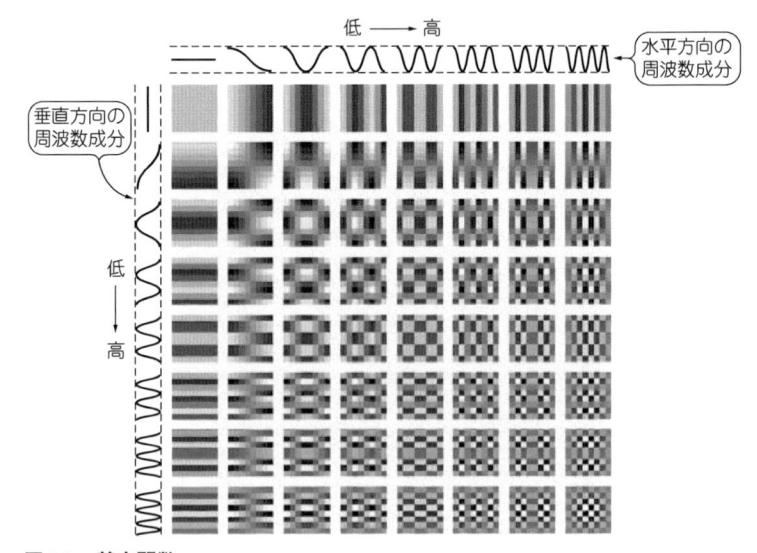

図8-2　基底関数
水平と垂直の周波数成分を合成し，絵柄で表したものが基底関数の図柄である．8×8画素のブロックが64種類の周波数成分に分解される．

DCT変換で得られたデータ・マトリクスをDCT係数と呼びます．次に，この64個のDCT係数一つ一つを個々の係数で除算していきます（**図8-4**）．量子化マトリクスと呼ばれるこの数値群は，**左上（低周波成分）**ほど小さく，**右下（高周波成分）**ほど大きな数値となっていることが分かります．人間の視覚は高周波成分に対しては鈍いため，高周波成分を大きな値で除算することで数値を間引いてしまうことが狙いです．得られる結果は，**図8-4(c)**のようになります．低周波成分以外の数値は大半が0になっています．これがDCTによる静止画像データの圧縮原理です．

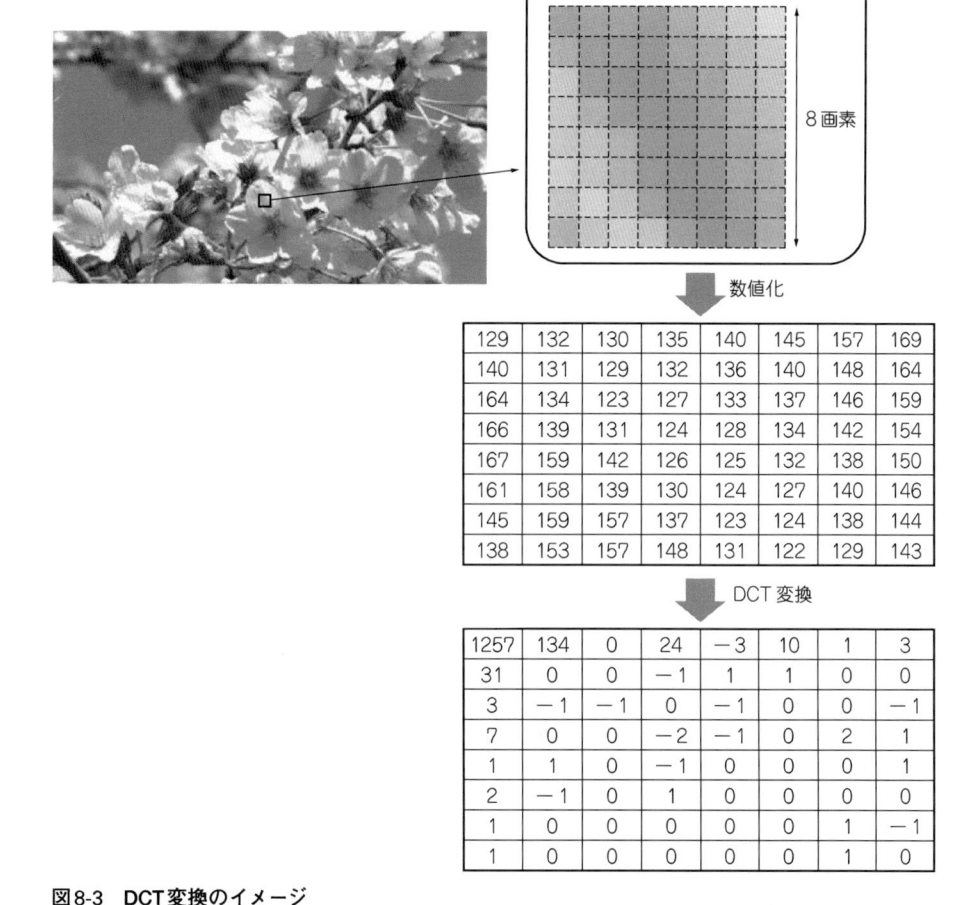

数値化

129	132	130	135	140	145	157	169
140	131	129	132	136	140	148	164
164	134	123	127	133	137	146	159
166	139	131	124	128	134	142	154
167	159	142	126	125	132	138	150
161	158	139	130	124	127	140	146
145	159	157	137	123	124	138	144
138	153	157	148	131	122	129	143

DCT変換

1257	134	0	24	−3	10	1	3
31	0	0	−1	1	1	0	0
3	−1	−1	0	−1	0	0	−1
7	0	0	−2	−1	0	2	1
1	1	0	−1	0	0	0	1
2	−1	0	1	0	0	0	0
1	0	0	0	0	0	1	−1
1	0	0	0	0	0	1	0

図8-3　DCT変換のイメージ
画像全体で見ると美しい桜の木の映像も8×8画素のブロックで切り出してみると，変化の少ない図柄に見える．このブロックごとに数値化され，ブロック単位でDCT変換される．

8-1　MPEG-2ビデオと動画圧縮の原理

1257	134	0	24	-3	10	1	3
31	0	0	-1	1	1	0	0
3	-1	-1	0	-1	0	0	-1
7	0	0	-2	-1	0	2	1
1	1	0	-1	0	0	0	1
2	-1	0	1	0	0	0	0
1	0	0	0	0	0	1	-1
1	0	0	0	0	0	1	0

(a) DCT係数

8	16	19	22	26	27	29	34
16	16	22	24	27	29	34	37
19	22	26	27	29	34	34	38
22	22	26	27	29	34	37	40
22	26	27	29	32	35	40	48
26	27	29	32	35	40	48	58
26	27	29	34	38	46	56	69
27	29	35	38	46	56	69	83

(b) 量子化マトリクス

157	8	0	1	0	0	0	0
2	0	0	0	0	0	0	0
0	0	0	0	0	0	0	0
0	0	0	0	0	0	0	0
0	0	0	0	0	0	0	0
0	0	0	0	0	0	0	0
0	0	0	0	0	0	0	0
0	0	0	0	0	0	0	0

(c) 量子化係数

図8-4 量子化係数の計算例
(a)のDCT係数(分子)と(b)の量子化マトリクス(分母)は，同じマス目同士で割り算され，量子化係数(c)となる．量子化マトリクスに，量子化スケールという係数を掛けることで出力のビット・レート(画質)を調整することもできる．

　また，量子化マトリクスに量子化スケールという数値を掛けることで圧縮率(ビット・レートに相当)を調整することが可能です．量子化スケールを大きな値にすると，高い圧縮率を得ることができる反面，高周波成分が丸められてしまうため画質が落ちます．逆に値を小さくすると圧縮率は低くなってしまいますが，画質の劣化が少なく高品質な画像を得ることができます．

▶ VLC (Variable Length Coding：可変長符号化)
　こうして得られた量子化係数は，VLCという方法でさらにデータ量を削減します．図8-4(c)の量子化係数を一連のデータ列にするには，64個のデータを特定の順番で読み出すことになります．この読み出しの順序として，MPEG-2ではMPEG-1で使用されたフレーム用のジグザグ・スキャンに加えて，インターレース時に効率が良いとされるオルタネート・スキャンを使用することが可能とされています(図8-5)．

　図8-5(a)のようにジグザグ・スキャンでデータを読み出した場合，
　　157　8　2　0　0　0　1　0　0　0　0　0　0　0　0　…(以下すべて0)

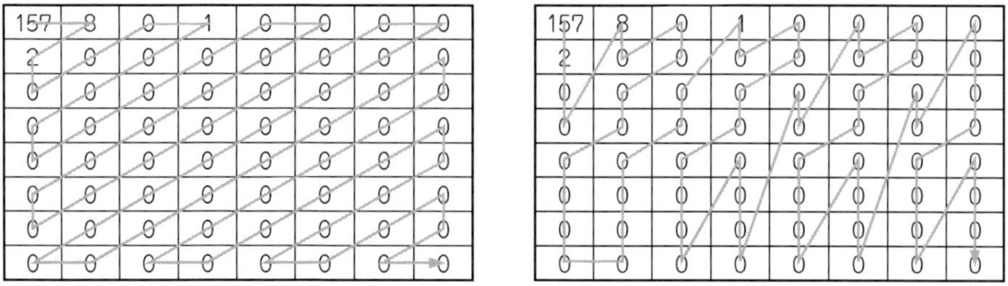

(a) ジグザグ・スキャン　　　　　　　　(b) オルタネート・スキャン

図8-5　量子化係数の読み出し順序

となります．このうち，直流成分のデータ157は個別に伝送することとし，残りのデータについてランレングス符号化という方式を用います．ランレングスとは，ラン（0以外の数値の間の0の数）と，レベル（0ではない係数の値）をペアとして組み合わせたもので，左記のデータ列は以下のように変換されます．

(0,8) (0,2) (3,1) (EOB)

EOBとはEnd Of Blockのことで，これ以降のデータはすべて0であることを意味します．さらに，これらの数値ペアをVLCによって変換します．VLCとは，出現率の高い組み合わせに対して短い符号列を，出現率の低いペアには長い符号列を与えるもので，各ペアに対するVLC用のテーブルを用意しておき，これに従って符号化します．

▶予測符号化

DCTやVLCといったデータ圧縮の方法は，動画を一枚一枚の静止画像として扱ったものです．ところで，動画をひとコマひとコマに分解したとき，その前後の画面は（シーンの変化点などを除いて）似た絵柄であることは容易に想像できます．現在の画面と一つ前の画面を比較し，その差分を符号化することで高い圧縮率を得ることができます．こうした符号化の方法をフレーム間予測符号化と呼びます．

図8-6はフレーム間予測符号化の一例です．固定したカメラの前を，画面右手から左手に向って船が動いています．この二つの画面の差分（船と，船の動きにともなって出現する背景）のみが符号化されます．過去の再生画像に差分を復号化して加えることで，現在の画像を再生することができます．

また，画面の中で物体が移動した場合の移動量「動きベクトル」を示し，フレーム間予測に利用することで，さらに符号化の効率を高めることができます．これを動き補償と呼びます．図8-6は，過去の画像を参照して現在の画面を予測する方法ですが，逆に，現在の画像から過去の画像を予測することも，同じ原理を利用すれ

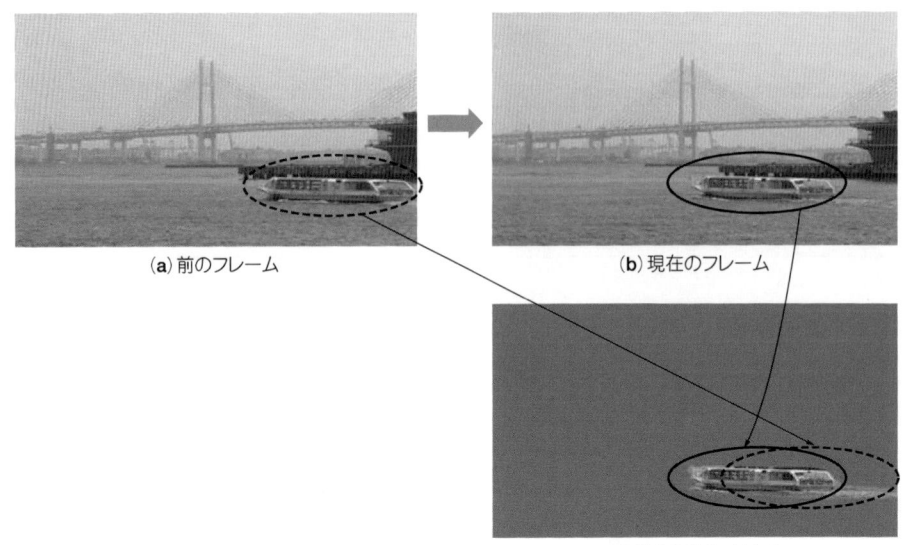

(a) 前のフレーム　　　　　　　　　　　(b) 現在のフレーム

(c) 差分と動きベクトル

図8-6　フレーム予測符号化の例
例えば，「前のフレーム」が二つ前の映像だとすると，この「二つ前のフレーム」と「現在のフレーム」の動きベクトルと差分データから，「一つ前のフレーム」も生成することができる．

ば可能です．前者を順方向予測符号化，後者を逆方向予測符号化と呼びます．

▶ピクチャとGOPの関係

　MPEG-2ビデオで符号化する画像にはIピクチャ，Pピクチャ，Bピクチャと呼ばれる三つのタイプが存在し，これらの画像が複数枚で一つのグループを構成します．この画像のグループをGOP(Group Of Picture)と呼びます．GOPを構成するこれらのピクチャは，それぞれ符号化される方法が異なります．

- Iピクチャ(Intra Picture)
　その画面すべてのマクロ・ブロック(16×16画素のブロック)が予測を使わずに画面内(イントラ)で符号化される．
- Pピクチャ(Predictive Picture)
　順方向予測によって符号化される画面．マクロ・ブロック単位でイントラ符号化もしくは順方向予測符号化が選択できる．
- Bピクチャ(Bi-directionally Predictive Picture)
　双方向の予測符号化によって符号化される画面．過去と未来のIまたはPピクチャを参照して符号化することができる．Bピクチャではマクロ・ブロックごとに，
　(1) 予測を使用せずイントラ符号化のみ

(2) 順方向予測を使用して符号化
(3) 逆方向予測を使用して符号化
(4) 順方向，逆方向双方を使用して符号化

の4種類の符号化が選択できる．

　図8-7は，MPEG-2ビデオ圧縮における，画像のタイプと予測の方向を示したものです．先に述べたI，P，Bの各ピクチャの生成では，予測符号化を使用しないIピクチャが符号化の基本となります．次に順方向予測を使用するPピクチャが，Iピクチャからの予測を利用する形で符号化され，BピクチャはIピクチャやPピクチャを参照して最後に符号化されます．

　これは，復号化する側の再生機においても同じで，IピクチャやPピクチャを処理した後でないと，Bピクチャを復号化することはできません．ところが，画像を表示する順序は，復号化した順番とは異なります．Bピクチャを先に表示し，Iピクチャはその次に表示しなければなりません．

　再生機側では，こうした復号化と表示順の入れ替えができるように，画面を蓄積しておくためのフレーム・バッファをもっています．つまり復号化した映像は，表示される順番がくるまでバッファに蓄積され，タイミングがきた時点で元の順番どおりに表示されることで，映像の復号化が完了します．

　図8-8に，符号化と復号化のようすを示します．この図ではIピクチャとPピクチャを2フレーム分遅延させて，もとの順番どおりに映像を再生しています．

◆ MPEG-2ビデオ・ストリームのデータ構造

　このように，画素レベルの符号化から始まり，画面間の予測などを利用して圧縮処理された映像データは，**図8-9**のような階層構造を持つデータ・ストリームで伝送されます．

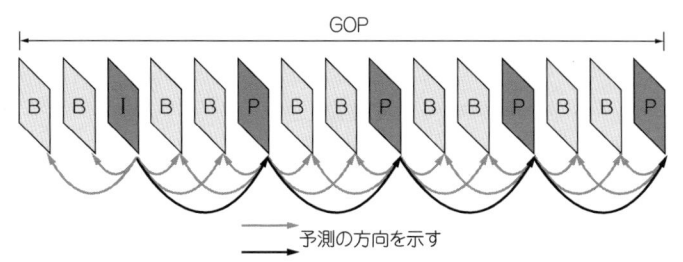

図8-7　GOPの構造例
GOPは一般的に15枚程度のピクチャで構成されることが多い．

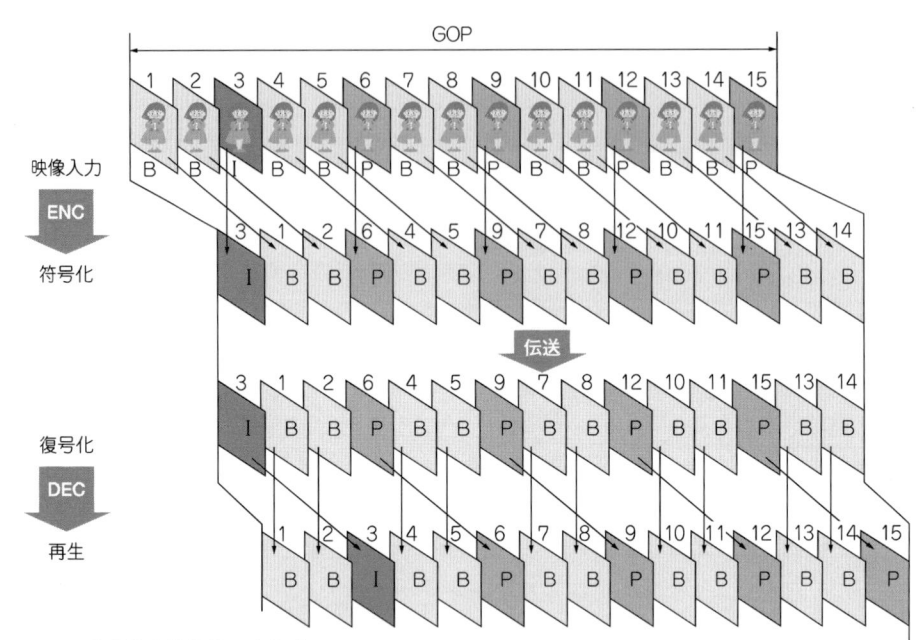

図8-8 符号化と復号化のようす
画像圧縮には遅延が生じることが知られているが，このピクチャの並べ替えだけでも2フレーム分＝66 msの遅延が生じることが分かる．遅延が生じるのは復号の際だけではなく，符号化の時点で膨大なメモリを使用して処理が行われるため，コーデックの部分だけでコンマ数秒の遅延が発生する．さらに，放送波として変調する際の伝送路符号化による遅延も加わるため，映像が受信機から出力されるまでには1秒以上の遅延となる．

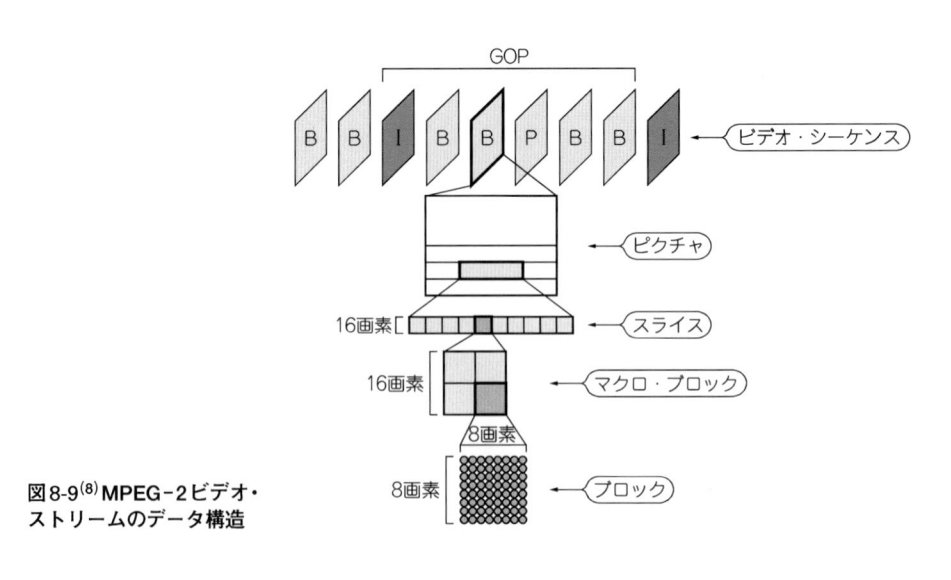

図8-9[(8)] MPEG-2ビデオ・ストリームのデータ構造

8×8画素のブロック四つでマクロ・ブロックを構成し，このマクロ・ブロックが横方向に連なったものがスライスになり，スライスの集合で一枚のピクチャ(画面)が構成されます．そして，複数のピクチャをグループ化したものがGOPとなります．

8-2　高効率の動画圧縮を目指したH.264方式

◆ワンセグで採用されたH.264とは

　MPEG-2ビデオは，MPEG-1ビデオの発展形として(HDTV化も含めた)高画質化を主眼として標準化されました．欧州のデジタル放送規格であるDVBや，DVDメディアに採用され，現在もっとも広く利用されているコーデック(Codec：Encoder/Decoderの略称)であるともいえます．ただし，低ビット・レートでの画質に難があることから，ワンセグ放送のような狭帯域伝送には，MPEG-2ビデオよりも圧縮率の高いコーデックが必要とされました．

　H.264はITU-T(International Telecommunication Union Telecommunication Standardization Sector：国際通信連合 電気通信標準化部門)で検討されてきた動画圧縮方式の一つです．もともとはテレビ電話やインターネットなど，通信回線向けとして検討されてきましたが，昨今のマルチメディア化によって，今では汎用的な動画圧縮コーデックとして広く採用が進んでいます．現在はMPEG-4のPart10としてMPEGの規格にも追加されていることから，H.264/MPEG-4 AVCなどと表記されます．

　DCT変換や予測符号化など，基本的な技術はMPEG-2ビデオと共通した点も多くありますが，MPEG-2ビデオよりもさらに圧縮効率を高める技術が採用されており，MPEG-2ビデオの約半分の情報量で同程度の画質を実現することができるとされています．

　図8-10は，H.264方式のビデオ符号化ブロックの構成図です．H.264で新たに導入された要素技術について見てみましょう．

▶4×4ブロック

　MPEG-2ビデオでは，ブロックの単位は8×8画素の固定でしたが，H.264ではブロックの単位を最小で4×4とすることが可能です．輪郭や細かな模様の箇所には4×4，背景の空は8×8で符号化するなど，入力画像に応じて選択することで符号化ノイズを削減する効果があります．

▶画面内予測符号化

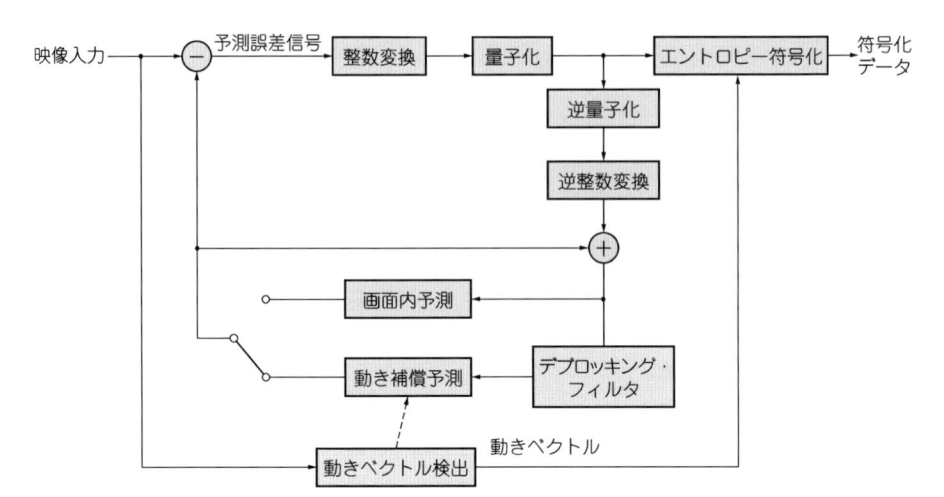

図8-10[9]　**符号化ブロック**(H.264/MPEG-4 AVC)
MPEG-2の符号化ブロック(図8-1)とブロック構成は似ているように見えるが，おのおののブロックに使用されるツール(技術)は異なり，互換性はほとんどない．

　前後の画面からだけではなく，同じ画面内の隣接する他のブロックの画素から予測符号化を行う技術です．また，MPEG-2ビデオではピクチャごとにI，P，Bを選択していましたが，H.264ではスライス単位でI，P，Bを切り替えることが可能となりました．

▶デブロッキング・フィルタ
　マクロ・ブロックや画素ブロックの境界線で発生しがちなブロック・ノイズを削減するためのフィルタで，MPEG-2ビデオにはない，H.264ならではの特徴的な技術であるといえます．

▶エントロピー符号化
　H.264では符号化技術として，可変長符号化技術の一種であるCAVLC(Context Adaptive Variable Length Coding)と，Mainプロファイル以上で利用可能とされる算術符号化技術のCABAC(Context-based Adaptive Binary Arithmetic Coding)の2種類が採用されました．CABACのほうが符号化効率は高くなりますが，その分回路規模も大きくなる傾向にあります．

◆ワンセグでのプロファイルとレベル
　地デジでは，データ放送とワンセグ放送にH.264が採用されています．このうち，ワンセグに関しては下記の範囲で運用することが決められています．

プロファイル/レベル：Baseline@1.2
画面サイズ　　　　：320×240（アスペクト比4：3の場合）
　　　　　　　　　　または320×180（アスペクト比16：9の場合）
フレーム・レート　：15 fps
走査方式　　　　　：プログレッシブ
最大ビット・レート：384 kbps

　部分受信部の伝送容量は416 kbps程度のため，実放送における映像のビット・レートは200〜260 kbps程度で運用されていることが多いようです．それでも，音声，データ，EPG（L-EIT），PSI/SIを多重すると，ギリギリいっぱいになってしまいます．逆に，簡易的ではあるにしろ，200kbps程度のデータ量で映像を伝送することができるようになったからこそ，ワンセグ放送のような携帯端末向けサービスが実現した，ともいうことができます．

8-3　音声圧縮の方式と原理

◆放送方式によって異なる音声圧縮方式

　放送分野で使用される映像の圧縮方式は，おおむねMPEG-2ビデオとH.264の2種類に限られます．ところが，音声の圧縮方式は映像ほど単純ではなく，各放送方式によって採用されたコーデックが異なり，その関係は**表8-1**のような多様さを呈しています．
　DVB-Tで採用されたMPEG-1 Layer IIは，今やもっともベーシックな音声コーデックだといえるでしょう．日本国内でも，CSデジタル放送で採用されたことから，CSデジタル放送対応の受信機では必須のコーデックとなっています．
　ATSCで採用されたDolby AC-3は，音声処理では大手である，米国ドルビー研究所が開発したコーデックです．

表8-1　地上デジタル放送方式とコーデックの関係

放送方式	映像圧縮方式	音声圧縮方式
DVB-T（欧州）	MPEG-2ビデオ（MP@ML）	MPEG-1 Layer II
DVB-T（オーストラリア）	MPEG-2ビデオ（MP@HL）	Dolby AC-3
ATSC（米国，韓国）	MPEG-2ビデオ（MP@HL）	Dolby AC-3
ISDB-T（日本）	MPEG-2ビデオ（MP@HL） H.264（BL@1.2）（ワンセグ）	MPEG-2 AAC
ISDB-T（ブラジル）	H.264（HP@4）	MPEG-4 AAC
DVB-T2（欧州）	H.264（HP@4）	MPEG-4 AAC

地デジ（ISDB-T）で採用されたのはMPEG-2 AAC（Advanced Audio Codec）という方式です．2000年に開始されたBSデジタル放送において，世界に先駆けて採用された方式で，当時は最先端のコーデックといわれていました．今では音楽プレーヤのコーデックにも広く利用されるようになり，MP-3と並んでなじみの深いコーデックだといって良いのではないでしょうか．

◆音声圧縮の原理

　人間の視覚は動きに対しては鈍く，たかだか1/24秒の変化が識別できません．1秒間に30コマのNTSC映像が動画に見えるのは，こうした視覚特性を利用したものといえます．いっぽう，音声信号に対しては敏感で，一般的に人間が聞くことのできる音（周波数）の範囲は，おおよそ20 Hz～15 kHz（文献によっては20 kHzとされている場合もある）と言われています．また，信号レベルに対しても感度がよく，CD（コンパクト・ディスク）は16ビット（65536階調）でデジタル化されています．映像信号の8ビット（256階調）と比較しても，音に対する感度が高いことが分かります．

　このように敏感な耳でも信号レベルの大きな音の周波数付近では，信号レベルの低い音が聞こえなくなることが分かっています．このことをマスキング特性，またはマスキング効果と呼びます．図8-11は信号成分A～Cと，その中で一番大きな信号成分Aのマスキング・カーブを表しています．人の耳にはAの音が主に聞こえます．このAの信号が持つマスキング・カーブの内側にあるBの音は，Aの音に隠れて聞こえないので削除しても影響ありません．ところが，Cの音はAから周波数的に少し離れており，マスキング・カーブの外にあるのでAの音に隠れることなく聞き取ることができます．従って，Cの音は削除してしまうと音質に影響しま

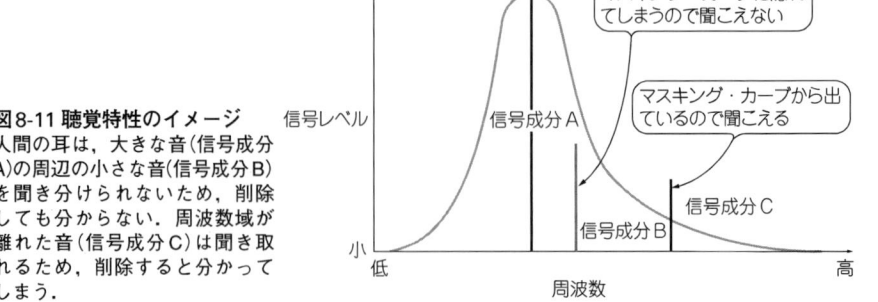

図8-11 聴覚特性のイメージ
人間の耳は，大きな音（信号成分A）の周辺の小さな音（信号成分B）を聞き分けられないため，削除しても分からない．周波数域が離れた音（信号成分C）は聞き取れるため，削除すると分かってしまう．

す．

　音声信号の圧縮原理は，こうした人間の聴覚特性を利用して，聞こえない音声信号についてデータ量を削減したり削除することを基本としています．逆に，よく聞こえる成分には多くのデータを割り当てることで，CD並みの音質を維持することを可能としています．

◆MPEG-2 AACの概要

　ここでは，地デジで採用されているMPEG-2 AACについて見ていきます．AACの符号化ブロックは，図8-12のようになります．

▶フィルタ・バンク

　デジタル音声の入力は，まずフィルタ・バンクで所定の周波数成分に分解されます．周波数への変換には，動画圧縮でも説明したDCTの一種であるMDCT（Modified Discrete Cosine Transform：変形離散コサイン変換）が使用されます．

▶聴覚心理重み付け処理

　入力信号に対応したフィルタ・バンク部と量子化/符号化部の制御を行うブロックです．マスキング量や入力ブロック・タイプをフィルタ・バンク部に与えます．

▶量子化・符号化

　与えられたマスキング量に対応して各ブロックの量子化を行い，ハフマン符号化（可変長符号化の一種）によって効率化された符号化を行うブロックです．

▶ビット・ストリーム・フォーマット生成部

　MPEG-2 TSへの多重化に対応するため，符号化データをADTS（Audio Data Transport Stream）と呼ばれるフォーマット（図8-13）に変換します．

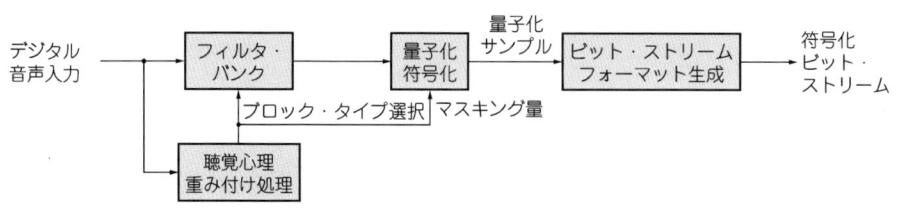

図8-12[10]　符号化ブロック（MPEG-2 AAC）

図8-13[10]　AACストリームのADTSのデータ構造

表8-2[11] 音声フォーマットの項目一覧

項　目		制約条件
ビット・ストリーム形式		AAC Audio Data Transport Stream（ADTS）
プロファイル		Low Complexity（LC）
サンプリング・レート	部分受信部以外	48 kHz，32 kHz
	部分受信部	48 kHz，24 kHz
最大符号化チャネル		1ADTS あたり最大 5.1ch[*1]
推奨される音声モード		モノラル，ステレオ，2音声（デュアル・モノラル），マルチ・チャネル・ステレオ（3（前方）/1（後方），3/2，3/2 + LFE[*2]）
音声符号化レート	部分受信部以外 48 kHz サンプル	192 〜 256 kbps（高音質ステレオ） 96 〜 256 kbps（標準ステレオ） 288 〜 384 kbps（マルチ・チャネル・ステレオ）
	部分受信部 48 kHz サンプル	24 〜 256 kbps（モノラル） 32 〜 256 kbps（ステレオ）
	部分受信部 24 kHz サンプル	24 〜 96 kbps（モノラル） 32 〜 96 kbps（ステレオ）

*1：5.1ch ＝ マルチ・チャネル・ステレオの 3/2 + LFE
*2：LFE ＝ Low Frequency Effect，低域強調チャネル

　こうして見ると，DCTによる周波数成分への分解→効率的な量子化→可変長符号化という順序とそれぞれの動作原理は，映像信号の圧縮過程で見てきたものとよく似ていることが分かります．つまり，信号源が映像であろうと音声であろうと，原理的には大差はないと言うことができます．

◆地デジの音声フォーマット
　地デジで使用する音声フォーマットについては，規格（ARIB STD‐B32）および運用規定で表8-2のように一定の基準が設けられています．
　また，部分受信部で使用する音声において，24 kHzサンプルを用いた場合は，SBR（Spectral Band Replication）というツールを使用することが許されています．SBRとは，低サンプル・レートの際に失われてしまう高音域のデータを抜き出して付加情報として符号化し，エンコードしたデータに付加するという技術です．
　デコーダは，通常どおりAACのデータ部をデコードします．SBRに対応していれば，SBR部のデータから高音域を予測して元のデータと合成します．非対応のデコーダでもSBR部が無視されるだけなので，最低限音声の再生ができるように工夫されています．

地デジ受信機のしくみ

第9章

映像・音声の仕様と出力端子の詳細
映像・音声のフォーマットと出力端子

　地デジ受信機は，標準画質放送からハイビジョン放送まで幅広い映像に対応し，音声もモノラルや2チャネル・ステレオから5.1チャネル・サラウンドまで，さまざまなフォーマットに対応しています．映像や音声の出力端子は，D端子などのアナログ方式に代わって，劣化のないデジタル伝送によるHDMI端子が主流になりつつあります．

9-1　地デジの映像・音声フォーマット

◆映像フォーマット

　地デジでは，一つの放送波で一つのHD（ハイビジョン映像）番組，または最大三つまでのSD（標準映像）番組を放送することができます．ここで，HDやSDという言葉の定義はどうなっているのでしょうか．地デジの映像フォーマットは，画面を構成する画素数とスキャン方式によって，**表9-1**のように大きく5種類に分類することができます．垂直方向のライン数（画素数）が480であればSD，それ以上であればHDと呼んでいます．

表9-1　地デジの映像フォーマット

SD/HD	ライン数	画素数	スキャン方式
SD	480i	720 × 480	インターレース
	480p	720 × 480	プログレッシブ
HD	720p	1280 × 720	プログレッシブ
	1080i	1920 × 1080	インターレース
	1080p	1920 × 1080	プログレッシブ

ここで注意しなければいけないのは，伝送される画素数が表示される画素数と必ずしも一致しないことです．地デジのHD映像は1440×1080の画素数で伝送されており，受信機で水平方向に4/3倍することによって，1920画素としています．

　映像の符号化方式であるMPEG-2ビデオは，国際標準ISO/IEC13818-2で，**表9-2**のようにさまざまなプロファイルとレベルを規定しています．しかし，これらすべてに対応したのでは大変高価な受信機になってしまうため，実際の放送では**表9-2**の網がけの部分のみが運用範囲としてARIBで定められています．

表9-2　MPEG-2ビデオのプロファイルとレベル

レベル (Level)	プロファイル (Profile)		シンプル Simple (SP)	メイン Main (MP)	SNR (SNR)	空間 Spatial (Spatial)	ハイ High (HP)	4:2:2 (4:2:2)	マルチ・ビュー Multi-View (MVP)
レベル共通		クロマ・フォーマット	4:2:0	4:2:0	4:2:0	4:2:0	4:2:2 または 4:2:0	4:2:2 または 4:2:0	4:2:0
		スケーラブル・モード	–	–	SNR	SNR または Spatial	SNR または Spatial	–	–
		ピクチャ・タイプ	I, P	I, P, B	I, P, B	I, P, B	I, P, B	I, P, B	I, P, B
ハイ High (HL)		最大ビット・レート (Mbps)	–	80		–	100	300	130
		画面サイズ (pixel)	–	1920×1088		–	1920×1088	1920×1088	1920×1088
		フレーム・レート (fps)	–	60		–	60	60	60
High-1440 (H14L)		最大ビット・レート (Mbps)	–	60		60	80	–	100
		画面サイズ (pixel)	–	1440×1088		1440×1088	1440×1088	–	1440×1088
		フレーム・レート (fps)	–	60		60	60	–	60
メイン Main (ML)		最大ビット・レート (Mbps)	15	15	15	–	20	50	25
		画面サイズ (pixel)	720×576	720×576	720×576	–	720×576	720×576	720×576
		フレーム・レート (fps)	30	30	30	–	30	30	30
ロー Low (LL)		最大ビット・レート (Mbps)	–	4	4	–	–	–	8
		画面サイズ (pixel)	–	352×288	352×288	–	–	–	352×288
		フレーム・レート (fps)	–	30	30	–	–	–	30

また，プロファイル（ここではMPのみ）とレベルの組み合わせごとのおよそのビット・レートについてARIB TR-B14では，下記のように定められています．

　　MP@HL　　8～20Mbps
　　MP@H14L　4～20Mbps
　　MP@ML　　1.5～15Mbps
　　MP@LL　　0.2～4Mbps

◆映像の表示形式変換
　地デジ受信機において映像信号を画面に表示する場合，アスペクト比（画面の寸

表9-3　望ましい表示形式の例

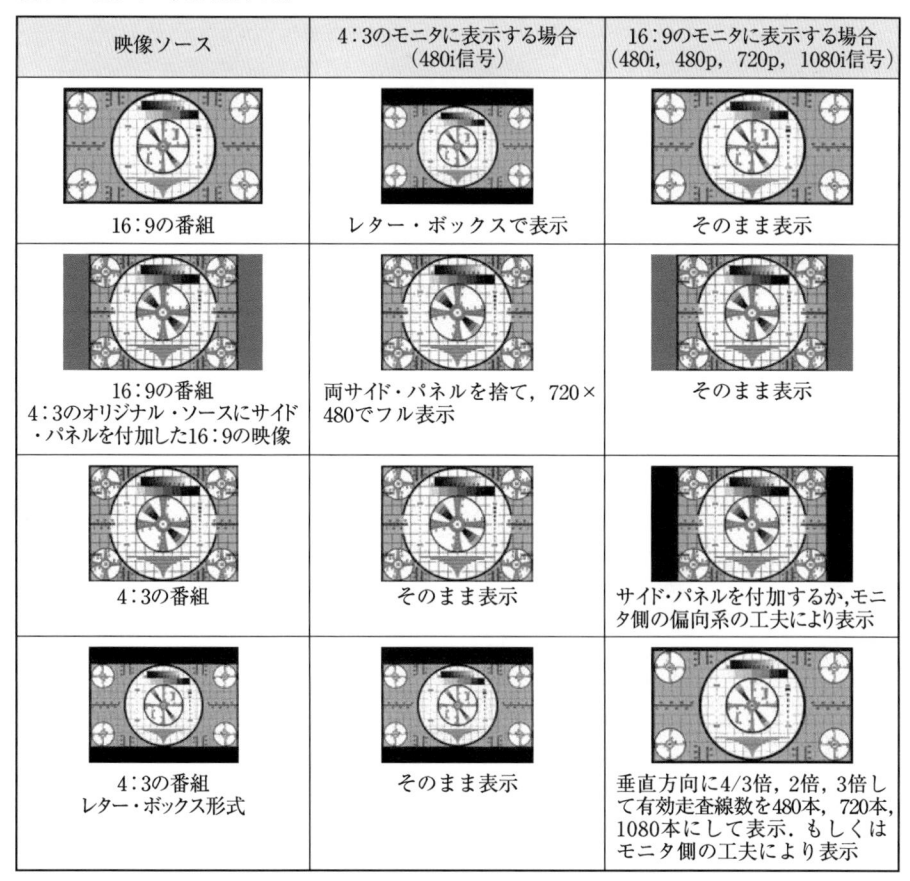

映像ソース	4：3のモニタに表示する場合 （480i信号）	16：9のモニタに表示する場合 （480i，480p，720p，1080i信号）
16：9の番組	レター・ボックスで表示	そのまま表示
16：9の番組 4：3のオリジナル・ソースにサイド・パネルを付加した16：9の映像	両サイド・パネルを捨て，720×480でフル表示	そのまま表示
4：3の番組	そのまま表示	サイド・パネルを付加するか，モニタ側の偏向系の工夫により表示
4：3の番組 レター・ボックス形式	そのまま表示	垂直方向に4/3倍，2倍，3倍して有効走査線数を480本，720本，1080本にして表示．もしくはモニタ側の工夫により表示

9-1 地デジの映像・音声フォーマット

法比率)や画面サイズが元の信号と異なる場合がしばしば発生します．とくに映像の表示器を持たないチューナやレコーダの場合，接続される表示器(テレビ受像機や液晶モニタなど)は，アスペクト比16：9のハイビジョン仕様のものだけでなく，従来のアナログ・テレビのようにアスペクト比4：3の場合もあります．

　ARIB規格ではこうした場合を想定して，受信機仕様を規定するARIB STD-B21において望ましい表示形式を，**表9-3**のように推奨しています．「望ましい」と前置きされているのは，ARIBの受信機仕様が強制ではないために，特に画面表示に関しては，商品企画に委ねられる性格のものと位置づけられていることによります．**表9-3**は映像ソースとアスペクト比の指定が一致する場合であり，これ以外の場合にも表示形式の基準が設けられていますが，本書では省略します．

表9-4　音声モード

モード	チャネル数
モノラル	1
ステレオ	2
2音声	2
マルチ・チャネル（サラウンド）	3/1(前方3＋後方1)
	3/2(前方3＋後方2)
	3/2 ＋ LFE(前方3＋後方2＋低域) [5.1チャネル・サラウンド]

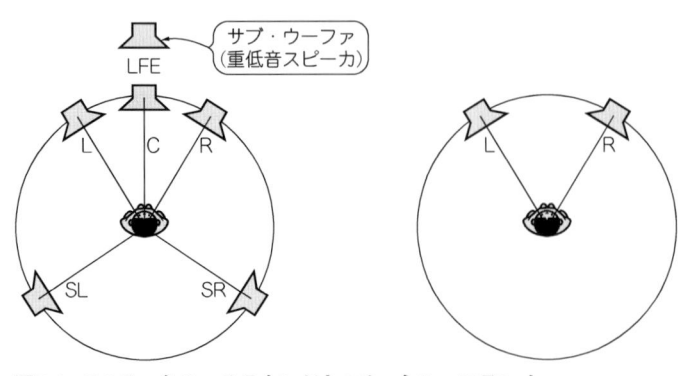

図9-1　5.1チャネル・サラウンドと2チャネル・ステレオ
5.1チャネル方式は，前方3本，後方2本のスピーカにより基本的な音像定位（音の聞こえてくる方向）が形成され，この点では3/2方式に近い．LFEチャネルを再生するサブ・ウーファは重低音再生専用のスピーカであり，人間の聴感上，重低音は明確な音像定位がないため，通常は前方のみに設置する．

◆音声モード

　地デジにおいて推奨されている音声モードは，**表9-4**に示す四つのタイプです．

　モノラル，ステレオ，および2音声（デュアル・モノラル）については，アナログ放送のときから実施されていました．一般にサラウンドと呼ばれるマルチ・チャネル音声が採用されたのが，デジタル化の際の大きなポイントです．3/2＋LFEのモードは5.1チャネル・サラウンドと呼ばれていますが，これは超低域の音だけを伝送するLFE（低域強調チャネル）を付帯的なチャネルとして0.1と数えて，前方3，後方2の5チャネルと合わせて5.1チャネルと呼んでいるものです．**図9-1**に，5.1チャネル・サラウンドと2チャネル・ステレオのスピーカ配置を示します．

◆音声のダウン・ミックス

　5.1チャネル・サラウンド音声を再生するためには，専用のAVアンプと5本（サブ・ウーファを含めると6本）のスピーカを設置する必要があります．一方，現在のオーディオ・システムはスピーカ2本の2チャネル・ステレオが一般的であり，サラウンドの再生システムを備えている家庭はそう多くはありません．またテレビ受像機の内蔵スピーカの音も，ほとんどが2チャネル・ステレオです．そのため，地デジの受信機では，通常サラウンド音声を2チャネル・ステレオに変換して再生しています．アナログ音声出力も2チャネル・ステレオです．

　マルチ・チャネルのサラウンド音声を2チャネル・ステレオ音声に変換することをダウン・ミックスといい，**図9-2**のような計算式にもとづいて行います．

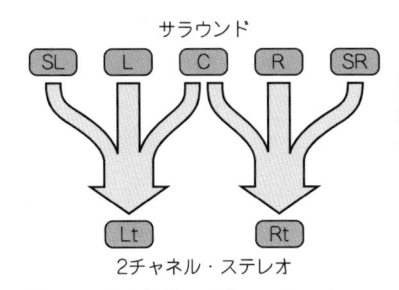

ダウン・ミックス計算式

$$Lt = a \times (L + \frac{1}{\sqrt{2}} \times C + k \times SL)$$

$$Rt = a \times (R + \frac{1}{\sqrt{2}} \times C + k \times SR)$$

a, k：ダウン・ミックス係数
（a：ゲイン係数$= \frac{1}{\sqrt{2}}$, k：マトリクス係数）

図9-2　音声信号のダウン・ミックス

マトリクス係数kは，あらかじめ$1/\sqrt{2}$, $1/2$, $\frac{1}{2 \times \sqrt{2}}$, 0の四つの値が定義されており，通常は放送局側の指定する値がAACストリームに記されている．AACストリームからダウン・ミックス係数の情報が得られない場合には，$k = 1/\sqrt{2}$とする．

9-2　地デジ受信機の映像・音声出力端子

地デジ受信機に装備されている代表的な出力端子を**表9-5**に示し，それぞれの特徴について説明します．

◆アナログAV端子

アナログ時代からAV機器で広く使われてきた映像・音声出力端子であり，映像出力はアナログ放送の標準規格であるNTSC方式のコンポジット信号です．SD映像のみの出力端子であるため，HDの番組はSDに変換して出力されます（コンポジ

表9-5　代表的な出力端子

端子の種類	端子の形状	出力内容	信号形式
アナログAV端子 （RCAピン端子）		アナログ映像（SD）	NTSC コンポジット信号
		アナログ音声	アナログ・ステレオ 音声信号
S端子		アナログ映像（SD）	NTSC Y/C信号
コンポーネント端子 （RCAピン端子など）		アナログ映像	コンポーネント信号 （Y, P_B, P_R）
D端子		アナログ映像	コンポーネント信号 （Y, P_B, P_R）
HDMI端子		デジタル映像/音声	デジタル信号 （非圧縮）
i.Link端子		デジタル映像/音声	デジタル信号 （MPEG-2 TS, DV）
光デジタル音声端子 （EIAJ角型光端子など）		デジタル音声	光デジタル信号 （MPEG-2 AAC, リニアPCM）

ット映像信号については，第1章を参照）。

　音声信号は2チャネル・ステレオで，番組の音声がサラウンドの場合には，ダウン・ミックスによって2チャネルに変換して出力されます。

◆S端子

　NTSC方式のコンポジット映像信号を，Y信号（輝度信号）とC信号（色信号）に分離して伝送する方式であり，Y信号とC信号を加算するとコンポジット信号になります。

　S端子はもともと1980年代に，家庭用ビデオ・テープレコーダの高画質化にともなって，機器間をコンポジット信号で映像伝送する際の画質劣化を抑える目的で設けられた接続仕様です。Y信号とC信号を別々に伝送することで，コンポジット信号の欠点である輝度信号と色信号の相互の干渉による画質劣化を避けることができます。S端子のピン配列を図9-3に，S端子のY/C信号とコンポジット信号の波形を図9-4に示します。

　また，S端子にはS1，S2という拡張仕様があり，C信号に直流電圧を重畳することで画面のアスペクト比の情報を伝送します。この仕様を表9-6に示します。

　アナログ映像信号出力には，著作権保護のため，CGMS-A（Copy Generation Management System-Analog）方式によるコピー制御信号が付加されています。これは，垂直ブランキング期間（映像の伝送には使用しない部分）にコピー制御情報をパルス信号としてのせる方式であり，S端子の場合はY信号に付加します。

　CGMS-Aのコピー制御には，コピー・フリー，コピー・ワンス，コピー不可などの設定があり，録画するレコーダ側で設定値を読み取って適切な処理を行います。

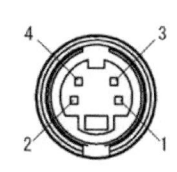

ピン	機能
1	Y_GND　（輝度信号グラウンド）
2	C_GND　（色信号グラウンド）
3	Y　　　（輝度信号出力）
4	C　　　（色信号出力）

図9-3　S端子のピン配列

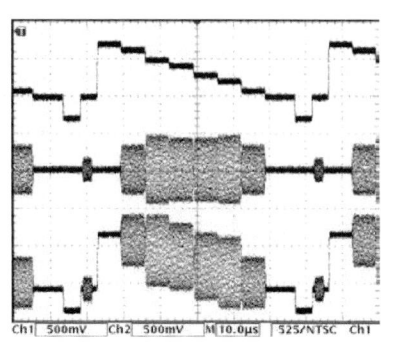

図9-4　Y/C信号とコンポジット映像信号（カラー・バー画像の場合）上から順にY信号，C信号，コンポジット信号

表9-6　S端子の拡張仕様（S1/S2端子）

S端子の表示			識別電圧[V]	アスペクト比	映像出力	ワイド画面テレビでの表示
S	S1	S2				
―	○	○	5	16：9 スクイーズ		横に拡大
―	―	○	2.2	16：9 レター・ボックス		上下カット
○	○	○	0	4：3		サイド・パネル付加

ただし，対応する録画機器はDVD/HDDレコーダやD-VHSなどデジタル記録方式だけであり，VHSのようなアナログ方式のビデオ・テープレコーダは，CGMS‐Aによる制限を受けません．

◆コンポーネント端子

　コンポーネント信号は，Y（輝度信号），P_B（色差信号B‐Y），P_R（色差信号R‐Y）の三つの信号により映像を伝送・記録する方式であり，業務用機器から民生機器まで広く使われている信号形態です．地デジの映像符号化に採用されているMPEG‐2ビデオも，コンポーネント信号をデジタル化して圧縮しています．家庭用地デジ受信機のコンポーネント出力端子は，RCAピン端子が一般的となっています．

　なお，HDとSDではコンポーネント信号の規格が若干異なるので，区別のためにHDの色差信号をP_B，P_RとSDの色差信号をC_B，C_Rと表記します．多くの地デジ受信機で，コンポーネント端子の表記がY，P_B/C_B，P_R/C_Rのように併記されているのは，そのためです．

　HDとSDのコンポーネント信号波形を図9-5に示します．

◆D端子

　3本のケーブルが必要なコンポーネント信号を，1本のケーブルで接続できるようにしたのがD端子です．JEITA（社団法人電子情報技術産業協会）で規格制定さ

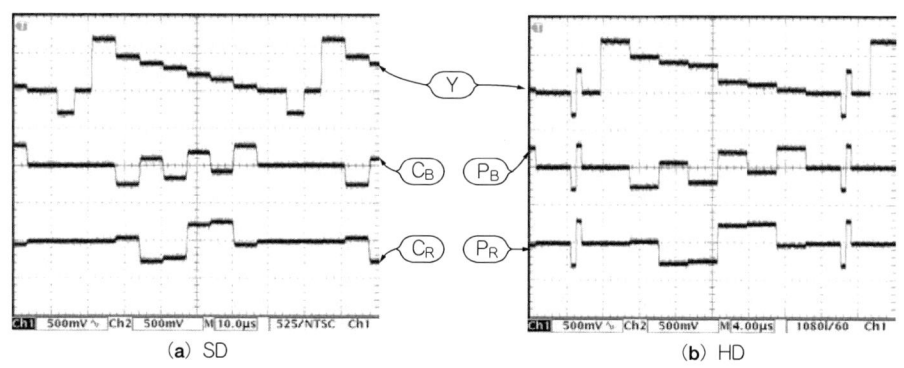

(a) SD　　　(b) HD

図9-5　コンポーネント映像信号の波形（カラー・バー画像の場合）

コンポーネント信号には，このように輝度と色差を伝送する方式のほかに，R，G，Bの3原色の信号によって伝送する方式がある．RGB方式はもっとも高品質な映像伝送が可能であり，スタジオ機器や映像編集機器などの一部で使われているが，必要な伝送データ量が多くなるため，放送では使われていない．

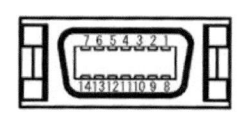

表9-7　D端子の対応フォーマット

D端子の表示	対応する映像信号フォーマット				
	SD		HD		
D5	480i	480p	1080i	720p	1080p
D4	480i	480p	1080i	720p	—
D3	480i	480p	1080i	—	—
D2	480i	480p	—	—	—
D1	480i	—	—	—	—

ピン	機能
1	Y
2	Y_GND
3	PB
4	PB_GND
5	PR
6	PR_GND
7	予備ライン1
8	ライン1
9	ライン2
10	予備ライン2
11	ライン3
12	プラグ挿入検出 GND
13	予備ライン3
14	プラグ挿入検出

図9-6　D端子のピン配列

れた日本独自の仕様であり，日本国内向けの製品だけに装備されています．

D端子は，対応する映像信号フォーマットによってD1からD5の規格があり，D3以上が，いわゆるハイビジョン対応（HD対応）となります．基本的に上位互換なので，たとえばD1端子のSD映像出力はD1からD5まで，どの端子へも入力す

表9-8 D端子の識別信号

端子電圧	ライン1 (ライン数)	ライン2 (スキャン方式)	ライン3 (アスペクト比)
5V	HD(1080i/p)	プログレッシブ	16：9 (SDはスクイーズ)
2.2V	HD(720i/p)	—	16：9 レター・ボックス
0V	SD(480i/p)	インターレース	4：3

ることができますが，逆に，1080iのHD映像信号をD1端子やD2端子へ入力することはできません．

D1〜D5の各規格が対応する映像信号フォーマットを**表9-7**に，D端子のピン配列を**図9-6**に示します．また，D端子には，コンポーネント信号の端子以外にライン1からライン3まで三つの識別信号端子があり，直流電圧によってスキャン方式やアスペクト比などの情報を伝送します．この識別信号の仕様を**表9-8**に示します．

コンポーネント信号(コンポーネント端子またはD端子)のコピー制御も，コンポジット信号と同じくCGMS-A方式であり，コピー制御情報のパルスがY信号に付加されます．CGMS-Aによるコピー制御は，アナログ映像信号に制御情報を付加しているだけであり，映像そのものには全く手が加えられていないので，特に高画質のHD映像に対する著作権保護の甘さが問題となっています．そのため今後は，HD映像出力について，より厳重な著作権保護機能をもつHDMI端子に集約し，コンポーネント端子やD端子からのHD映像出力は制限する方向にあります．

◆HDMI端子

HDMI(High-Definition Multimedia Interface)は，2002年に規格化された民生機器向けのデジタル信号による映像・音声の接続規格であり，近年はAV機器間のインターフェースとして標準的な存在となっています．PCディスプレイの接続規格であるDVI(Digital Visual Interface)の伝送技術をもとに，デジタルAV家電に適するように機能を追加したもので，日立，パナソニック，フィリップス，シリコンイメージ，ソニー，トムソン，東芝の7社によって共同開発され，HDMI Licensing LLCという合同会社によってライセンス管理されている世界共通規格です．

主な特徴として，
- 高速なデジタル信号による非圧縮伝送のため，映像や音声の劣化が生じない
- 1本のケーブルで映像と音声の伝送ができ，コネクタも小型で扱いやすい
- データの暗号化と接続機器の認証による厳重な著作権保護を実現

・新しい規格への対応や機器の制御など，機能の拡張性が高い

などが挙げられます．

　HDMIの伝送方式は，DVIの伝送技術であるTMDS(Transition Minimized Differential Signaling)を採用しています．

　また，著作権保護のため，HDCP(High‐bandwidth Digital Content Protection system)による信号データの暗号化と接続機器の認証を行っているため，正式に認定されたHDMI対応機器同士でないと，データの伝送ができません．

　HDMI端子のピン配列を図9-7に，データ伝送の構成を図9-8に示します．

　HDMIのバージョンと機能を表9-9に示します．最初のHDMI 1.0から2009年に規格化されたHDMI 1.4まで，バージョンごとにさまざまな機能への対応仕様が追加されており，HDMIは1本のケーブルで映像と音声を伝送するだけでなく，AV機器同士をコントロールするための総合的なインターフェースとなってきました．

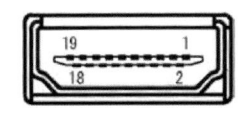

ピン	機　能
1	TMDSデータ2＋
2	TMDSデータ2 シールド
3	TMDSデータ2－
4	TMDSデータ1＋
5	TMDSデータ1 シールド
6	TMDSデータ1－
7	TMDSデータ0＋
8	TMDSデータ0 シールド
9	TMDSデータ0－
10	TMDSクロック＋
11	TMDSクロック・シールド
12	TMDSクロック－
13	TMDS CEC
14	予備
15	SCL
16	SDA
17	DDC/CEC GND
18	＋5V
19	ホット・プラグ検出

図9-7　HDMI端子のピン配列

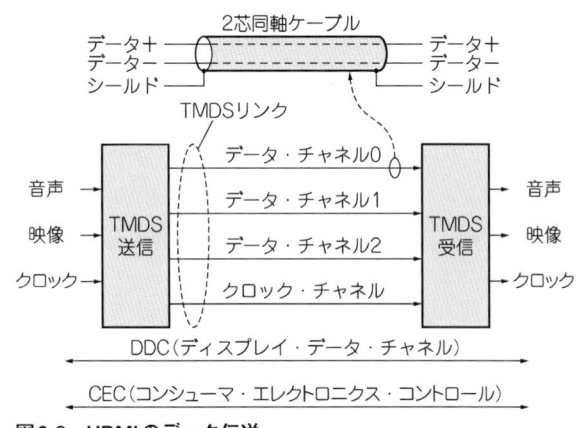

図9-8　HDMIのデータ伝送

3本のデータ・チャネルと，1本のクロック・チャネルを合わせてTMDSリンクという．HDMIの接続ケーブルは，TMDSチャネルごとに2芯同軸構造となっており，電流駆動による差動信号で安定した高速データ伝送を行う．差動信号に対する線路のインピーダンスは100Ωとなっている．DDCはディスプレイのメーカや規格などの情報を送るためのライン，CECは機器相互の制御機能のためのラインである．

表9-9 HDMIのバージョンと機能

バージョン	主な追加機能
HDMI 1.0	1080p 対応
HDMI 1.1	Dolby Digital DTS 音声伝送対応 DVD Audio 対応
HDMI 1.2	SACD の DSD ビット・ストリーム対応 PC ディスプレイへの出力をサポート
HDMI 1.2a	CEC（機器間の制御機能）追加
HDMI 1.3	Deep Color 対応 対応色空間の追加（xvYCC） Dolby TrueHD 対応 DTS‐HD 対応 リップ・シンク対応 MINI HDMI コネクタ
HDMI 1.3a	CEC（機器間の制御機能）追加
HDMI 1.4	HDMI HEC（Ethernet Channel）対応 ARC（Audio Return Channel）対応 3D 映像対応 4K × 2K（超高精細度映像）対応 Micro HDMI コネクタ 対応色空間の追加（Adobe RGB など） 自動車用接続システム対応

　HDMI 1.2aで追加された機器相互のリンク機能CEC（Consumer Electronics Control）をもとに，各メーカが独自のコマンドを追加して仕様拡張したリンクを備えるようになり，ビエラリンク，ファミリンク，ブラビアリンク，レグザリンクなどの名称が付けられています．これらのリンク機能によって，テレビのリモコンでレコーダやAVアンプなどを操作することができます．

　さらに，HDMI 1.4で追加されたHEC（HDMI Ethernet Channel）では，HDMIケーブルによる機器間のネットワーク接続が可能となるため，例えばインターネット対応のテレビ受信機をハブとして，各機器をインターネットへ接続するなどの応用が考えられます．

◆i.Link

　i.Linkは，IEEE（米国電気電子学会）で制定された高速シリアル・バス規格IEEE1394に対する日本独自の呼称です．IEEE1394は世界標準規格であり，汎用のインターフェースとして，映像機器に限らずHDDやスキャナなどPC周辺機器の接続にも使用されています．機器をリピータとした数珠つなぎ接続（デージ・チェーン）や分岐接続（ツリー）などが可能であり，多数の機器をリンクするなど，接続の柔軟性の高さが特徴です．

AV機器におけるi.Linkの映像伝送フォーマットとしては，デジタル・ビデオカメラの記録形式であるDV信号と，MPEG‑2 TSの2種類があり，それぞれ端子部分に(DV)(TS)と表示されています．また，データの最高転送速度の表示もあり，たとえばS400と表示されていれば，最高400 Mbpsまでの転送速度の仕様に対応しています．

　i.Link端子には，データ端子のみの4ピン・タイプと，電源供給可能な6ピン・タイプがありますが，地デジ受信機の場合は一般に4ピンが採用されています．4ピン・タイプのi.Link端子のピン配列を図9-9に，接続ケーブルの構造を図9-10に示します．

　i.Linkの転送モードには，アイソクロナス転送(Isochronous Transfer＝同期転送)とアシンクロナス転送(Asynchronous Transfer＝非同期転送)の2種類があり，DV信号やデジタル放送のMPEG‑2 TSを伝送する場合には，アイソクロナス転送が使われます．

　アイソクロナス転送は，パケットを規則的に転送する方式であり，データの転送レートが保証されるので，リアルタイム性が損なわれず，デジタル放送の映像伝送に適しています．いっぽう，アシンクロナス転送は，リアルタイム性よりもデータの絶対的な正確性が重視されるPC周辺機器などに使われます．

　著作権保護技術は，DTCP(Digital Transmission Content Protection)が採用されています．DTCPは，DTLA(Digital Transmission Licensing Administrator)という組織によって管理されているコンテンツ保護技術で，信号データの暗号化と接続機器の認証を行うことにより，コピー制限が設定されたデジタル・コンテンツの不正利用を阻止します．

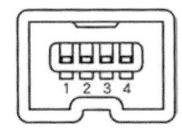

ピン	機　能
1	TPB−　(信号B マイナス)
2	TPB+　(信号B プラス)
3	TPA−　(信号A マイナス)
4	TPA+　(信号A プラス)

図9-9　i.Link(IEEE1394)端子のピン配列(4ピン・タイプの場合)

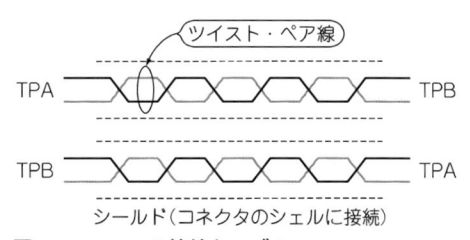

図9-10　i.Linkの接続ケーブル

◆光デジタル音声端子

　デジタル放送のチューナやテレビ受信機に装備されている光デジタル音声端子は，SPDIF(Sony Philips Digital Interface：S/PDIFと記すこともある)規格であり，スタジオ規格であるAES/EBU仕様をもとに民生用としたものです．接続方法は同軸ケーブルと光ファイバがありますが，地デジ受信機では，光端子だけを装備した製品が多くなっています．光デジタル音声端子の端子形状には角型と丸型(光ミニ・プラグ)の2種類がありますが，端子形状が異なるだけで，どちらも光ファイバを通る信号は同じです．

　デジタル音声出力の信号は，地デジの圧縮音声伝送フォーマットであるMPEG-2 AACか，または非圧縮のリニアPCMです．接続相手側の機器(デジタル入力付きのAVアンプなど)がMPEG-2 AACのデコーダを搭載していない場合には，受信機の出力設定で常にリニアPCM出力とすることが可能です．また，一部のテレビ受信機やレコーダなどのデジタル音声出力は，この他にドルビー・デジタル(AC-3)信号にも対応しています．

9-3　表示器のための映像信号処理

　液晶テレビやプラズマ・テレビのように映像表示器(ディスプレイ)をもつ受信機では，表示器のための映像信号処理回路を備えています．映像信号を表示器の入力フォーマットに変換するとともに，画面に表示するさまざまな情報の挿入なども行います．

　図9-11は，液晶表示器のための映像信号処理の一例です．各部の動作について説明します．

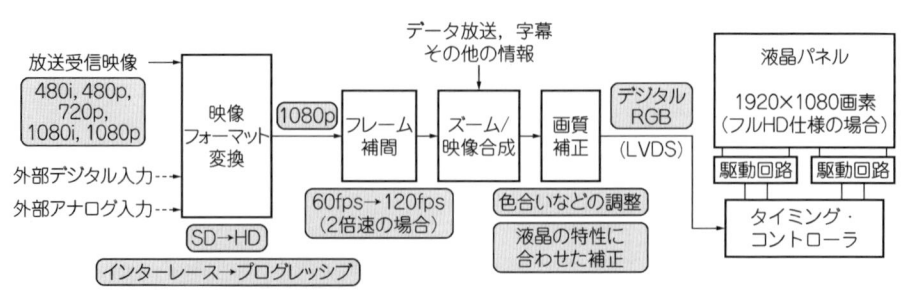

図9-11　液晶表示器のための映像信号処理の例
一つの例であり，信号処理の順序や内容などは受信機によって大きく異なる．

◆映像フォーマット変換

　画素の補間によってSD映像をHDに変換（アップ・コンバート）するとともに，インターレース・スキャン（飛び越し走査）の信号はプログレッシブ・スキャン（順次走査）に変換して，すべての映像信号を1080pにします．

◆フレーム補間

　前後のフレーム（動画のコマ）から，新たにその中間のフレームを作り出す補間によって，毎秒のフレーム数を60 fps（frame per second）から120 fpsに増やします．これを倍速駆動といい，液晶特有の動画ボケを低減させる技術として，多くの製品で採用されています．最近では，動画ボケがさらに少ない4倍速駆動の製品もあります．

◆ズーム/映像合成

　画面上に表示する文字の挿入や，メインの映像を縮小ズームしてデータ放送画面の一部に挿入するなど，映像合成処理を行います．

◆画質補正

　明暗の表現を最適化するガンマ補正や画像をシャープにする輪郭補正，ノイズ除去など画質改善のための処理と，ユーザの好みによる色合いなどの調整を行います．この部分には，メーカや機種によってさまざまな画質改善技術が盛り込まれています．

◆タイミング・コントローラ

　液晶パネルを駆動するためのタイミング信号を発生する回路であり，略してT-CONと呼ばれている部分です．入力信号は，各色8ビットまたは10ビットのRGBデータとクロックなどで，インターフェースはLVDSです．

地デジ受信機のしくみ

第9章 Appendix

9-A　無料スクランブルとコピー制御

　放送のデジタル化にあたり，議論の対象となったことの一つに海賊版対策があります．デジタル・コンテンツは，原理上，デジタルのままダビングを繰り返しても劣化は起こりません．その対策として，日本のデジタル放送では2通りの対策が放送波に施されています．それが無料スクランブルとコピー制御です．

◆ 無料スクランブル

　デジタル放送が受信できる機器を購入すると，付属品の中に図9-AのようなICカード（B-CASカード）が同梱されています．現在オンエアされている地デジおよびBSデジタル放送は，一部の有料放送を除いて無料で視聴することができますが，ほぼすべてのコンテンツに対してMULTI2と呼ばれる方式でスクランブル（暗号化）

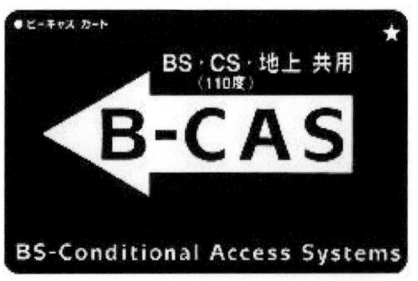

(a) 3波共用タイプ　　　　　　(b) 地デジ専用

(c) 地デジ専用miniB-CASカード

図9-A　B-CASカードの例（ビーエス・コンディショナルアクセスシステムズ　http://www.b-cas.co.jp）

がかけられています．B-CASカードは，このスクランブルを解除するために必要となります．

B-CASカードは，もともとBSデジタルにおける有料放送の顧客管理やスクランブル解除のために考案されたもので，2000年の放送開始から使用されてきました．当初は有料放送だけがスクランブルされていましたが，後に地デジを含めて無料放送にもスクランブルがかけられるようになりました．地デジでは顧客管理の機能は必要ありませんが，スクランブル解除のためにB-CASカードが使用されています．

図9-A(a)の3波共用タイプは無料放送のスクランブル解除だけでなく，BSやCSの有料放送も契約内容に応じてスクランブルを解除し，視聴することが可能になります．(b)のカードは地デジ専用のタイプです．地デジ専用タイプでは2009年11月より(c)のような小型のカードも利用可能となり，昨今の受信機の小型化に対応しています．

B-CASカードは，(株)ビーエス・コンディショナルアクセスシステムズ社が管理しており，ARIB規格や運用規定に適合していると認められた受信装置にのみ，製品への添付が許可されています．規格に違反している製品にはB-CASカードが添付されないため，受信機の海賊版が流通するのを防止する効果があります．

◆ スクランブルの基本原理

スクランブルの基本ブロックを図9-Bに示します．暗号解除にはスクランブル鍵(Ks)やワーク鍵(Kw)，デバイス鍵(Kd)が必要となりますが，一部の情報をB-

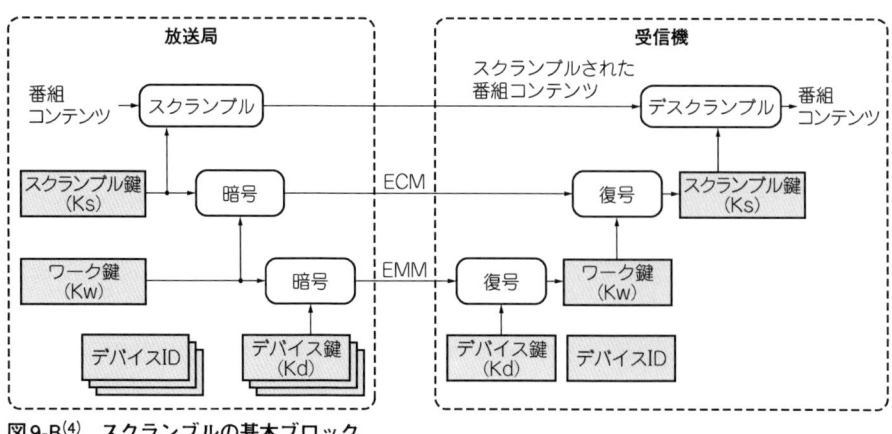

図9-B[(4)]　スクランブルの基本ブロック

CASカードに持たせ，カードが挿入されていない受信機ではスクランブルの解除ができないようになっています．

　こうしたスクランブルは，基本的にはコンテンツ部（映像，音声，データ・ストリーム）にかけられ，PSI/SIはスクランブルされません．また，ワンセグのコンテンツについてもスクランブルなしで放送されています．

　地デジは無料放送が中心のため，B-CASに依存せず半導体などのハードウェアやソフトウェア単独で解除できる手段について，現在（2010年4月）も検討されています．

◆ **コピー制御**

　スクランブルは視聴についての制限ですが，地デジではコピーについても制限がかけられています．コピー制御にはコピー・ワンス（運用規定上は1世代のみコピー可）やダビング10（同，回数制限コピー可）といった方式があります．

　コピー・ワンス方式（**図9-C**）では，放送局側でPMTにデジタル・コピー制御記述子，およびコンテント利用記述子にコピー・ワンスとしての情報を記載します．記録器はこれらの制御情報を解釈し，記録する際にはコピー禁止に書き換えます．以降，このコンテンツはコピー禁止となるため，ムーブ（移動）のみが許可されます．

　このコピー・ワンスには問題点も多く，一例として正常にムーブができなかった場合でも元のデータを消してしまうといった問題が報告されています．こうし

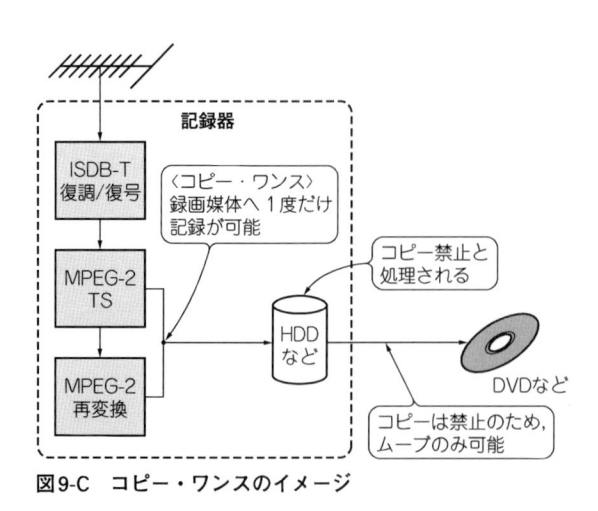

図9-C　コピー・ワンスのイメージ

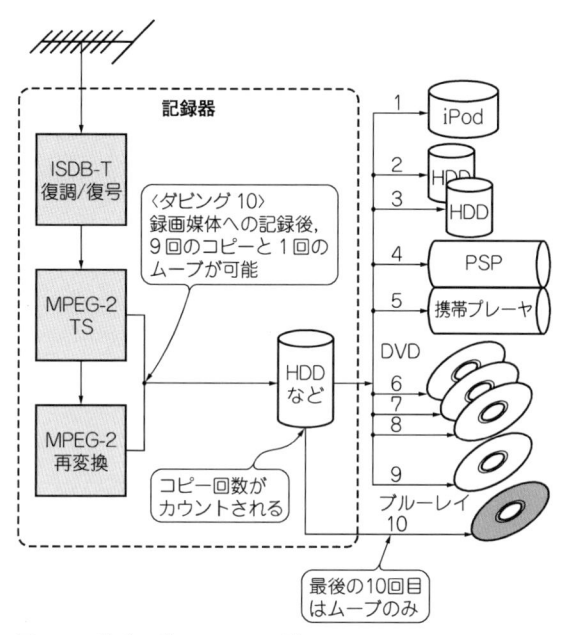

図9-D　ダビング10のイメージ

た背景から2008年7月より，ダビング10という方式が運用されるようになりました．

図9-Dがダビング10のイメージ図です．記録器は，HDDに記録したデータのコピー回数を監視する機能を併せ持っています．携帯プレーヤやDVD，ブルーレイといったメディアなどに9回まではコピーすることができ，10回目はムーブのみとなります．コピーされたデータはコピー禁止のフラグが立ちますので，孫コピーはできません．これはコピー・ワンスと同じです．

地デジを含めたデジタル放送に対してこうしたコピー制御機能を運用しているのは，世界的に見ても今のところ日本だけです．無料放送にスクランブルをかけているのも日本だけであり，極めて厳しい制限であると言えます．ただし，たった一年前の新作人気映画が無料放送でオンエアされるのも，日本ならではの特殊事情であるという側面もあります．

現在の制度は，著作権の保護と視聴者の利用権の保護の間で，さまざまな議論の結果生み出された着地点ではありますが，今後も議論は継続されると思われます．将来的に，より良い技術や制度が開発されれば，変更されることがあるかもしれません．

地デジ受信機のしくみ

第10章

ワンセグ,データ放送,電子番組表,マルチビューTV…
地デジならではの新しいサービス

地デジの恩恵は電波の効率化だけではありません．ハイビジョンやサラウンドといった基本的なサービスの高品質化だけでなく，デジタルならではの新しいサービスが可能となります．ワンセグ放送やデータ放送，電子番組表などがその代表と言うことができますが，それだけにとどまりません．

　放送をデジタル化する大きな目的の一つが，ひっぱくしつつある電波をより有効に利用するための必要不可欠な対策であったことは，本書の冒頭で述べたとおりです．SFNを利用した電波の効率的な利用や，伝送するデータそのものを圧縮することによって，アナログ放送と同じ6MHzのチャネル帯域内でありながら，ハイビジョンや5.1チャネル・サラウンドといった高品質なコンテンツを伝送できるのは地デジの大きな特徴の一つです．しかしながら，地デジの利点はそれだけにとどまりません．
　デジタル化することによって，アナログ放送時代にはできなかったサービスを実現することができるようになります．ワンセグやデータ放送は，こうした新しいサービスの代表といえるものです．本章では，こうした地デジならではの多彩なサービスについて見てみます．

10-1　ワンセグ放送

　2006年4月，かねてから期待されていたワンセグ放送が開始されました．開始当初は受信機も数少なく，「ワンセグって何？」と問われることもしばしばでしたが，

今や，携帯電話の新製品のほとんどに搭載され，電車の中や街角でワンセグ放送を視聴している人の姿を当たり前のように見かけるようになりました．また，ワンセグによる特定用途向けの放送も利用され始めています．

◆ワンセグ放送の正式名称は部分受信

　ワンセグ放送とは，その名のとおり地デジ放送の13セグメントのうちの1セグメントを携帯受信用として使用する方式です．最大の特徴は，新たに電波を送出することなく携帯（移動）受信専用のコンテンツを放送することが可能な点にあります．正式には，部分受信と呼ばれ，ARIB標準規格STB-B31の中で定められた変調設定の一つです．

　ISDB-Tでは，13セグメントを最大三つのグループに分け，それぞれのグループに個別のキャリア変調方式を設定することが可能です．この13のセグメントのうち，中央の1セグメントについては，周波数インターリーブをそのセグメント内で行うことを可能としています．こうすることで，13のセグメントのうち中央の1セグメントだけを受信することが可能となります（**図10-1**）．これが部分受信と呼ばれるゆえんです．

　部分受信という技術を採用した最大の目的は，受信機の低消費電力化にあります．携帯電話に代表されるワンセグ受信機は，バッテリで駆動されることが前提であり，少しでも消費電力を抑えることが要求されます．復調の対象を1セグメントだけに絞ることで，受信機の電力消費を抑えようとしたのが部分受信です．

　受信対象が1セグメントだけなら，13セグメントすべてを受信してその中から携帯用のコンテンツを抽出するより，はるかに消費電力を節約することができます．

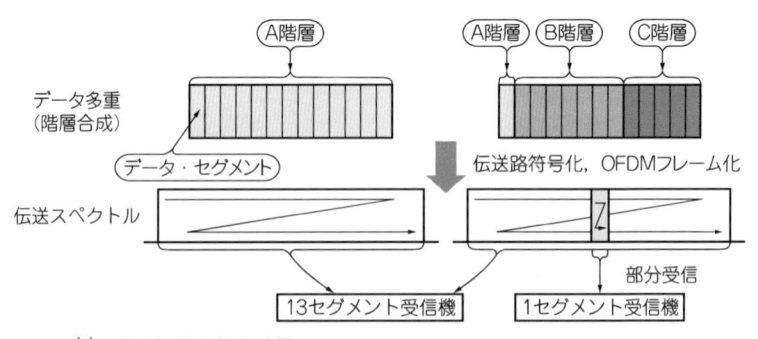

図10-1[9]　**階層伝送と部分受信**
ワンセグは部分受信部（図右側のA階層）のみを受信して復調する．データ多重においてもどの階層にどのデータを割り当てるかが明確にされる．

◆ワンセグのベースバンド部の仕様

　ワンセグのサービスが実現できたのは，より圧縮率の高い動画圧縮方式であるH.264を採用したことが大きく寄与しています．同程度の画質を実現するのに，H.264はMPEG-2に比べておよそ半分程度のデータ・レートで済むと言われています．

　動画圧縮方式の主流となりつつあるH.264ですが，正式採用された実績は日本のワンセグ放送が最初とされています．現在では，MPEG-4規格(ISO/IEC14496)のPart10として国際標準化されています．

　ワンセグのベースバンド部の主な仕様を以下に示します．なお，符号化レートは概略の目安です．

▶ 映像
- 画面サイズ　　　　　：320×240
- フレーム・レート　　：15fps
- コーデック　　　　　：H.264/MPEG-4 AVC
- プロファイル/レベル：Baseline@1.2
- 符号化レート　　　　：約200kbps

▶ 音声
- 音声モード　　　　　：ステレオまたはデュアル・モノラル
- コーデック　　　　　：MPEG-2 AAC
- 符号化レート　　　　：約50kbps

◆定義上はテレビ放送ではないワンセグ

　放送と通信の融合を語るうえで引き合いに出されることが多いワンセグ放送ですが，現在のワンセグ・サービスのほとんどが，サイマル放送と呼ばれるハイビジョン放送(フルセグ)と同じ内容を同じ時刻に放送するものです．これはワンセグの放送開始当初，サイマル放送であることが義務付けられていたためです．この制約は2008年に解除され，独自サービスも可能となりましたが，まだまだサイマル放送のほうが中心となっています．

　ハイビジョン放送の縮小版といった趣である現在のワンセグ放送，ともすればテレビ放送の一つと思われがちですが，定義上はテレビ放送として扱われていません．テレビ放送の定義をNTSC(720×480画素×30fps)と同等かそれ以上とした場合，ワンセグ画像フォーマットはテレビ放送の定義を満たしません．従って，データ放送の中で規定されている簡易動画の一種とされています．このような背

景からワンセグ放送の運用についてARIBでは，TR-B14の第三編（データ放送運用規定）のCプロファイル（部分受信で伝送されるデータ放送）で規定されています．

◆ワンセグ応用の新しいサービス

　ワンセグ受信機の普及が進むにつれて，ワンセグ・サービスの利用について新たな動きが始まっています．

　2008年に開催された洞爺湖サミットでは，期間中，ワンセグ放送の技術を応用したマルチ・ワンセグメント放送が，国際メディア・センタが設置されたホテル内で実施され，国内外のプレス関係者に各国のニュースやサミット会場の映像などを提供しました．

　また，受信地域を限定したワンセグ・サービスも利用が始まっています．これは，特定の地域に対するコンテンツを，ワンセグ放送の方式で送信するもので，エリア限定ワンセグ・サービスなどと呼ばれています．通常放送に影響を与えないよう，空いているチャネルを利用し，かつ対象のエリアでのみ受信できるような微弱電波で送出するものです．館内放送や，イベント会場での限定した放送サービスなどで利用され始めています．

　2011年以降に開始されるマルチメディア放送と併せて，このようなサービスが今後も増えていくことが期待されています．

10-2　データ放送

　地デジの大きな特徴の一つに，データ放送が挙げられます．データ放送に対応した受信機のリモコンには**写真10-1**に示すような，データ放送の画面を表示するためのdボタンが備わっています．このdボタンを押すと**図10-2**のような画面が起動し，さまざまな情報を得ることができます．また，LANやモデムなどを利用した双方向機能もあり，クイズやネット・ショッピングなどで利用されています．

写真10-1　dボタンの例

図10-2 データ放送の画面例（tvkデータ放送 トップ画面，映像協力：テレビ神奈川，tvkコミュニケーションズ）

◆字幕もデータ放送

　データ放送にはもう一つ，字幕を表示する機能がARIB規格に定められています．字幕データには，文字の大きさや色，画面に対する表示位置などを指定することができるため，俳優ごとにせりふの文字色を変えたり，立ち位置に応じて文字の表示位置を指定するといった制御が可能です．

　字幕データは，映像や音声に表示タイミングを合わせる必要があるため，後述するデータ・カルーセルやイベント・メッセージ形式ではなく，第7章で解説したPES形式で伝送されます．映像や音声と同様にPTS（Presentation Time Stamp）がPESヘッダに記載されており，PCR（Program Clock Reference）がPTSと一致したときに表示されるように制御されます．

◆データ放送の機能を利用したエンジニアリング・サービス

　地デジでは，データ放送の機能を利用して，受信機のソフトウェアを放送波に多重して放送し，受信機はそれをダウンロードして最新の状態にアップデートするといった機能が実現されています．

　エンジニアリング・サービス（ES）と呼ばれるこのサービスは，社団法人デジタル放送推進協会（Dpa）で管理されています．

ソフトウェアのアップデート手順は以下のようになります．
(1) 受信機メーカが，アップデートの申し込みをDpaに行う．
(2) Dpaは各メーカからの依頼内容より，放送に組み込むスケジュールを調整する．この際，受信機によってBSデジタル放送に多重するか，地デジを利用するかも併せて検討する．
(3) 放送スケジュールが決定したら，SDTT(Software Download Trigger Table)を生成し放送する．このSDTTにはソフトウェアの放送スケジュールが記載されており，受信機は自身のソフトウェアがいつ放送されるかを認識する．
(4) 受信機はソフトウェアの放送時刻になったら自動的にソフトウェアを放送波からダウンロードし，アップデートを行う．

ESを行うチャネルは，地上波ならNHKだけに多重されることになっていますが，ダウンロードの時間帯に他のチャネルを視聴していることも考えられます．従って，ESは通常，数日間にわたって何度か繰り返されることが一般的です．

◆データ放送のコンテンツ記述

データ放送の表示や機能については，XML(eXtensive Markup Language)をベースとしたBML(Broadcast Markup Language)という言語で記述することによって実現されています．

BMLは，ARIBにおいて，地デジ用に規格化されたマルチメディア符号化方式です．これは，インターネットのWebページ記述に使用されているHTML(Hyper Text Markup Language)と同じように，制御情報を＜＞で囲ったタグで表現します．受信機は専用のブラウザを搭載し，BMLで記述された文書を解釈して画面を構成し，画像や文書などを表示します．

パソコンのブラウザで表示されるWebページと異なり，テレビ放送ではリモコンのボタン操作に対応して表示を切り替えたり，次の画面に遷移したりするようなインタラクティブな動きが必要となります．こうした制御のために，ECMA(European Computer Manufacturers Association)Scriptというスクリプト言語が使用されています．また，ECMAスクリプトとBML文書をインターフェースするためにDOM(Document Object Model)が採用されました．これらがBML記述に組み込まれることによって，ボタンによる表示切り替えやデータ・コンテンツの切り替えなどが可能となっています．

◆データ放送の多重化と伝送方式

　図10-3は，データの多重化から伝送までの流れを図式化したものです．まず，基本となるBML文書と，関連する画像（JPEGやPNGなど）やテキストなどがモジュールという単位にまとめられます．モジュール化されたデータ・コンテンツは，DDB（Download Data Block）メッセージという形式でTSパケット化されます．また，複数のモジュールの構成や情報を提示するためにDII（Download Info Indication）というメッセージが生成されます．

　TSパケット化されたコンテンツは，データを繰り返し伝送するデータ・カルーセルという方法でMPEG-2 TSに多重化されます．カルーセルとは回転木馬や回転台のことですが，データが繰り返し伝送されることからこう呼ばれています．データ・カルーセルは，ISO/IEC13818-6で標準化されているDSM-CC（Digital Storage Media Command and Control）の伝送方式の一つです．

　実際の放送波では伝送量に上限があり，現在運用されている地デジでは，ワンセグ部を除いた12セグメントで16.85 Mbpsが最大レートとなります．テレビジョン放送ですから当然映像と音声が中心となるので，データ・コンテンツやEPGなどのSI情報にはそれぞれ上限値が設けられています．ARIBの運用規定ではデータ・カルーセルの最大レートは4 Mbps，SI情報はトータルで1 Mbps以下とされています．

　データ・カルーセル方式の良い点は，こうした制限の中でも，時間をかけて伝送することで大量のデータ・コンテンツを伝送することが可能な点です．また，繰り返し伝送されているデータ・パケットを，どのパケットからでも取得し始めることができるため先頭のデータ・パケットを待つ必要がなく，擬似的にインタラクティブな操作感が実現されています．ただし，データ量が大きくなればなるほど，すべてのデータを受信するのに時間を要することになります．

　また，データ放送では，イベント・メッセージという形式でデータを伝送することも可能です．イベント・メッセージはセクション形式の一種ですが，データ・カルーセル方式とは異なり，単発でデータ・パケットを送出します．受信機はイベント・メッセージを受信した直後，または指定された時刻に画面に表示します．

　このように，データ放送は蓄積型のデータ・カルーセルとイベント・メッセージを用途に応じて使い分けながら，データ・コンテンツを伝送しています．

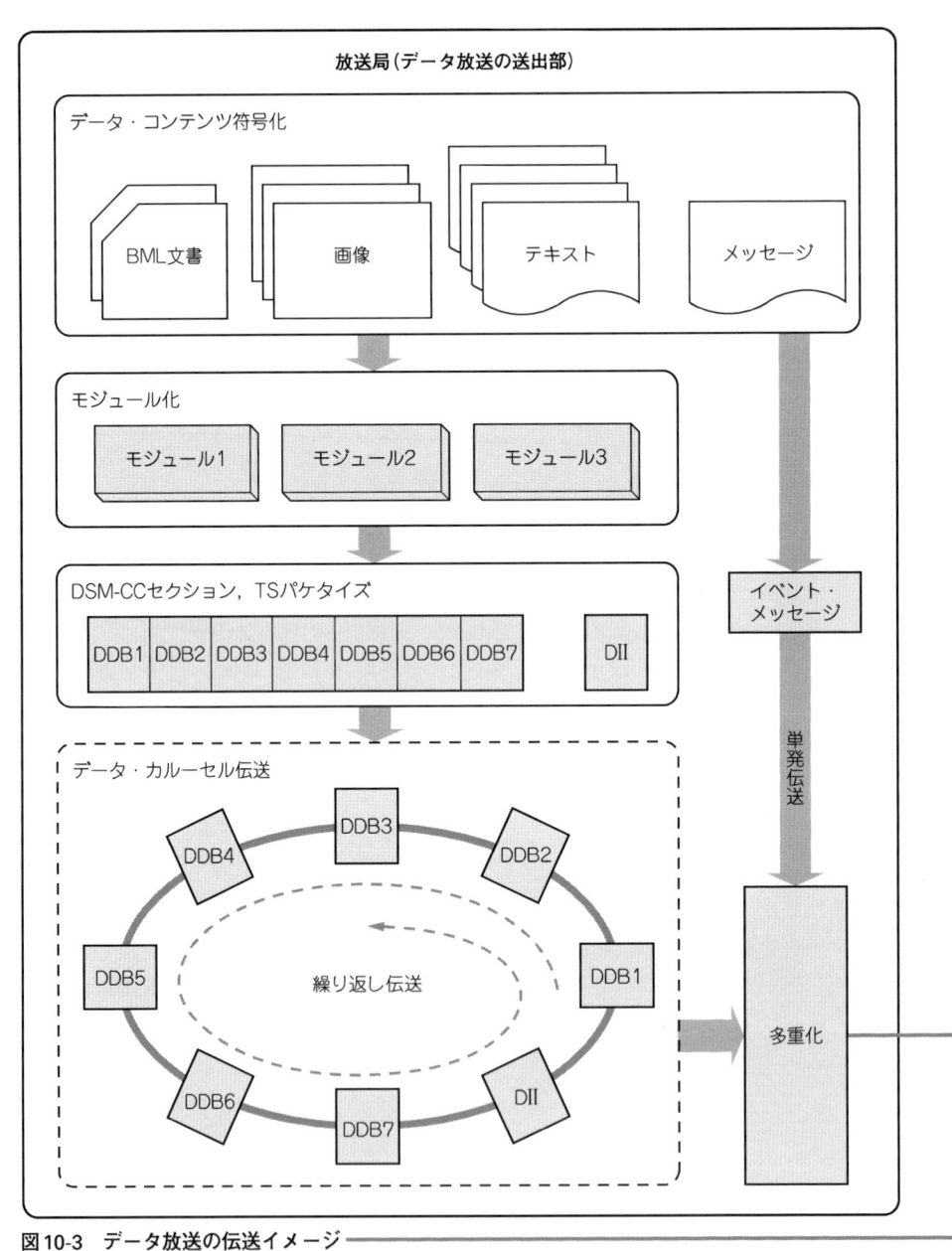

図10-3　データ放送の伝送イメージ
DSM-CCの部分を抜き出して図式化したもので，実際には映像や音声，字幕，PSI/SIなどと一緒に多重化されて放送されている．静止画像やテキストだけでなく，動画や音声データもデータ・カルーセル方式で伝送することができる．

受信機

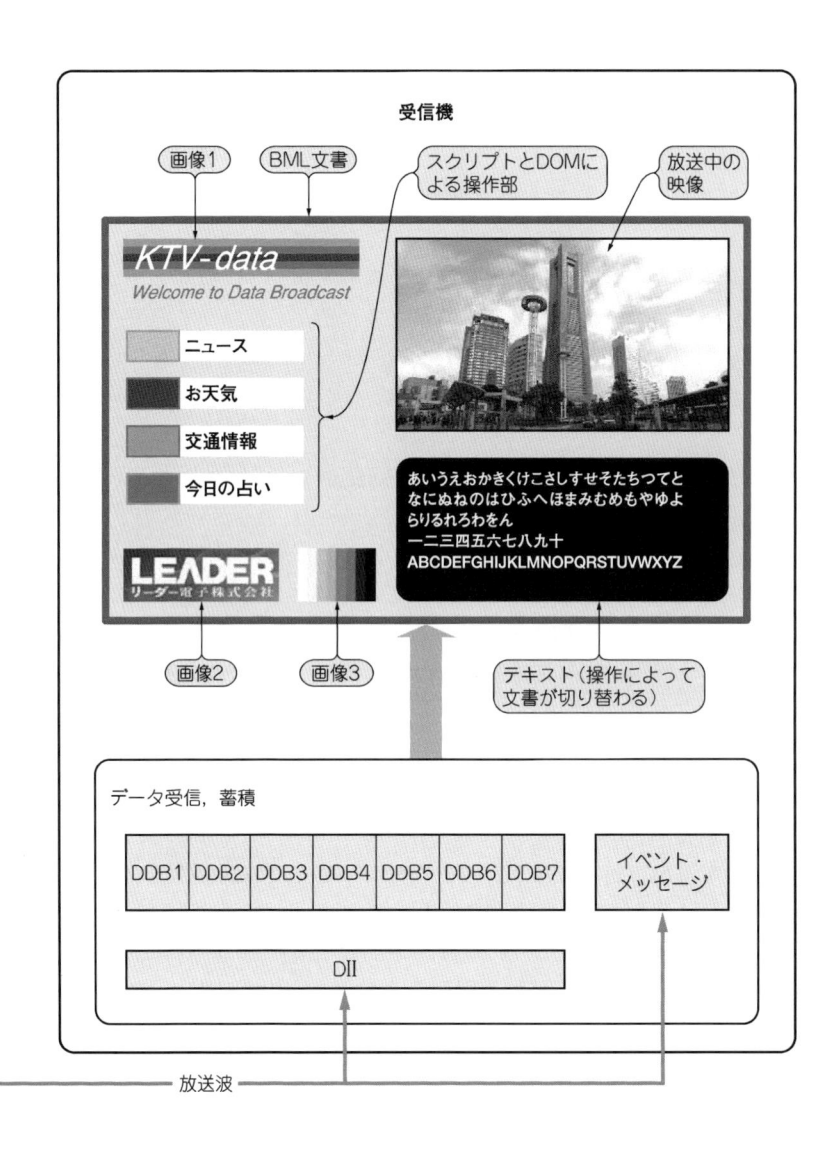

- 画像1
- BML文書
- スクリプトとDOMによる操作部
- 放送中の映像

KTV-data
Welcome to Data Broadcast

- ニュース
- お天気
- 交通情報
- 今日の占い

LEADER
リーダー電子株式会社

あいうえおかきくけこさしすせそたちつてと
なにぬねのはひふへほまみむめもやゆよ
らりるれろわをん
一二三四五六七八九十
ABCDEFGHIJKLMNOPQRSTUVWXYZ

- 画像2
- 画像3
- テキスト（操作によって文書が切り替わる）

データ受信，蓄積

| DDB1 | DDB2 | DDB3 | DDB4 | DDB5 | DDB6 | DDB7 |

DII

イベント・メッセージ

放送波

10-2 データ放送　199

10-3　地デジのEPGサービス

放送がデジタル化されたことで，視聴スタイルの中で大きく変わったのがEPG（Electronic Program Guide：電子番組表）の存在ではないでしょうか．新聞やテレビ番組情報誌などを開かなくても，リモコンのボタン一つで番組表を表示することができますし，録画の予約も大変簡単になりました．

現在，地デジで送出されているEPGには，いくつかの種類があります．受信機は，その中から必要な番組表を取得して表示しています．

◆EIT（Event Information Table）によるEPG提供

ARIB規格では，EIT（Event Information Table）というテーブルでイベント（番組）に関する情報を伝送することが定められています．データ放送とセットで語られることが多いためデータ放送の一種と思われがちですが，NITやSDTと同じSI（Service Information）の一種です．第7章で説明したように，SIとしてセクション形式をとり，いくつかの記述子によって番組の情報を記載するという構造になっています．

地デジのEITは，SIでありながら他のSIとは異なり，階層ごとに別々のPIDでパケット化されます．これは，BITやSDTなど他のSIと比較してデータ量が多く，全階層共通で参照できる階層（実質上はワンセグが多重される部分受信層）に多重できないこと，携帯端末向けにはフルの番組表ではなく，簡素で処理が軽くなるよう簡易的な番組表にしたいといった理由も挙げられます．階層ごとに編集されたEITは，**表10-1**に示す個別のPIDが与えられ，所定の階層に多重されます．H-EITには現在の番組を含めて8日分の番組情報が，M-EITとL-EITには現在の番組を含めて10番組までの番組情報が含まれます．

EITによる番組情報は，放送局が自局の番組情報を伝送ストリームに多重するため，次に述べるGガイドなど，放送局以外の会社が提供するサービスの基準にもな

表10-1　地デジにおけるEITの種類

PID	種類	意味付け
0x0012	H-EIT	固定受信機向け
0x0026	M-EIT	移動受信機向け（2010年4月現在，運用予定なし）
0x0027	L-EIT	携帯受信機向け

るものです．情報の信頼性という点では一番と言うことができます．反面，自局の情報しか提供されないため，全チャネルの番組情報を取得するためには，受信機の側ですべての局を受信しなければならないところが難点です．

◆もう一つの番組表となるＧガイド

　地デジには，もう一つEPGを提供しているサービスがあります．Ｇガイド(図10-4)と呼ばれ，米国Rovi Corporation社が開発した技術をもとに，株式会社インタラクティブ・プログラム・ガイド(IPG)社が運営しているもので，以下の特徴があります．

- 全国のTBS系列局からデータ放送として送出されているため，全局分を一括して受信可能
- 各局のSI情報をもとにしているため，放送延長や変更にも迅速に対応
- 広告付きEPG表示GUIの提供により，受信機開発コストを軽減
- 1ヶ月先までの番組，お勧め番組や注目番組などの独自サービスを付加

　EITによる番組表との最大の相違は，各放送局のSI情報を集約してデータ放送として放送波に多重している点にあります．Ｇガイドは，BSデジタルやアナログ放送にも同様の手法でEPGを提供していますが，いずれもTBS系列の放送局から送出されており，全国をカバーしています．近年，大手の家電メーカを中心に採用が広がっており，IPG社によると出荷台数は2450万台(2010年3月現在)に達したそうです．

◆EPGの更新方法

　EITもＧガイドも，番組表を受信するにはテレビ放送波を受信する必要があります．現在市販されているほとんどの受信機は，視聴されていない間，つまり受信機がスタンバイ状態になっているときに自動的にチューナを起動し，EITやＧガイドを受信して番組表を更新しています．従って，節電を徹底するあまり，常に主電源を切った状態にすると，気が付いたら番組表が真っ白という事態になってしまうことがあります．常時スタンバイにしておく必要はありませんが，一日のうち何時間かはスタンバイ状態にしておくのが良いでしょう．

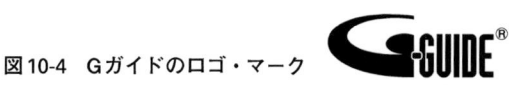

図10-4　Ｇガイドのロゴ・マーク

注：ＧガイドおよびＧガイド関連ロゴは，米国Rovi Corporation社またはその関連会社の日本国内における商標もしくは登録商標です．

10-4　地デジならではの多彩な運用形態

　地デジで採用されているMPEG-2 TSは，複数の素材をさまざまな形で多重することができるため，アナログ放送時代には実現不可能だった多彩な運用を実現することができます．

　一例として，映画の放送をとり挙げてみます．従来のアナログ放送では，通常はステレオで使用される音声を，モノラルのオリジナル音声と吹き替え音声に置き換えることで二ヶ国語の放送を実現していました．地デジでは，ステレオ音声を保ったまま，2ヶ国語以上の複数の音声（例えば日本語，英語，フランス語，スペイン語…）を多重することが可能です．字幕も同様です．さらには，映像さえも複数にすることが可能です．

　ここでは，ARIBの運用規定に記載されているいくつかの放送形態を紹介します．

◆イベント共有

　複数のサービス（PMT）から同一のコンポーネント（ES：エレメンタリ・ストリーム）を参照することをイベント共有と言います．どのサービスからでも同じイベント（番組）を視聴することができます．ほとんどの放送局で広く運用されています．

◆マルチ編成

　一つのRFチャネル帯域で，複数の編成チャネルを放送することをマルチ編成と言います．地デジでは，ハイビジョンなら1番組，SDTVなら最大3番組を放送することが可能とされています．

◆まだら放送

　一つのハイビジョン番組と複数のSDTV番組を，時間帯によって織り交ぜて編成することをまだら放送（正式には混合多重編成）と呼びます．地デジでは，放送時間帯のうち一定の割合でハイビジョン放送を行うことが義務付けられているため，複数のSDTVを編成に採用すると，必然的にまだら放送となります．図10-5に番組表で見るまだら放送の例を示します．

　まだら放送に関しては，NHK教育や放送大学で日常的に運用されています．マルチ編成は，時間帯によって複数の番組を放送することができるのが利点ですが，多彩な編成が可能となる反面，SDTVに画質を落とさなければならないという難点

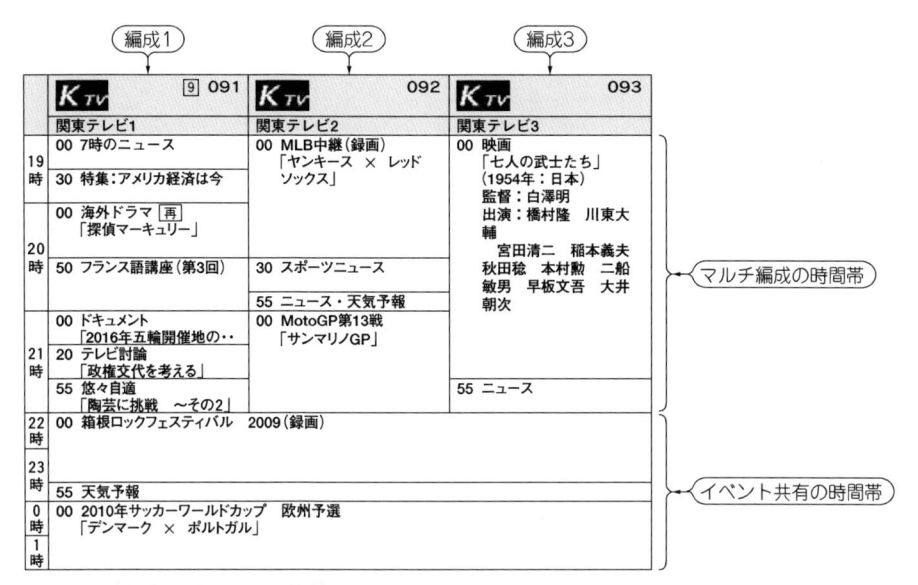

編成1	編成2	編成3	
KTV ⑨ 091	**K**TV 092	**K**TV 093	
関東テレビ1	関東テレビ2	関東テレビ3	
19時 00 7時のニュース 30 特集:アメリカ経済は今	00 MLB中継(録画) 「ヤンキース × レッドソックス」	00 映画 「七人の武士たち」 (1954年:日本)	┐ │
20時 00 海外ドラマ 再 「探偵マーキュリー」 50 フランス語講座(第3回)	30 スポーツニュース 55 ニュース・天気予報	監督:白澤明 出演:橘村隆 川東大輔 　　　宮田清二 稲本義夫	│ マルチ編成の時間帯
21時 00 ドキュメント 「2016年五輪開催地の… 20 テレビ討論 「政権交代を考える」 55 悠々自適 「陶芸に挑戦 ～その2」	00 MotoGP第13戦 「サンマリノGP」	秋田稔 本村勲 二船敏男 早板文吾 大井朝次 55 ニュース	│ │ ┘
22時 00 箱根ロックフェスティバル 2009(録画)			┐
23時 55 天気予報			│ イベント共有の時間帯
0時 00 2010年サッカーワールドカップ　欧州予選 1時 「デンマーク × ポルトガル」			┘

図 10-5　番組表で見たまだら放送の例

編成チャネルごとに異なる番組を放送することをマルチ編成，複数の編成チャネルから同一のコンポーネントを参照することをイベント共有，マルチ編成とイベント共有(もしくは単独編成)が混在することをまだら放送(まだら編成)という．NHK教育や放送大学は実際にまだら放送で編成されている．

があります．

◆マルチビュー・テレビ(MVTV)

　一つのサービス内に，関連する内容の複数のSDTVが存在する放送を指します．自動車レースの中継番組を例にして説明します．メイン(映像，音声)は通常の中継映像です．サブ1はヘアピン・カーブ前後(映像，音声)，サブ2はピットからの中継(映像，音声)が放送されます．この放送を選局した際，視聴者はまずメインの中継に誘導されます．そして，メインとサブ1，サブ2の放送を自由に切り替えて楽しむことができます．

　複数の視点からの映像を楽しむことができるという点では地デジならではの新しい放送手法と言えますが，まだら放送での複数番組時と同じくSDTVでしか実現できないのが泣き所です．

　また，あくまで一つの番組の中の複数のコンテンツであって，マルチ編成のように複数の番組ではありません．MVTVでは，必ずメインとなる放送が定義される

(a) マルチ編成

```
PAT  PID=0x0000
     TS-ID=0x7FE9
 ├─ PMT1  PID=0x01F0       〈番組1〉
 │        Prog.No=0x0448
 │    ├─ PCR1    PID=0x01FF
 │    ├─ Video1  PID=0x0100
 │    │          Stream_type=MPEG-2 Video Stream
 │    ├─ Audio1  PID=0x0110
 │    │          Stream_type=AAC(ADTS) Audio Stream
 │    ├─ PES1    PID=0x0130
 │    │          Stream_type=PES(字幕) Stream
 │    └─ DSMCC1  PID=0x0140
 │               Stream_type=DSMCC Sections
 ├─ PMT2  PID=0x03F0       〈番組2〉
 │        Prog.No=0x0449
 │    ├─ PCR2    PID=0x03FF
 │    ├─ Video2  PID=0x0300
 │    │          Stream_type=MPEG-2 Video Stream
 │    ├─ Audio2  PID=0x0310
 │    │          Stream_type=AAC(ADTS) Audio Stream
 │    ├─ PES2    PID=0x0330
 │    │          Stream_type=PES(字幕) Stream
 │    └─ DSMCC2  PID=0x0340
 │               Stream_type=DSMCC Sections
 └─ PMT3  PID=0x05F0       〈番組3〉
          Prog.No=0x044A
      ├─ PCR3    PID=0x05FF
      ├─ Video3  PID=0x0500
      │          Stream_type=MPEG-2 Video Stream
      ├─ Audio3  PID=0x0510
      │          Stream_type=AAC(ADTS) Audio Stream
      ├─ PES3    PID=0x0530
      │          Stream_type=PES(字幕) Stream
      └─ DSMCC   PID=0x0540
                 Stream_type=DSMCC Sections
```

マルチ編成
複数のPMTが，個別のコンポーネント(ES)を参照する．番組としてはそれぞれ個別なため，チャネル・ボタンや，3桁番号をダイレクトに入力して切り替える．

(b) MVTV

```
PAT  PID=0x0000
     TS-ID=0x7FE9
 └─ PMT1  PID=0x01F0       〈番組1〉
          Prog.No=0x0448
      ├─ PCR1    PID=0x01FF
      ├─ Video1  PID=0x0100   〈メイン(カメラ1)〉
      │          Stream_type=MPEG-2 Video Stream
      ├─ Audio1  PID=0x0110
      │          Stream_type=AAC(ADTS) Audio Stream
      ├─ Video2  PID=0x0300   〈サブ1(カメラ2)〉
      │          Stream_type=MPEG-2 Video Stream
      ├─ Audio2  PID=0x0310
      │          Stream_type=AAC(ADTS) Audio Stream
      ├─ Video3  PID=0x0500   〈サブ2(カメラ3)〉
      │          Stream_type=MPEG-2 Video Stream
      ├─ Audio3  PID=0x0510
      │          Stream_type=AAC(ADTS) Audio Stream
      ├─ PES1    PID=0x0130
      │          Stream_type=PES(字幕) Stream
      └─ DSMCC1  PID=0x0140
                 Stream_type=DSMCC Sections
```

マルチビュー
一つのPMTに，複数のコンポーネント(ES)が存在する．通常の放送はメイン，切り替え操作でサブ1やサブ2に視点を切り替えることができる．

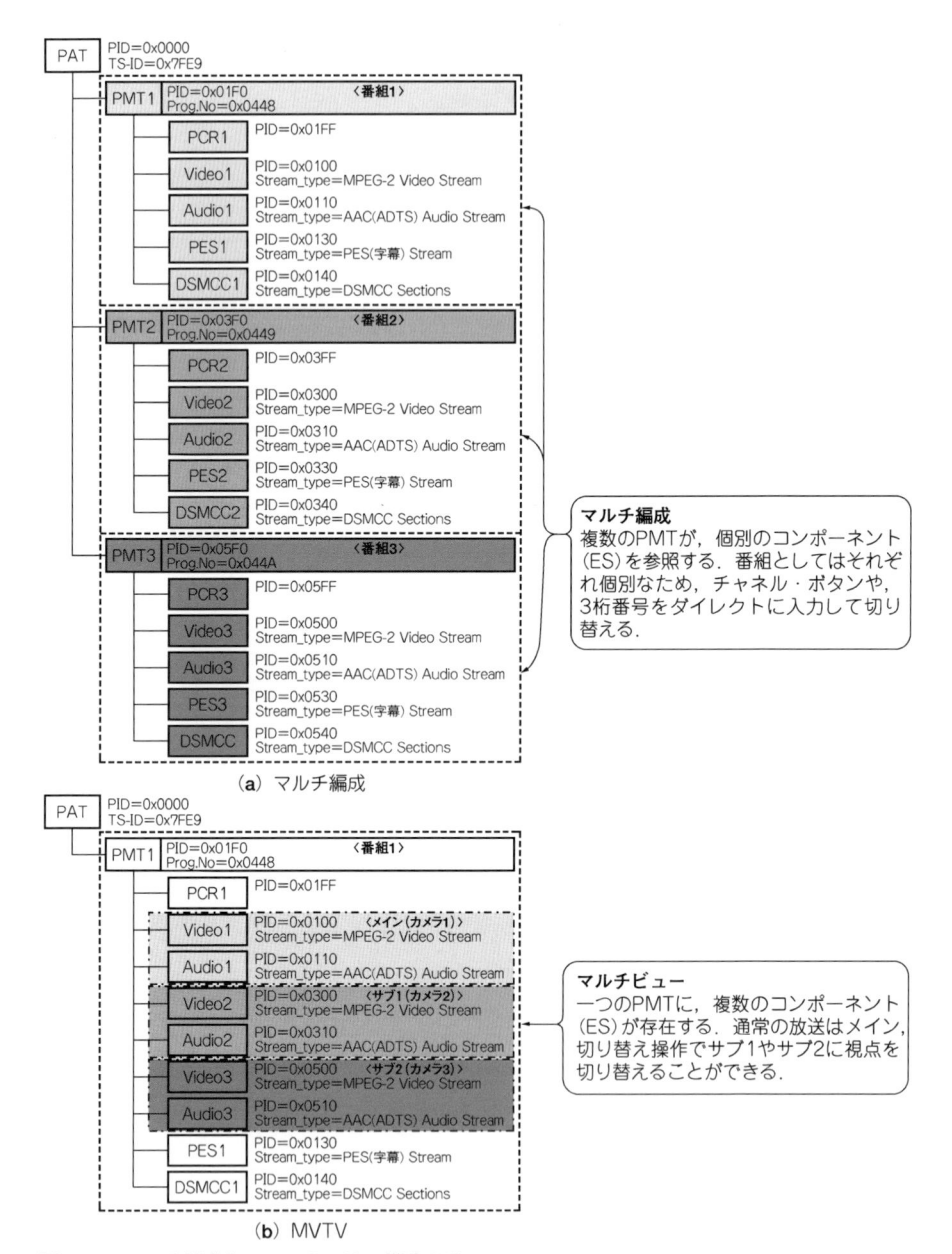

図10-6　マルチ編成とMVTVのツリー構造の違い
マルチ編成とMVTVの違いはMPEG-2 TSのツリー構造を見ると一目瞭然である．三つのPMTに別々に映像，音声コンポーネントが存在するのがマルチ編成，一つのPMTに複数のコンポーネントが並ぶのがMVTV．

ことがポイントです．図10-6は，マルチ編成とMVTVのツリー構造の違いを，第7章のMPEG-2 TSのツリー構造図にならって表したものです．どちらも，映像と音声が三つずつ多重されたストリームですが，その意味合いはまるで違うということがツリー構造の違いに現れています．

◆イベント・リレー

まだら放送の一種とも言えますが，例えば野球中継などが延びて次の番組の時間帯にかかってしまったとき，SDTVに画質を落として中継を続けるという編成方法です．図10-7の例では，次の時間帯がSDTVの2番組なので影響は少ないですが，

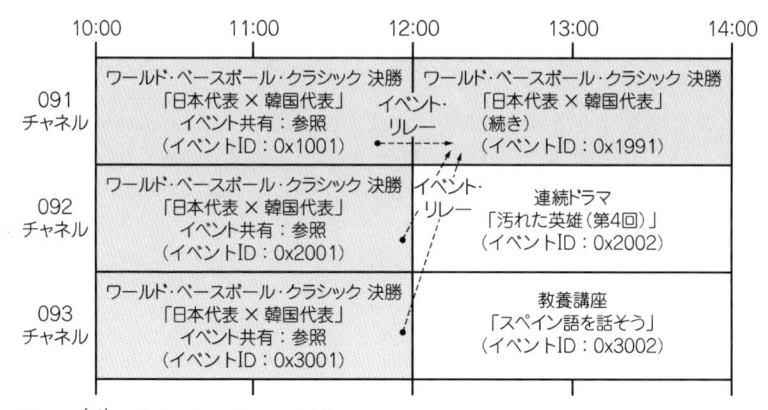

	10:00	11:00	12:00	13:00	14:00
091 チャネル	ワールド・ベースボール・クラシック 決勝「日本代表 × 韓国代表」イベント共有：参照（イベントID：0x1001）		イベント・リレー	ワールド・ベースボール・クラシック 決勝「日本代表 × 韓国代表」（続き）（イベントID：0x1991）	
092 チャネル	ワールド・ベースボール・クラシック 決勝「日本代表 × 韓国代表」イベント共有：参照（イベントID：0x2001）		イベント・リレー	連続ドラマ「汚れた英雄（第4回）」（イベントID：0x2002）	
093 チャネル	ワールド・ベースボール・クラシック 決勝「日本代表 × 韓国代表」イベント共有：参照（イベントID：0x3001）			教養講座「スペイン語を話そう」（イベントID：0x3002）	

図10-7[(10)] イベント・リレーの例
実際の放送ではアナログ時代と同じように，時間を延長して後の番組を遅らせたり，続きは衛星放送で実施することが多く，イベント・リレーはあまり用いられていない．延長する番組と後の番組の画質を落とさなければならないことが敬遠される大きな理由と思われるが，最近のHDD/DVDレコーダが番組延長に対応した録画時間調整機能を搭載したことも一つの理由と考えられる．

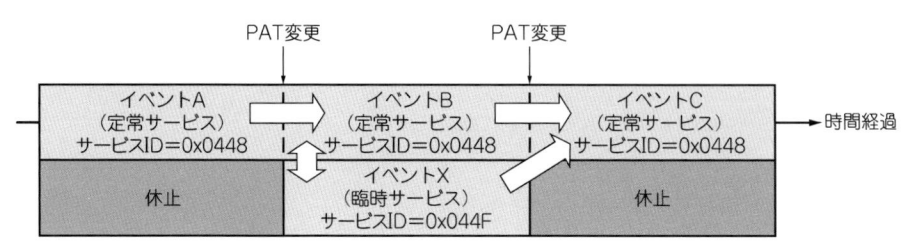

図10-8 臨時サービスの実施例
予定にないサービスを急きょ放送する際には臨時サービスが行われる．臨時サービスを視聴するには，視聴者が臨時サービスを選択する操作を行う必要がある．

表10-2[11]　サービス・タイプの一覧

サービス・タイプ	意　味
0x01	デジタルTVサービス
0xC0	データ・サービス
0xA1	臨時映像サービス
0xA3	臨時データ・サービス
0xA4	エンジニアリング・サービス
0xAA	ブックマーク一覧データ・サービス

次の番組がHDTVの場合は，通常よりも画質を落とすか，SDTVに変更しなければならないといったデメリットが発生してしまいます．

◆臨時サービス

　通常は休止しているサービスIDを用いて，通常編成のサービスと並行して一時的に臨時編成のサービスを放送することを臨時サービスと呼びます（**図10-8**）．通常のサービスとは異なり予定されていない放送であるため，通常のサービスでは使用しないサービスIDを使用します．NITやSDTに記述されるサービス・タイプも，**表10-2**にあるような臨時サービスを示す値で記述されます．

Column　チャネルと番組に関する余談

　世の中の規格や標準では，独特の表現や言い回しがされることがあります．地デジの規格や運用規定であるARIBの文献も例外ではありません．ただ，専門用語なら仕方がないところですが，地デジの場合，これまで無意識に使用してきた言葉に関しても少し意味が異なる場合があります．ここでは，チャネルと番組に関する用語を取り上げます．

◆チャネル

　デジタル化されたことによって，言葉の意味や概念が変わってしまったものがいくつかあります．その代表格がチャネルという言葉だと言うことができます．(表A)

　アナログ放送におけるチャネルとは，放送波を送信するRF(物理)チャネルであり，つまりそれはイコール放送局のことでもありました．これに対し，地デジでは各局の編成チャネルに対して3桁の番号が付与されます．

　このように地デジのチャネル番号は，アナログ放送とは考え方が大きく異なりますし，選局に3桁を入力するのは操作性の点では後退します．そこで，放送局ごとにリモコン番号(リモート・コントロール・キーID)を与え，受信機はこの番号に対応した数字キーを押すことで直接選局できる機能が盛り込まれました．つまり，リモコン番号を地デジのチャネル番号としてみせることで，アナログ放送時代のチャネルの考え方や操作感とできるだけ近くなるような工夫がされています．

◆サービス

　サービスとは，『いわゆる編成チャネルのことであり，放送事業者が編成する

表A　アナログ放送と地デジのチャネル概念の違い

用語	アナログ放送	地デジ
チャネル	チャネルとはRFチャネルのこと (チャネル番号≒放送局)	放送局に個別の番号(リモコン選局用の番号)を与え，これを(アナログ放送と同じ)チャネルと考える
RFチャネル	チャネルと一致	チャネルとは一致しない
中継局	UHFで中継されている地域では，一つの放送局が複数のチャネルで受信できる(1放送局＝1以上のチャネル)	複数の中継チャネルが存在しても，使用者に提示されるのは一つだけ(1放送局＝1チャネル)
マルチ編成	原理上できない (1放送局＝1チャネル)	マルチ編成を別々のチャネルと考えた場合，一つのチャネル番号に複数のチャネルが存在する(1放送局＝複数のチャネル)
チャネル番号	1〜62の範囲	正式なチャネル番号は，マルチ編成を考慮した3桁で与えられる．リモコンの数字ボタンで直接選局できる(リモコン番号≒チャネル)

スケジュールの一環として放送可能な番組の連続(ARIB STD-B10 3.1項)』と説明されています。アナログ放送ではマルチ編成は原理的にありえなかったため、地デジがもたらした新しい概念と言って良いでしょう。MPEG-2システム上は、個々のPMTがサービスに等しいと言えます。ただし、ISO規格ではこれをプログラム(Program)と呼んでおり、PAT(Program Association Table)、PMT(Program Map Table)といった名称にも使用されています。なお、PMTの中のProgram Numberに相当するIDついては、ARIB規格ではサービスID(Service ID)と呼んでいます。

◆イベント

イベントとは、『同一のサービスに属している、開始および終了時刻が定められた放送データストリーム構成要素の集合体で、ニュース、ドラマなど一つの番組を指す。また、運用上の必要に応じ、1番組中の1コーナーをさすこともできる(ARIB STD-B10 3.1項)』と定義されています。

一番のポイントは、放送スケジュールが決められている点にあります。PSI/SIのうち、電子番組表が記述されるSIをEIT(Event Information Table)と呼びますが、イベントは、このEITを構成する一つ一つの番組と考えればよいでしょう。

なお、電子番組表の意味を表すEPGは、Electronic Program Guideの略であり、ここで番組はProgramとされています。

地デジ受信機のしくみ

第11章

アナログ放送終了後の電波利用とマルチメディア放送
デジタル放送の未来

物事の終わりは次の物事の始まりでもあります．アナログ放送で利用されてきたVHF帯域は，放送終了後には他の目的で利用されることになります．それは利用者にとって，新たな選択肢が追加されることであり，今までにないサービスを享受できることを示唆しています．こうした流れは日本だけでなく世界中に波及し始めています．

11-1　アナログ放送終了後の電波利用

　日本国内では，2011年7月24日にアナログ・テレビ放送は終了します．では，放送が終了した後の周波数帯は，誰がどのような目的で使用するのでしょうか．

　アナログ地上波テレビ放送のデジタル化に伴う空き周波数帯の利用に関しては，50年以上に渡って親しまれてきたアナログ放送が終了するということと，VHFという比較的低い周波数帯が70 MHzも空くことから特に注目されてきました．

　図11-1(a)に示すとおり，2011年までの周波数配置では，VHF‐Lowのうち90～108 MHz(1～3 ch)と，VHF‐Highのうち170～222 MHz(4～12 ch)が，地上テレビジョン放送用として割り当てられています．地デジが放送される帯域はUHF帯(13～52 ch)と決められているので，アナログ放送が終了すると，これらVHFの帯域が他の目的に使用できるようになります．

　国内の電波利用に関しては，総務省の情報通信審議会で検討され，利用に関する方針が定められ法制化が進められます．VHF帯の空き周波数については，情報

| FM放送,コミュニティ放送 | 地上テレビジョン放送(1〜3ch) | 航空無線標識,計器着陸システム | 船舶通信,放送中継,各種用途(固定,移動) | 地上テレビジョン放送(4〜12ch) | 公共業務(移動),航空管制通信 |

90　　　　　108　　　　　170　　　　　　　　　　　　　222　MHz

(a) 2011年7月24日まで

| FM放送,コミュニティ放送 | テレビジョン以外の放送 | 航空無線標識,計器着陸システム | 船舶通信,放送中継,各種用途(固定,移動) | 自営通信 | ガード・バンド | テレビジョン以外の放送 | 公共業務(移動),航空管制通信 |

90　　　　　108　　　　　170　　　　　　　　　202.5　207.5　　222　MHz

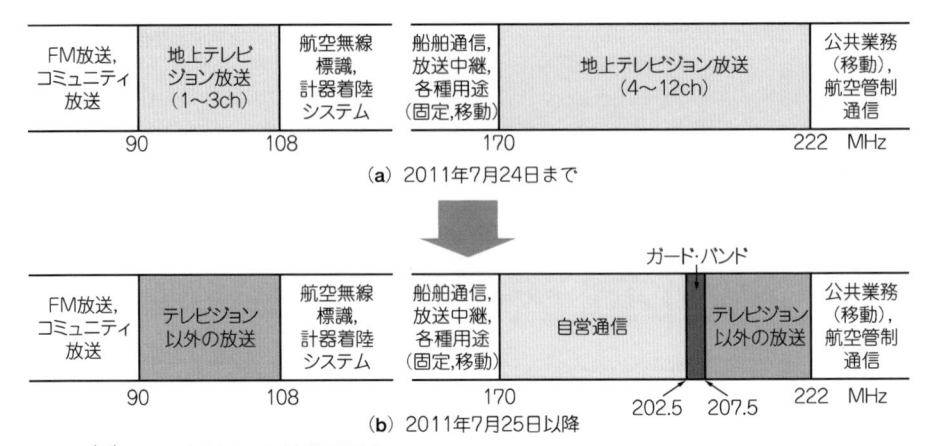

(b) 2011年7月25日以降

図11-1[16]　**2011年以降の周波数配置案**
空きチャネルのうち，VHF-Low（90〜108 MHz）と，VHF-High（207.5〜222 MHz）の計32.5 MHzが次世代の放送に使用されることになった

通信審議会答申（情報通信審議会答申「VHF/UHF帯の電波の有効利用のための技術的条件，平成19年6月」）において**図11-1(b)**のように，

①テレビ，ラジオ以外の放送（90〜108 MHz，207.5〜222 MHz）
②防災などの自営通信（170〜202.5 MHz）

に割り当てるという方針が示されました．

特に①については，「移動体向けのマルチメディア放送などの放送（テレビ放送を除く）に使用することが適当である」とされたことによって，引き続き放送に使用することになりました．

これを受けて，「携帯端末向けマルチメディア放送サービス等の在り方に関する懇談会」で検討された結果を踏まえて，要求条件の策定が行われました．

この要求条件を満たす技術方式の提案を公募（パブリック・コメント）した結果から2009年10月，情報通信審議会放送システム委員会の報告書として「携帯端末向けマルチメディア放送方式に関する技術的条件」が答申されました．

以下，この報告書の内容について紹介します．

◆**実現する携帯端末向け放送の基本的枠組み**

表11-1は，懇談会の報告書で述べられている携帯端末向けマルチメディア放送方式に関する基本的枠組みです．

▶デジタル新型コミュニティ放送

表 11-1[17] 実現する携帯端末向け放送の基本的枠組み

	デジタル新型コミュニティ放送	地方ブロック向けデジタル・ラジオ放送	全国向けマルチメディア放送
実現する放送	・現存するニーズにまずは適切に対応することが必要 ・すべての市町村への画一的な割り当ては不要であるが、ニーズのある地域について帯域幅を柔軟に割り当てるべき	・全国をどのように分割してブロックを定めるかについては、国が定める方法、事業者が定める方法がある ・できる限り柔軟なサービス提供を可能とするべき	・安定的なサービス提供を可能とする環境（広い帯域幅）が必要 ・できる限り柔軟なサービス提供を可能とするべき
制度化の理念	・「地域振興」「地域情報の確保」 ・「地域文化・地域社会への貢献」	・「地域振興」「地域情報の確保」 ・「地域文化・地域社会への貢献」 ・「既存ラジオのノウハウの活用」 ・「通信・放送融合型サービスの実現」	・「国際競争力の強化」 ・「産業の振興」 ・「コンテンツ市場の振興」 ・「通信・放送融合型サービスの実現」 ・「新たな文化の創造」 ・「携帯端末向けサービスの先導的役割」
ビジネス・モデルのイメージ	・地域ごとの情報伝達手段 ・アナログ・コミュニティ放送のデジタル版 ・自治体やCATVとの関連	・地方ブロック・マーケットの多チャネル・サービス ・「全国放送」の対抗軸（「地方ブロック」同士の連携など）	・全国マーケットの多様な多チャネル・サービス ・携帯電話サービスとの連携 ・骨太なビジネス・モデル ・新たな公共的役割（コンテンツ振興、地域情報の全国発信、「外国人向け」など）
料金	無料放送中心	無料放送・有料放送	有料放送中心
受信エリア	電波の届く限り	FM程度（約9割の世帯をカバー）（例えば5年以内の実現を目処）	FM程度（例えば5年以内の実現を目処）
サービス内容	リアルタイム中心 マルチメディア ・地域情報中心 ・災害放送など	リアルタイム中心（ダウンロードもあり） マルチメディア ・一般向け情報中心 ・アナログ・ラジオのサイマル放送あり ・災害時放送など ・ITSなど	リアルタイム・ダウンロード マルチメディア ・専門コンテンツ中心（「ニュース」「スポーツ」「音楽」など） ・従来の放送にはないコンテンツ（「ゲーム」「エンジニアリング」「地図」など）

市町村単位での地域放送を想定した放送です．アナログ・コミュニティ放送（ミニFM局）のデジタル版といった形態になることが予想されます．需要のある地域に柔軟に帯域を割り当てていくことになるでしょう．

▶地方ブロック向けデジタル・ラジオ放送

　報告書の段階では「地方ブロック向けデジタル・ラジオ放送」とされていましたが，現在は単に「地方ブロック向け放送」と修正されています．全国をいくつかのブロックに分け，ブロック単位での放送を行うものです．もちろんブロック

間の連携もあると考えられています.

「既存ラジオのノウハウの活用」や「通信・放送融合型サービスの実現」といった言葉が理念に含まれることから，既存のFM局やラジオ局の参入を想定したサービスと考えてよいでしょう．音声サービスが中心になると思われますが，通信と連携したサービスや有料ダウンロードなど，デジタル技術を活かした放送となることが予想されます．

▶全国向けマルチメディア放送

全国で同一のコンテンツを提供する，多チャネル有料放送が中心となります．受信機として携帯電話が主な受信端末と想定されるため，アンテナをより小型化できるVHF‐High帯域に割り当てられることになりました．全国展開が基本となるため，放送事業者には強力なインフラ整備能力が求められます．主に携帯キャリアと連携した事業者が参入することが想定されます．

11-2 携帯端末向けマルチメディア放送の三つの技術方式

表11-2に示すように，携帯端末向けマルチメディア放送方式の技術方式についてはISDB‐T_{SB}，ISDB‐T_{mm}，MediaFLOの3方式が提示されていますが，2010年4月時点では，VHF‐Low帯域はISDB‐T_{SB}(ISDB‐T Sound Broadcasting)方式，VHF‐High帯域はISDB‐T_{mm}(ISDB‐T mobile multimedia)またはMedia FLO(Forward Link Only)方式が適用されることになっています．

それでは，これら三つの技術方式について見てみましょう．

◆ISDB‐T_{SB}

SBは，Sound Broadcastからきています．2010年4月時点では，三つの方式の中で唯一，ARIB STD‐B29(地上デジタル音声放送に関する標準規格)として標準化されています．OFDM変調を使用することやセグメント構成となることなど，基本的な仕様に関しては，地デジと同じと言ってよいでしょう．

大きく異なるのは，

- 1または3セグメントを放送波の単位とすること
- 連結送信という技術を使用することで，隣接する放送波を隙間なく並べることを可能とする

の2点です(図11-2).

これらの特徴は，テレビ放送のような大容量にならない放送や，チャネル間のち

表 11-2[18]　携帯端末向けマルチメディア放送の三つの技術方式

ベースバンドのパラメータについて，映像はNTSC並みに拡張，音声もサラウンドを許容するなど，ワンセグからの機能向上が図られている

<table>
<tr><th colspan="2"></th><th colspan="2">VHF-High帯を用いるシステム</th><th>VHF-Low帯を用いるシステム</th><th>ワンセグ(参考)</th></tr>
<tr><th colspan="2"></th><th>ISDB-T_{mm}</th><th>MediaFLO</th><th>ISDB-T_{SB}</th><th></th></tr>
<tr><td rowspan="4">映像符号化</td><td>情報源符号化方式</td><td colspan="3">ITU-T H.264 ｜ ISO/IEC 14496-10</td><td></td></tr>
<tr><td>プロファイル(目的用途別に定義された機能の集合)</td><td colspan="3">Main，Baseline</td><td>Baseline</td></tr>
<tr><td>最大レベル(処理の負荷や使用メモリ量)</td><td colspan="3">レベル3</td><td>レベル1.2</td></tr>
<tr><td>最大解像度</td><td colspan="3">720×480</td><td>320×240</td></tr>
<tr><td></td><td>最大フレーム・レート</td><td colspan="3">30</td><td>15/1.001</td></tr>
<tr><td rowspan="2">音声符号化</td><td>音声符号化方式</td><td colspan="3">AAC+SBR+PS，MPEG Surround</td><td>AAC+SBR</td></tr>
<tr><td>最大入力音声チャネル数</td><td colspan="3">5.1チャネル</td><td>2チャネル</td></tr>
<tr><td>アクセス制御</td><td>スクランブル方式</td><td colspan="3">MULTI2，AES，Camellia，KCipher2</td><td>MULTI2</td></tr>
<tr><td rowspan="3">IP多重化</td><td>多重化方式</td><td>MPEG-2システム</td><td>論理チャネル方式</td><td>MPEG-2システム</td><td></td></tr>
<tr><td>ヘッダ圧縮</td><td colspan="2">ROHC</td><td>TLV多重化方式のヘッダ圧縮方式</td><td>-</td></tr>
<tr><td>カプセル化</td><td>ULE</td><td>-</td><td>ULE</td><td></td></tr>
<tr><td rowspan="2">伝送路符号化</td><td>変調方式</td><td colspan="3">QPSK，16 QAM</td><td></td></tr>
<tr><td>誤り訂正方式</td><td>外符号：リード・ソロモン符号
内符号：畳み込み符号</td><td>外符号：リード・ソロモン符号，ラプタ符号
内符号：ターボ符号</td><td>外符号：リード・ソロモン符号
内符号：畳み込み符号</td><td></td></tr>
<tr><td rowspan="3">周波数条件</td><td>帯域幅</td><td>6000/14×n+38.48 kHz(n≧13)(429 kHz(1セグメント形式)，5.6 MHz(13セグメント形式)を連結)</td><td>4.625，5.55，6.475，7.4 MHz</td><td>6000/14×n+38.48 kHz(429 kHz(1セグメント形式)，1,286 kHz(3セグメント形式)を連結)</td><td>429 kHz(13セグメントの中央1セグメント)</td></tr>
<tr><td>スペクトル・マスク</td><td>帯域幅が13セグメントの場合に地上デジタル・テレビ放送と一致するよう設定．それ以外は，これと干渉波電力が同等となるよう設定．</td><td>帯域幅が5.55MHzの場合に地上デジタル・テレビ放送と一致するよう設定．それ以外は，これと干渉電力が同等となるように設定．</td><td>地上デジタル音声放送と同様に設定</td><td>-</td></tr>
<tr><td>スプリアス発射または不要発射の強度</td><td colspan="2">地上アナログ・テレビ放送と同様に設定</td><td>地上デジタル音声放送と同様に設定</td><td>-</td></tr>
</table>

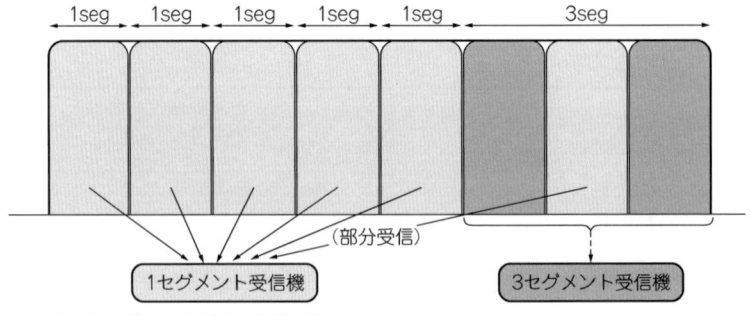

図11-2　8セグメント連結送信の例

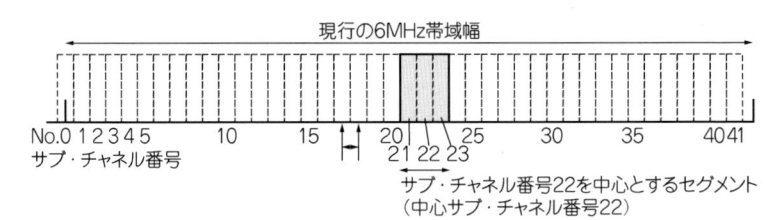

図11-3[19]　ISDB-T$_{SB}$のサブ・チャンネル
6 MHzのチャネルを42に分割したものがサブ・チャネルである．ワンセグが放送されている部分受信部をサブ・チャネルに照らし合わせると図のように22に相当する

ょっとした隙間に放送波を割り当てるときに有利になります．

　ところで，ISDB-T$_{SB}$方式の放送波を受信するには，連結送信の中から対象となるセグメントのみを受信することになるので，ワンセグとは少し異なり「サブ・チャネル」というチャネル・テーブルをもとに選局を行います．

　サブ・チャネルとは，テレビ放送のチャネル帯域である6 MHzを42に分割したものです（図11-3）．従って，1サブ・チャネルは1/7 MHz（≒ 0.143 MHz）となります．

　OFDMフレームの1セグメントは3サブ・チャネルに相当し，選局には中心のサブ・チャネル番号を指定することで目的の放送を受信することができるというしくみになっています．例えば，サブ・チャネル4〜27の範囲で8連結の放送がされている場合，それぞれのセグメントにチューニングするには，5，8，11，14，17，20，23，26のサブ・チャネルを指定します．

　余談ですが，このサブ・チャネルの概念は，ISDB-Tにもあてはめることができます．サブ・チャネル3〜41の範囲で13セグメントが構成され，そのうち21〜23が部分受信のセグメントとなります．仮にUHF帯を受信することができるデジタル・ラジオ受信機が存在したとすると，原理的にはデジタル・ラジオだけでな

くワンセグ放送も視聴できることになります．
　なお，サブ・チャンネル0～2はガードバンド用の帯域となります．
　2010年4月現在，東京，大阪，福岡の3ヶ所でISDB-T$_{SB}$方式による実験放送が行われています．東京，大阪はDRP(デジタルラジオ推進協会)が免許人となって，VHFの7chの4MHz(注11-1)で，8セグメントの連結送信で送出されています(注11-2)．
　福岡ではFM東京が主催するマルチメディア放送ビジネス・フォーラムが3セグメントで実験放送を行っています．
　auの携帯電話の一部や，パソコンで使用する地デジ・チューナの一部には，デジタル・ラジオの受信機能をもった機種があり，聴取が可能です．

◆ISDB-T$_{mm}$

　mmとは，Mobile Multimediaの略とされています．地デジの13セグメント(ISDB-T)と，先に述べたISDB-T$_{SB}$方式の双方を組み合わせたような方式で，下記の特徴があります(注11-3)．
- ISDB-Tと同じ13セグメント(タイプAと称す)，またはISDB-T$_{SB}$と同じ1セグメント(タイプBと称す)を符号化の単位とする
- タイプAとタイプBを連結することで，周波数帯域を柔軟に構成することが可能．VHF-Highの14.5MHz帯をすべて使用した場合は，最大33セグメントとなる
- タイプAの13セグメントについては，ISDB-Tと同じく3階層の階層伝送，および部分受信を利用可能
- ワンセグ，デジタル・ラジオ，固定受信機という既存の受信技術を用いた受信機の開発が可能で，早期かつ低価格な受信端末の市場投入が期待できる

図11-4に，ISDB-T$_{mm}$のOFDM連結フレームの例を示します．

◆Media FLO

　米国クァルコム社が開発したモバイル向け多チャネル放送の技術方式です．FLO

注11-1：VHFの7chと8chは，重複している帯域が2MHzあるため，8chでアナログ・テレビの放送が送信されている場合，7chは4MHz分しか利用できない．
注11-2：大阪で実施されている試験放送は，2010年6月30日をもって終了済み．また，東京地区の試験放送も，2011年3月31をもって終了する．
注11-3：2010年9月9日，全国向けマルチメディア放送として，ISDB-T$_{mm}$方式を採用した㈱マルチメディア放送1社のみが受託事業者として認定された．

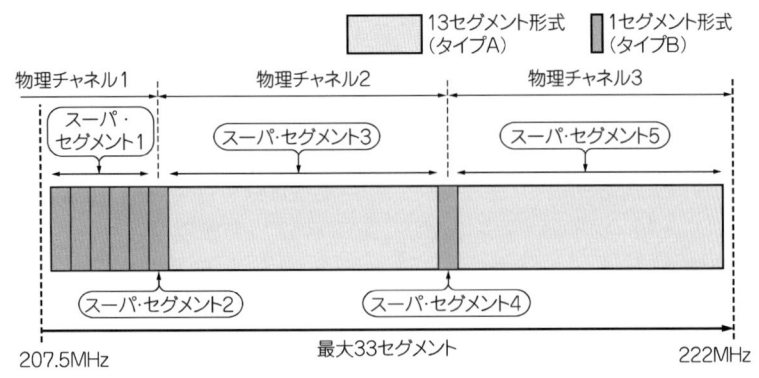

図 11-4[20]　連結 OFDM フレームの例

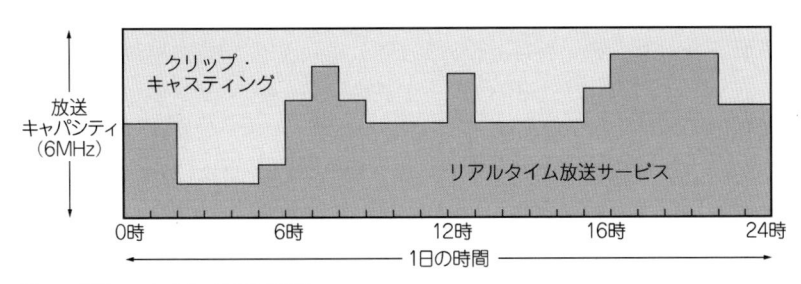

図 11-5[21]　コンテンツの配置例

とは Forward Link Only の略で，送信機から受信端末への一方通行（つまり通信ではなく放送）であることを示します．

ISDB-T_{SB} と ISDB-Tmm は，どちらも ISDB-T の派生とも言うべき方式でしたが，MediaFLO は，OFDM 変調を用いるという点では共通しているものの，ベースバンドの多重化や伝送路符号化方式は ISDB 系とは全く異なります．

主なサービスとして，
- 20 ch 程度のリアルタイム・ストリーミング（多チャネル放送）
- クリップ・キャスティング（蓄積型放送）
- IP データ・キャスティング（IP プロトコルを利用したデータ放送）

などが挙げられます．

チャネル帯域は，5，6，7，8 MHz を想定した設定が可能とされています．蓄積型サービスであるクリップ・キャスティングとリアルタイム放送サービスを効率的に多重化して伝送することで，蓄積型サービスでもスムーズなチャネル選択を実現します（図 11-5）．

地デジ受信機のしくみ

第11章 Appendix

11-A　世界の地上デジタル放送

◆世界の地上デジタル放送の方式

　地上波テレビ放送のデジタル化は，今や世界的な潮流と言えます．欧州や米国，韓国そして日本など先進各国ですでにデジタル放送が開始されています（図11-A）．

　1998年9月に，英国のBBCが世界で最初に地上デジタル放送（DVB-T方式）を開始しました．DVB-T（俗に欧州方式とも呼ばれている）は欧州各国をはじめ，世界でもっとも多く採用されている方式で，OFDM変調を用いた最初の方式でもあります．

　同じ1998年11月に，米国ではATSC方式の地上デジタル放送が始まりました．OFDM変調を利用したDVB-TやISDB-Tがマルチ・キャリア方式であるのに対し，ATSCは8VSBというシングル・キャリア方式を採用しています．受信モジュールが比較的簡単かつ低価格で構成できる割には，伝送帯域が広くとれるメリットがありますが，移動受信に弱いというデメリットがあります．ATSC方式の採用国は，北米（米国，カナダ）のほかに韓国があります．また近年，移動体受信向けに改良されたATSC-MH方式が提案されています．

　日本では，2003年12月にISDB-Tという日本独自の方式で開始されました．国際規格として認定されている，地上デジタル放送の三つの方式のなかでは，最後発ということになります．基本的な部分はDVB-Tがベースになっていますが，階層変調が可能となるよう，キャリアを13のセグメントに分けたのが大きな特徴です．これは，第10章で説明したワンセグ放送の実現に大きく寄与しています．

　日本で放送が開始された2003年当時は，ISDB-Tの採用国は日本のみでしたが，2006年にブラジルが2番目の採用国となりました（ただし，日本の方式とはコーデックが異なるため，SBTVD-Tと呼びISDB-Tと区別している）．その後，2009年にはペルー，アルゼンチン，チリ，ベネズエラと相次いで南米地域で採用が決定されました．

　南米の各国では，上記の3方式を実際にフィールド・テストしたうえで採用方式を決定しているので，ISDB-T方式が一番優れていると認めたうえでの採用だったと言えます．2010年10月現在，ISDB-T方式を採用しているのは，日本のほか

にブラジル，ペルー，アルゼンチン，チリ，ベネズエラ，エクアドル，コスタリカ，パラグアイ，フィリピン，ボリビアの10カ国に及んでいます．

中国では2003年頃に，一部で放送がされていたDVB方式に加え，精華大学と上海交通大学で独自方式が研究されており，いずれかの方式を採用すると考えられていましたが，精華大学方式と上海交通大学方式を併せた方式が，2006年9月，GB20600-2006という規格名称で正式に国家方式と定められました．この中国方式は，DMB-T/Hと呼ばれています．

2010年4月現在，ITU（国際電気通信連合）では，DVB-T，ATSC，ISDB-Tの3種類が国際規格として承認されています．**図11-A**を見ても分かるとおり，地上デジタル放送が実施されている国は，まだまだ先進国が中心であり，いずれかの方式の採用を決定したものの，まだサービス開始に至っていない国や，それ以前にデジタル化の目処すら立っていない国々も多数存在します．

世界的に見れば放送のデジタル化は，まだ始まったばかりといっても過言ではありません．その中で，いち早くデジタル放送の恩恵を享受することができるのは，とても幸運なことだとも言えるのではないでしょうか．

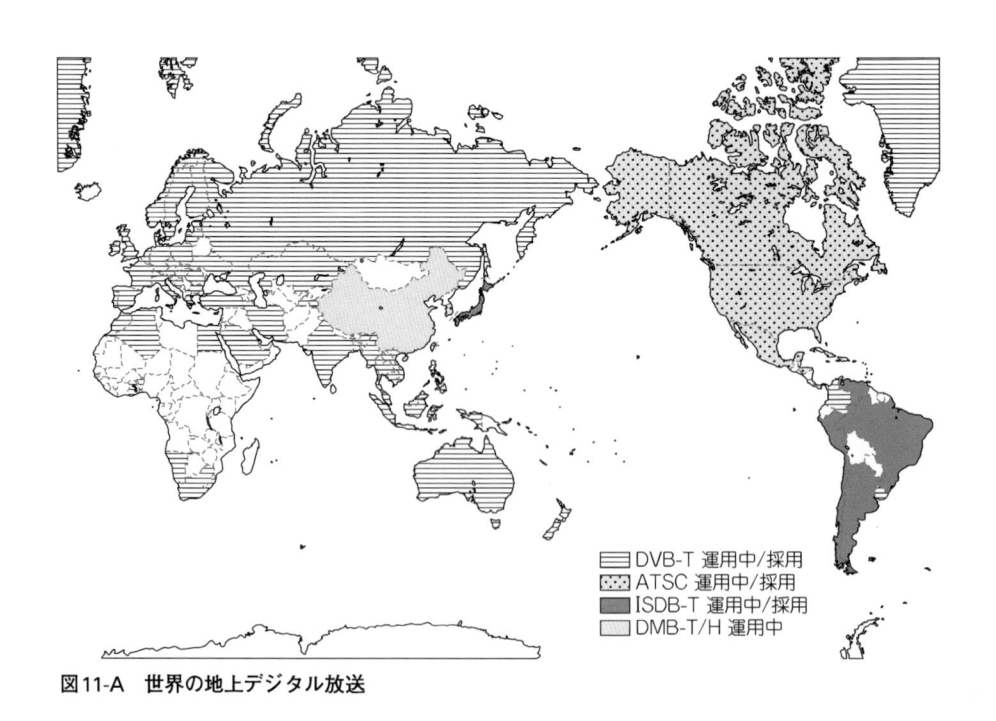

図11-A 世界の地上デジタル放送

◆携帯端末向けデジタル放送の動向

　デジタル放送は，通常のテレビ放送にとどまりません．近年，地上デジタル放送の技術を発展させた新しい放送サービスとして，携帯端末やカーナビなどの移動体をターゲットとした放送が世界各地で始まっています．

　図11-Bは，世界の携帯端末向け放送の状況です．これらの携帯端末向けデジタル放送についても，何種類かの方式があることが分かります．しかし，地上デジタル放送と異なり，採用する方式がまだ決まっていない国が多く，導入していても試験放送の段階という地域のほうが多いのが現状です．

　2010年現在，世界各地で利用されている方式は次の4種類です．

▶DVB-H：欧州の一部，アフリカの一部，インドなど

　DVBの規格の一つです．Hはhandheldを表します．採用国の多さでは，DVB-Tと同じく他方式を一歩も二歩もリードしています．一般的に，地上波方式にDVB-Tを採用している国々では，携帯向け放送でもDVB-Hを採用する傾向が高いのではないかと言われています．

　現在サービスされている放送は有料放送サービスが中心で，地上波など他の放送

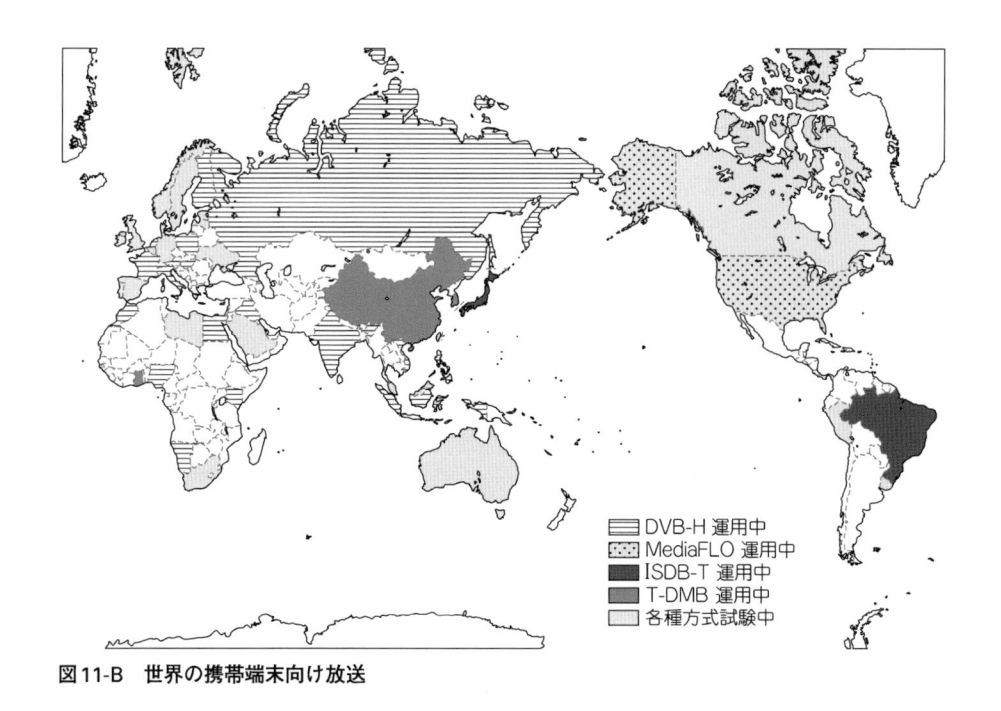

図11-B　世界の携帯端末向け放送

Appendix 11-A　世界の地上デジタル放送

とは独立して実施されていることが多いようです．EUを中心とした欧州圏では，T-DMBなど他の方式も試験導入している国がありますが，携帯向け放送をDVB-Hに統一しようという動きもあり，そのまま正式なサービスとなるかどうかは不透明です．

▶T-DMB：韓国，中国，ガーナ

　韓国で開発された方式で，技術的にはDAB(Digital Audio Broadcast：欧州で開発されたデジタル・ラジオの方式)を発展させたものと言われています．

　放送サービスが始まっているのは3カ国のみですが，韓国の携帯電話大手メーカが受信端末を発売している関係からか，欧州を中心に採用を働きかけており，英国，スウェーデン，ノルウェーなど，欧州の一部の地域で試験放送が実施されています．

▶Media FLO：米国

　米国クァルコム社が開発した方式で，現在のところ正式採用は米国のみですが，英国で試験放送が行われています．日本でも，2011年以降に開始される予定の，携帯端末向け放送方式の一つとして技術答申に盛り込まれました(p.215の注11-3参照)．

▶ISDB-T(ワンセグ)：日本

　今や，日本で発売されるほとんどの携帯端末に搭載されており，急速に普及が進んでいます．ワンセグの大きな特徴は，地上波放送の一部として放送が可能であることです．地デジのサイマル放送として携帯向け放送が同時に送出されている例は他になく，これが普及を後押ししているという一面もあります．正式にサービスが行われているのは日本のみですが，ブラジルをはじめとする南米のISDB-T採用国でも，サービスが開始されることが予想されます．

　また，日本ではアナログ放送の終了後に空くVHF帯を利用した，新たな携帯端末向けの放送サービスが計画されています．マルチメディア放送と称される新しいサービスはワンセグとは異なり，携帯端末や移動体向けの本格的な独立サービスとなることが予想されます．

◆各方式の普及活動

　これら携帯端末向けのデジタル放送方式については，各陣営ともテレビ放送方式と切り離した形で普及活動を進めています．実際，総務省では，すでに地上デジタルの方式が決まっている国に対しても，ワンセグの利用という形でISDB-Tの採用を働きかける活動を行っています．将来的には，テレビ放送と携帯向け放送で異なるデジタル放送方式を採用するような例も出てくるかもしれません．

第12章　地デジ受信機のしくみ

ガード・インターバルの効果も確かめられる
Excelを使ったOFDMのシミュレーション

　テレビ放送がアナログ方式からデジタル方式に変わったことによって，放送波の変調波形や受信機内部の回路信号波形から動作を直接的に理解することは困難になってしまいました．しかし，デジタル変調などのデジタル信号処理は数値の演算ですから，内容によってはパソコンで比較的容易に仮想的な実験を行うことができます．

　地デジの伝送で使われているOFDM（直交周波数多重）を，パソコン上でシミュレートしてみましょう．OFDMの変調と復調は，離散フーリエ変換そのものであるため，表計算ソフトウェアのExcelを使ってシミュレーションができます．
　すぐに実験ができるように，あらかじめ変調データや関数などを入力したExcelファイルを作成しました．ガード・インターバル（GI）の効果を確かめることもできるので，OFDMのイメージをつかむのに最適です．

12-1　シミュレーションでのOFDMパラメータ

　実際の放送と同じ何千本ものキャリアをそのままシミュレートするのはたいへんですし，かといってキャリア本数があまり少ないと，OFDMの特徴が分かりにくくなるので，キャリア本数を48本として変調も単純なQPSKとしました．
　シミュレーションのOFDMパラメータは，次のとおりです．
- キャリア本数…48本
- FFTポイント数…64ポイント
- ガード・インターバル…8ポイント

- キャリア変調方式…QPSK
  （パイロットおよび制御キャリアは考慮しない）
- 遅延波の加算…1波

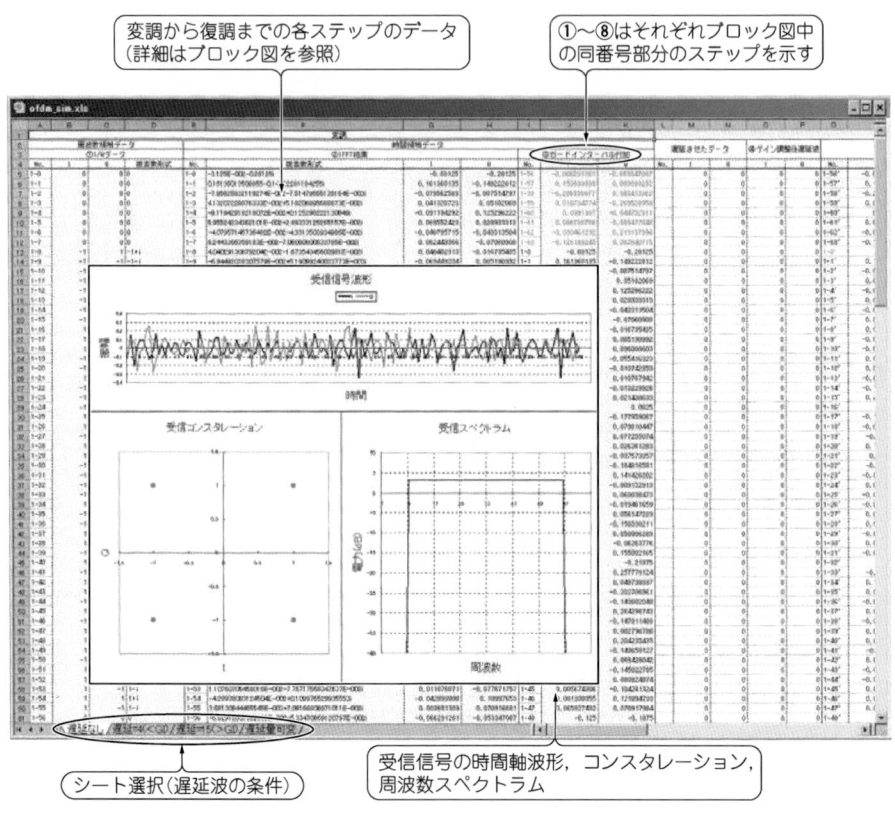

図12-1 ダウンロードしたExcelファイルを開いたところ（「マクロセキュリティ」は中レベルにする）

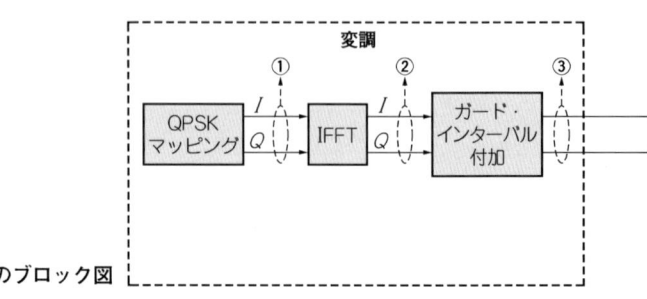

図12-2 シミュレーションのブロック図

FFT（高速離散フーリエ変換）のポイント数を64としているのは，FFTの原理から2のn乗に限定されるためです．あらかじめ入力してあるデータは2シンボル分で，1シンボル目と2シンボル目のデータは無相関です．

12-2　Excelファイルのダウンロード

　OFDMシミュレーションのExcelファイルは，本書のサポート・ページ（http://shop.cqpub.co.jp/hanbai/books/45/45431.html）からダウンロードすることができます（ファイル名：ofdmsim.xls）．
　このファイルは，Excelのマクロとアドインの分析ツールを使用します．
　動作の確認は，Excel 2000とExcel 2003で行いました．これより新しいバージョンでも動作するはずですが，マクロを有効にする設定方法などが多少異なるかもしれません．

12-3　まずはそのまま動かしてみよう

　ダウンロードしたファイルofdmsim.xlsを開きます．このとき，マクロについての警告が出たら，「マクロを有効にする」を選択します．
　ファイルを最初に開くと，図12-1のようなシートが現れます．数表の部分は，左の列から順に変調，伝送，復調の信号処理データです．またグラフ表示は，受信信号の時間軸波形，コンスタレーション，周波数スペクトラム波形です．
　図12-2は，このシミュレーションのブロック図で，図中の①～⑧のポイントは，Excelの数表に示した同じ番号のステップを示しています．
　このファイルには四つのシートがあり，あらかじめ設定した3種類の伝送条件の

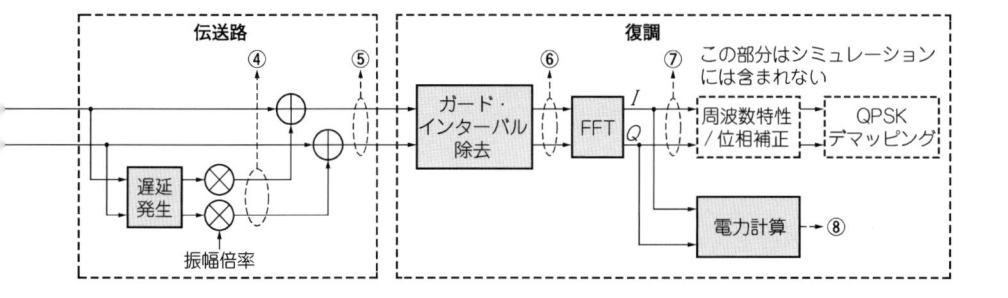

ほかに，遅延波の条件を任意に変えられるシートがあります．それでは早速，それぞれのシミュレーション結果を見てみましょう．

シート1「遅延波なし」(**図12-3**)は，理想的なOFDM波の状態です．

シート2「遅延＝4(＜GI)振幅比0.2」(**図12-4**)は，周波数スペクトラムに「うねり」があり，コンスタレーションが輪を描いています．しかし，ガード・インターバル長内の遅延波によるこのような乱れは通常，受信機でSP(スキャッタード・パイロット)キャリアの情報などをもとに補正することが可能です．

シート3「遅延＝15(＞GI)振幅比0.2」(**図12-5**)は，ガード・インターバル長を超えた遅延波の影響で，周波数スペクトラムもコンスタレーションも，ノイズに近い乱れ方となっています．このような乱れ方になると補正は困難です．QPSKなら

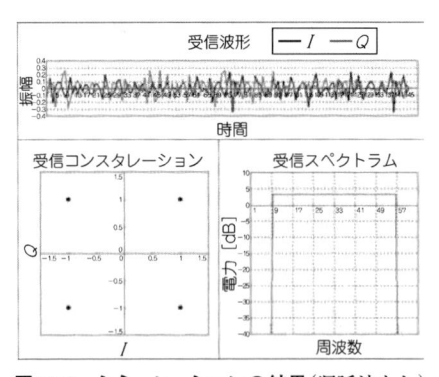

図12-3 シミュレーションの結果(遅延波なし)

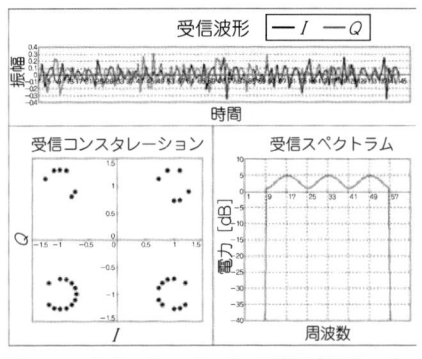

図12-4 シミュレーションの結果(遅延＝4)

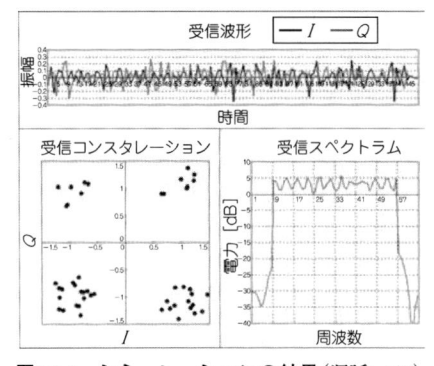

図12-5 シミュレーションの結果(遅延＝15)

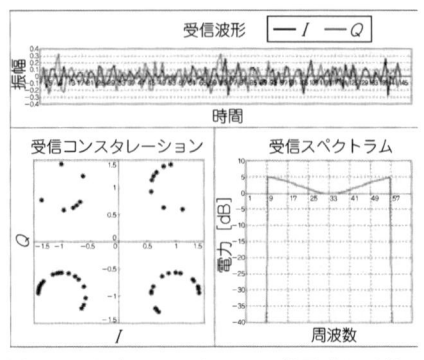

図12-6 シミュレーションの結果［遅延量可変(遅延＝1，振幅＝0.3の例)］

ば，このままでも復調できそうですが，隣り合うシンボル座標間の距離が短い64QAMでは，まず復調不可能です．

12-4　遅延波を任意に設定してシミュレート

シート4「遅延量可変」は，遅延波の遅延時間と振幅比を任意に設定してシミュレートすることができるようになっています(**図12-6**)．遅延時間と振幅を設定する手順は次のとおりです．

(1) まず，Excelの「ツール」メニューの「アドイン」を開いて，「分析ツール」と「分析ツール－VBA」にチェックを入れて有効にします(**図12-7**)．
(2) 「遅延量可変」のシートを選択し，「遅延波設定」のところに，遅延量と振幅倍率を入力します(**図12-8**)．入力値の条件は以下のとおりです．
- 遅延量…遅延時間(サンプル数)を入力．整数で0〜71の範囲
- 振幅倍率…遅延波の直接波に対する振幅の倍率を入力．1.0で直接波と同振幅，0.0で遅延波なし
(3) ［シミュレーション実行］ボタンを押します．
ここで，「フーリエ解析出力範囲にデータがあります．上書きする場合は［OK］を押してください．」というメッセージが3回表示されるので，そのつど［OK］ボタンを押します(**図12-9**)．
(4) グラフ・エリアにシミュレーション結果が反映されているはずです．

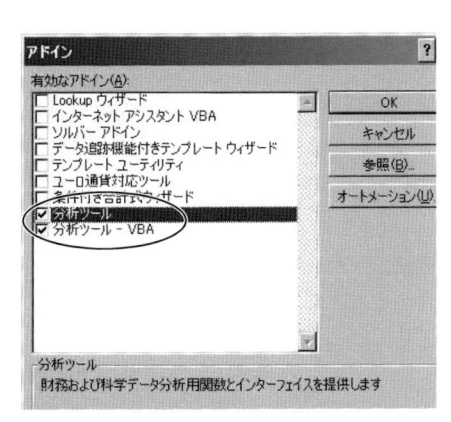

図12-7　アドインの設定　　　　図12-8　遅延波の設定

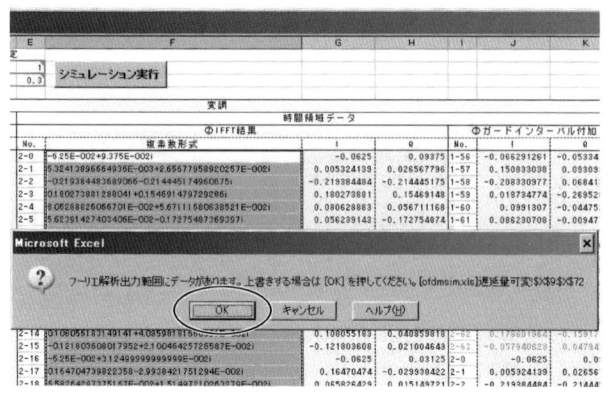

図12-9　フーリエ解析結果の更新

12-5　シミュレーションの詳細

　ここまで，ダウンロードしたファイルをそのまま使用する方法を説明しましたが，さらに自分で各パラメータを変更したいという方のために，シミュレーションの各ステップについて説明します．ここで，①〜⑧の番号は，それぞれブロック図と数表上の同番号に対応しています．

① I/Qデータ
　ランダムなシンボル・データをQPSKマッピングした値です．IとQがともにゼロの部分は，FFTポイント数とキャリア本数の差による無効な部分です．
　Excelのフーリエ解析は入出力を複素数形式で扱う必要があるので，"COMPLEX"関数によりIとQの値を複素数形式に変換します．

② IFFT結果
　IFFTにより周波数領域データから時間領域データに変換された結果です．出力は"IMREAL"と"IMAGINARY"関数で再びIとQの値に変換します．
　IFFTは，分析ツールのフーリエ解析（逆変換）をそのつど手動で行うか，またはマクロに記録させておきます．フーリエ解析で指定するデータの入力範囲と出力範囲のセル数は必ず64です（2のn乗でなければならないため）．

③ ガード・インターバル付加
　IFFTの結果データの末尾から8サンプル分を先頭にコピーしたデータです．

OFDMシンボル長は，64＋8＝72で，これが基本の送信信号（直接波）となります．

④ ゲイン調整後遅延波

送信信号をコピーし，遅れ方向にデータをずらして振幅を調整したデータです．このシミュレーションでは，もとのデータが2シンボル分しかないため，データをずらした後の先頭部分には，シンボル2の末尾部分のデータを挿入しています（図12-10）．

⑤ 合成波

送信波とその遅延波を加算したものです．これが復調器の受信信号となります．

⑥ ガード・インターバル除去

受信信号の1シンボル目の先頭からガード・インターバル長の8サンプルを捨て，続く64サンプルを有効シンボルとして扱います（実際の受信機では，ガード・インターバル相関法などによって有効シンボルの先頭位置を検出する）．

⑦ FFT結果

⑧ 電力スペクトラム

FFT結果を電力換算してスペクトラムを表示します．

図12-11に，シミュレーションのステップとシートのエリアの関係を示します．数表のデータ値を調べたり，数値を入力したりする際に波形表示が邪魔なときは，グラフ・エリアをドラッグして移動してください．

このファイルでのキャリア数は48本ですが，その気になれば，実際の放送と同じ1セグメント432本のキャリアを設定してシミュレーションすることも不可能ではありません．

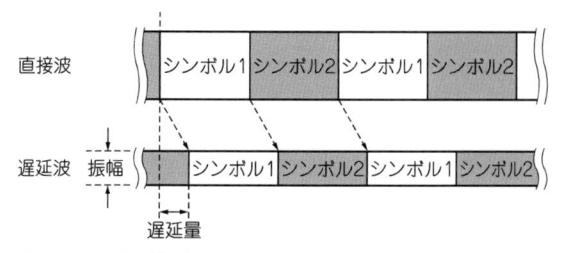

図12-10　遅延波データの作成

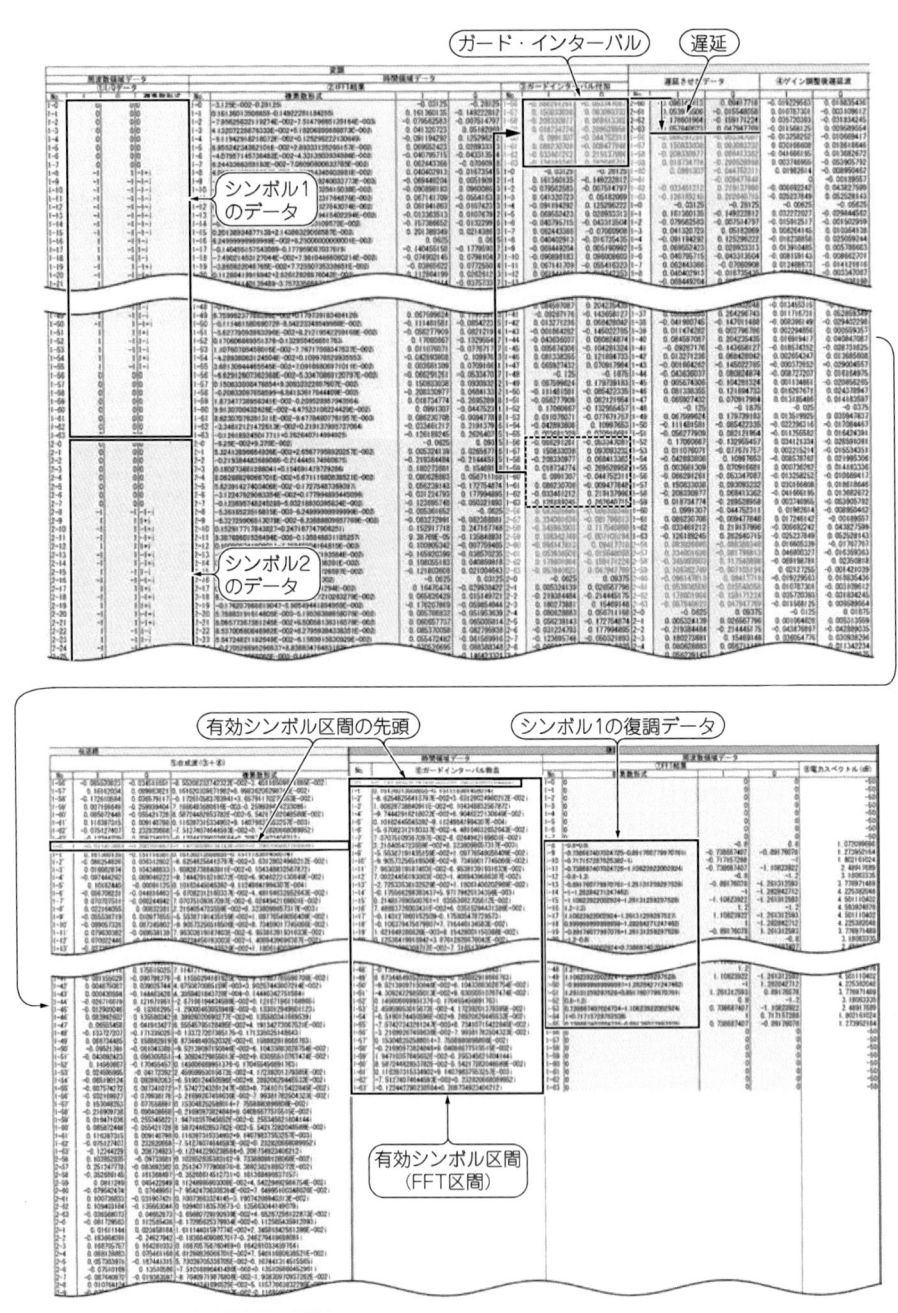

図 12-11　フーリエ解析結果の更新

参考・引用*文献

Introduction
(1) 総務省電波利用ホームページ，http://www.tele.soumu.go.jp/
(2) 総務省の情報通信政策に関するポータルサイト，http://www.soumu.go.jp/main_sosiki/joho_tsusin/joho_tsusin.html
(3)*携帯端末向けマルチメディア放送等の在り方に関する懇談会(14)
参考資料3「080710_2_2_5.pdf」1-1
http://www.soumu.go.jp/main_sosiki/joho_tsusin/policyreports/chousa/mobile_media/pdf/080710_2_2_5.pdf
(4)*総務省電波利用ホームページ，http://www.tele.soumu.go.jp/

第1章
(1) 標準規格 ARIB STD-B31「地上デジタルテレビジョン放送の伝送方式」，社団法人電波産業会．

第2章
(1) 標準規格 ARIB STD-B31「地上デジタルテレビジョン放送の伝送方式」，社団法人電波産業会．
(2) 技術資料 ARIB TR-B14「地上デジタルテレビジョン放送運用規定」，社団法人電波産業会．
(3) 標準規格 ARIB STD-B21「デジタル放送用受信装置」，社団法人電波産業会．
(4) 「RFワールド No.1 地上デジタル放送のテクノロジ解明」，トランジスタ技術増刊，CQ出版社，2008年．

第3章
(1) 標準規格 ARIB STD-B31「地上デジタルテレビジョン放送の伝送方式」，社団法人電波産業会．
(2) 技術資料 ARIB TR-B14「地上デジタルテレビジョン放送運用規定」，社団法人電波産業会．
(3) 標準規格 ARIB STD-B21「デジタル放送用受信装置」，社団法人電波産業会．
(4) 「RFワールド No.1 地上デジタル放送のテクノロジ解明」，トランジスタ技術増刊，CQ出版社，2008年．
(5) 「ラボだより 第14号」，日本ケーブルラボ，2005年6月．
(6) 日経エレクトロニクス編；「デジタル変調とデータ圧縮2005」，日経BP社，2004年．
(7) 標準規格 JCTEA STD-011-1.0「地上デジタルテレビジョン放送パススルー伝送方式」，社団法人日本CATV技術協会．
(8)* SBF0606EPLデータシート，富士通メディアデバイス．
(9)* TDA18271HDデータシート，NXP Semiconductors．

第4章
(1) 標準規格 ARIB STD-B31「地上デジタルテレビジョン放送の伝送方式」，社団法人電波産業会．
(2) 技術資料 ARIB TR-B14「地上デジタルテレビジョン放送運用規定」，社団法人電波産業会．
(3) 標準規格 ARIB STD-B21「デジタル放送用受信装置」，社団法人電波産業会．
(4) 「RFワールド No.1 地上デジタル放送のテクノロジ解明」，トランジスタ技術増刊，CQ出版社，2008年．
(5) 日経エレクトロニクス編；「デジタル変調とデータ圧縮2005」，日経BP社，2004年．
(6) 検討報告書「緊急地震速報の速やかな伝送について」，社団法人電波産業会，2009年9月4日．
(7) トリケップス企画部；「地上デジタルテレビジョン放送」，トリケップス，2002年．
(8) 日本放送協会編；「デジタルテレビ技術教科書」，日本放送出版協会，2007年．
(9) トリケップス企画部；「OFDM通信方式の基礎と応用技術」，トリケップス，2004年．

第5章
(1) 標準規格 ARIB STD‐B31「地上デジタルテレビジョン放送の伝送方式」,社団法人電波産業会.
(2) 技術資料 ARIB TR‐B14「地上デジタルテレビジョン放送運用規定」,社団法人電波産業会.
(3) 標準規格 ARIB STD‐B21「デジタル放送用受信装置」,社団法人電波産業会.
(4) 「RFワールド No.1 地上デジタル放送のテクノロジ解説」,トランジスタ技術増刊,CQ出版社,2008年.
(5) トリケップス企画部;「地上デジタルテレビジョン放送」,トリケップス,2002年.
(6) 「地上デジタル放送 送信ネットワーク測定方法ハンドブック」,社団法人電子情報技術産業協会,2005年7月.
(7) 標準規格 JCTEA STD‐010‐OFDM‐1.0「OFDM信号伝送システム測定法」,社団法人日本CATV技術協会.
(8) 「TECH I Vol.11 ディジタル放送の基礎技術入門」,CQ出版社,2002年.

第6章
(1) 「RFワールド No.1 地上デジタル放送のテクノロジ解説」,トランジスタ技術増刊,CQ出版社,2008年.
(2) 標準規格 JCTEA STD‐011‐1.0「地上デジタルテレビジョン放送パススルー伝送方式」,社団法人日本CATV技術協会.
(3) 日本放送協会編;「デジタルテレビ技術教科書」,日本放送出版協会,2007年.
(4) 標準規格 JCTEA STD‐010‐OFDM‐1.0「OFDM信号伝送システム測定法」,社団法人日本CATV技術協会.
(5) 地上デジタル放送受信障害研究委員会;「地上デジタル放送の受信障害に関する調査研究」,財団法人電波技術協会.
(6) 資料「OFDMヘッドアンプを使った共同受信の設置と運用」,社団法人日本CATV技術協会,2004年.
(7) 情報通信審議会 情報通信技術分科会放送システム委員会 第11回 報告(案),総務省,2008年.
(8) NHK受信技術センター;「建造物障害予測技術」,テレケーブル新聞社,2003年.
(9) デジタル測定基礎実習2日間テキスト 平成21年2月26〜27日,財団法人NHK放送研修センター.
(10) テレビ受信向上委員会;「デジタル時代の放送受信技術(地上デジタル放送編)」,日本放送協会営業局,2004年.
(11) 「松下テクニカルジャーナル Vol.50 No.1」松下電器産業,2004年.

第7章
(1) ISO/IEC13818‐1「Information technology‐Generic coding of moving pictures and associated audio information:Systems」,ISO/IEC.
(2) 標準規格 ARIB STD‐B31「地上デジタルテレビジョン放送の伝送方式」,社団法人電波産業会.
(3) 標準規格 ARIB STD‐B32「デジタル放送における映像符号化,音声符号化及び多重化方式」,社団法人電波産業会.
(4) 技術資料 ARIB TR‐B14「地上デジタルテレビジョン放送運用規定」,
　　第四編 地上デジタルテレビジョン PSI/SI運用規定,
　　第七編 地上デジタルテレビジョン 送出運用規定,
　　社団法人電波産業会.
(5) 標準規格 ARIB STD‐B10「デジタル放送に使用する番組配列情報」,社団法人電波産業会.
(6)* ISO/IEC13818‐1「Information technology‐Generic coding of moving pictures and associated audio information:Systems」Figure D.2,ISO/IEC.
(7)*標準規格 ARIB‐TR‐B14「地上デジタルテレビジョン放送運用規定」第四編 第3部 表30‐17,社団法人電波産業会.

Appendix 7-A
(1) 標準規格 ARIB STD-B31「地上デジタルテレビジョン放送の伝送方式」，社団法人電波産業会．
(2) 技術資料 ARIB TR-B14「地上デジタルテレビジョン放送運用規定」，
第四編 地上デジタルテレビジョン PSI/SI 運用規定，
第七編 地上デジタルテレビジョン 送出運用規定，
社団法人電波産業会．
(3)*標準規格 ARIB STD-B31「地上デジタルテレビジョン放送の伝送方式」付属 3.2項 表3-2，社団法人電波産業会．

Appendix 7-B
(1) 技術資料 ARIB TR-B14「地上デジタルテレビジョン放送運用規定」，
第二編 地上デジタルテレビジョン放送 受信機機能仕様書，
第七編 地上デジタルテレビジョン 送出運用規定，
社団法人電波産業会．
(2)*技術資料 ARIB TR-B14「地上デジタルテレビジョン放送運用規定」第七編 9.2項 表9-1，社団法人電波産業会．
(3)*技術資料 ARIB TR-B14「地上デジタルテレビジョン放送運用規定」第二編 6.2項 図6-1，社団法人電波産業会．

Appnedix 7-C
(1) DVB(Digital Video Broadcasting)のWebサイト，http://www.dvb.org/．
(2) ARIB(社団法人電波産業会)のWebサイト，http://www.arib.or.jp/．
(3) DiBEG(Digital Broadcast Expert Group)のWebサイト，http://www.dibeg.org/．
(4) ATSC(Advanced Television Systems Committee)のWebサイト，http://www.atsc.org/．

第8章
(1) ISO/IEC13818-2「Information technology-Generic coding of moving pictures and associated audio information：Video」，ISO/IEC．
(2) ISO/IEC13818-7「Information technology-Generic coding of moving pictures and associated audio information：Advanced Audio Coding」，ISO/IEC．
(3) 標準規格 ARIB STD-B32「デジタル放送における映像符号化，音声符号化及び多重化方式」，社団法人電波産業会．
(4) 亀山渉，花村剛監修；「デジタル放送教科書」，インプレス，2004年．
(5) 羽鳥光俊監修；「1セグ放送教科書」，インプレス，2005年．
(6) 大久保榮監修，角野眞也，菊池義浩，鈴木輝彦共編；「H.264/AVC教科書」，インプレス，2004年．
(7)*標準規格 ARIB STD-B32「デジタル放送における映像符号化，音声符号化及び多重化方式」，第1部 第4章 4.1.1項，社団法人電波産業会．
(8)*標準規格 ARIB STD-B32「デジタル放送における映像符号化，音声符号化及び多重化方式」，第1部 第4章 4.1.2項，社団法人電波産業会．
(9)*標準規格 ARIB STD-B32「デジタル放送における映像符号化，音声符号化及び多重化方式」，第1部 第4章 4.2.1項，社団法人電波産業会．
(10)*標準規格 ARIB STD-B32「デジタル放送における映像符号化，音声符号化及び多重化方式」，第2部 第4章 4.1項，社団法人電波産業会．
(11)*技術資料 ARIB TR-B14「地上デジタルテレビジョン放送運用規定」，第七編 4.2.2項 表4-6，社団法人電波産業会．

第9章
(1) 標準規格 ARIB STD-B21「デジタル放送用受信装置」, 社団法人電波産業会.
(2) 日本放送協会編;「デジタルテレビ技術教科書」, 日本放送出版協会, 2007年.
(3) 「地上デジタル放送 送信ネットワーク測定方法ハンドブック」, 社団法人電子情報技術産業協会, 2005年7月.
(4) 「TECH I Vol.11 ディジタル放送の基礎技術入門」, CQ出版社, 2002年.
(5) 東芝レビュー Vol.58 No.12, 2003年12月, 東芝.
(6) 月間ディスプレイ 2009年7月号, テクノタイムズ社.
(7) Sony i.Link Products Information, http://www.sony.jp/, ソニー.
(8) 富士通技術情報誌FIND Vol.18 No.2/No.3 2000, 富士通マイクロエレクトロニクス.
(9) 「デザインウェーブ・マガジン No.125 2008年4月号」CQ出版社.
(10) マルチフォーマットパターンジェネレータ LT450 取扱説明書, リーダー電子.
(11) フラットパネルチェッカ LT60 取扱説明書, リーダー電子.
(12) Digital Visual Interface Revision 1.0 http://www.ddwg.org/, Digital Display Working Group.
(13) HDMI http://www.hdmi.org/, HDMI Licensing LLC.
(14) PIONEER R&D Vol16, No2/2006, パイオニア.

Appnedix 9-A
(1) 技術資料 ARIB TR-B14「地上デジタルテレビジョン放送運用規定」,
第五編 地上デジタルテレビジョン放送 限定受信方式(CAS)運用規定及び受信機仕様,
第八編 地上デジタルテレビジョン放送コンテンツ保護規定,
社団法人電波産業会.
(2) ビーエス・コンディショナルアクセスシステムズのWebサイト, http://www.b-cas.co.jp/www/index1.html
(3) 標準規格 ARIB STD-B25「デジタル放送におけるアクセス制御方式」, 社団法人電波産業会.
(4)*標準規格 ARIB STD-B25「デジタル放送におけるアクセス制御方式」第3部 第3章 図3-1, 社団法人電波産業会.

第10章
(1) 標準規格 ARIB STD-B31「地上デジタルテレビジョン放送の伝送方式」, 社団法人電波産業会.
(2) 標準規格 ARIB STD-B24「デジタル放送におけるデータ放送符号化と伝送方式」, 社団法人電波産業会.
(3) 技術資料 ARIB TR-B14「地上デジタルテレビジョン放送運用規定」,
第三編 地上デジタルテレビジョン データ放送運用規定,
第四編 地上デジタルテレビジョン PSI/SI運用規定,
第七編 地上デジタルテレビジョン 送出運用規定,
社団法人電波産業会.
(4) 社団法人デジタル放送推進協会のWebサイト, http://www.dpa.or.jp/
(5) 亀山渉, 花村剛監修;「デジタル放送教科書」, インプレス, 2004年.
(6) 八木伸行, 吉村俊郎, 加井謙二郎;「データ放送技術読本」, オーム社, 2002年.
(7) インタラクティブ・プログラム・ガイドのWebサイト, http://www.ipg.co.jp/index.html
(8) 標準規格 ARIB STD-B10「デジタル放送に使用する番組配列情報」, 社団法人電波産業会.
(9)*標準規格 ARIB STD-B31「地上デジタルテレビジョン放送の伝送方式」, 第3章 図3-1, 社団法人電波産業会.
(10)*技術資料 ARIB TR-B14「地上デジタルテレビジョン放送運用規定」, 第四編 第2部 図24-2, 社団法人電波産業会.
(11)*技術資料 ARIB TR-B14「地上デジタルテレビジョン放送運用規定」, 第四編 第3部 表30-56, 社団

法人電波産業会.

第11章

(1) 標準規格 ARIB STD‐B29「地上デジタル音声放送方式」，社団法人電波産業会.
(2) 「携帯端末向けマルチメディア放送方式の技術的条件」，総務省，http://www.soumu.go.jp/main_content/000041320.pdf
(3) 「情報通信審議会 情報通信技術分科会 放送システム委員会報告（案）」，総務省，http://www.soumu.go.jp/main_content/000033715.pdf
(4) 電波有効利用方策委員会，総務省，http://www.soumu.go.jp/main_sosiki/joho_tsusin/policyreports/joho_tsusin/denpa_riyou/denpa_riyou_backno.html
(5) 携帯端末向けマルチメディア放送サービス等の在り方に関する懇談会，総務省，http://www.soumu.go.jp/main_sosiki/joho_tsusin/policyreports/chousa/mobile_media/index.html
(6) デジタルラジオ推進協会（DRP）のWebサイト，http://www.d‐radio.or.jp/
(7) マルチメディア放送ビジネスフォーラムのWebサイト，http://drforum.jp/
(8) 株式会社マルチメディア放送のWebサイト，http://mmbi.co.jp/
(9) MediaFLOのWebサイト，http://www.mediaflo‐info.com/
(10) モバイルTVの世界動向とMediaFLOの検討状況，http://www.kddi.com/business/oyakudachi/square/labo/010/index.html
(11) DVB（Digital Video Broadcasting）のWebサイト，http://www.dvb.org/
(12) ATSC（Advanced Television Systems Committee）のWebサイト，http://www.atsc.org/
(13) ISDB‐T Official web site, DiBEG，http://www.dibeg.org/
(14) DVB Mobile TV，http://www.dvb‐h.org/
(15) DMB Portal，http://eng.t‐dmb.org/
(16)＊「携帯端末向けマルチメディア放送の技術的条件」，ページ1，http://www.soumu.go.jp/main_content/000041320.pdf
(17)＊「携帯端末向けマルチメディア放送サービス等の在り方に関する懇談会報告書の概要」，ページ12，http://www.soumu.go.jp/menu_news/s‐news/2008/pdf/080715_4_bs1.pdf
(18)＊「携帯端末向けマルチメディア放送の技術的条件」，ページ6‐7．http://www.soumu.go.jp/main_content/000041320.pdf
(19)＊標準規格 ARIB STD‐B29「地上デジタル音声放送方式」，第3章 図3.13‐2，社団法人電波産業会.
(20)＊諮問第2023号「放送システムに関する技術的条件」のうち「携帯端末向けマルチメディア放送方式の技術的条件」答申，http://www.soumu.go.jp/main_content/000045236.pdf，ページ92 図3.1.6‐1.
(21)＊KDDI研究所 モバイルTVの世界動向とMediaFLOの検討状況，図1，http://www.kddi.com/business/oyakudachi/square/labo/010/index.html

第12章

(1) トリケップス企画部；「OFDM通信方式の基礎と応用技術」，トリケップス，2004年．
(2) 並木秀明；「Excelではじめるディジタル信号処理」，技術評論社，2000年．
(3) 臼田昭司/伊藤敏/井上祥史；「Excelで学ぶ理工系シミュレーション入門」，CQ出版社，2003年．

索引

【数字・アルファベット】

3桁番号 …………………………………… 140
4×4ブロック ……………………………… 165
5.1チャネル・サラウンド ………………… 175
8×8画素 …………………………………… 158
AC …………………………………………… 85
ADTS ……………………………………… 169
AGC ………………………………………… 43
ARIB(社団法人電波産業会) …… 152, 33, 118
ATSC ………………………………… 153, 217
B-CAS ………………………………… 38, 186
BER(Bit Error Rate：ビット誤り率) …… 101, 147
BIT …………………………………… 131, 144
BML ……………………………………… 196
C/N ………………………………… 108, 110, 147
CABAC …………………………………… 166
CANチューナ ……………………………… 50
CAT ……………………………………… 130
CAVLC …………………………………… 166
CEC ……………………………………… 181
CGMS-A …………………………… 177, 180
CP(Continual Pilot) ……………………… 87
D/U ………………………………………… 74
DCT ……………………………………… 158
DDB ……………………………………… 197
DII ………………………………………… 197
DMB-T/H ……………………………… 218
Dolby-AC3 ……………………………… 167
DOM ……………………………………… 196
Dpa(社団法人デジタル放送推進協会) …… 16, 195
DSM-CC ………………………………… 197
DTCP …………………………………… 183
DTS ……………………………………… 121
DVB ……………………………………… 151
DVB-H ………………………………… 219
DVB-T ………………………………… 217
DVI ……………………………………… 180
DV信号 ………………………………… 183
D端子 …………………………… 176, 178
ECM …………………………… 137, 141
ECMA Script …………………………… 196
EIT ………………………… 132, 141, 144, 200
EOB ……………………………………… 161
EPG ……………………………… 17, 132, 200
ETSI ……………………………………… 151
FFT ………………………………………… 61
FFTウィンドウ …………………… 64, 79
FTTH ……………………………………… 58
GOP ……………………………………… 162
Gガイド ………………………………… 201
H.264 …………………………… 165, 193
HD ……………………………………… 171
HDCP …………………………………… 181
HDMI …………………………… 176, 180
HEC ……………………………………… 182
i.Link …………………………… 176, 182
IEEE1394 ……………………………… 182
IF(中間周波数) ………………………… 41
IFFT …………………………………… 61, 83
IFフィルタ ……………………………… 47
IIP ……………………………………… 145
ISDB-T ……………………… 24, 33, 152, 217
ISDB-T Information …………………… 145
ISDB-T_{mm} ………………………… 215
ISDB-T_{SB} ………………………… 212
ITU-T …………………………………… 165
LFEチャネル …………………………… 175
MDCT …………………………………… 169
Media FLO ……………………… 215, 220

MER(Modulation Error Ratio：変調誤差比) ……… 80, 110	
MFN(Multi Frequency Network) ………… 114	
MGT …………………………………………… 154	
MPEG ………………………………………… 156	
MPEG - 1 Layer Ⅱ …………………………… 167	
MPEG - 1 ビデオ ……………………………… 136	
MPEG - 2 AAC ……………………… 136, 156, 168	
MPEG - 2 TS ………………………………… 94, 117	
MPEG - 2 システム …………………………… 117	
MPEG - 2 ビデオ …………………… 136, 156, 172	
MPEGデコーダ ………………………………… 39	
MULTI2 ……………………………………… 186	
NIM …………………………………………… 41	
NIT ………………………… 130, 138, 141, 144, 147	
NTSC …………………………………… 20, 176	
Null ……………………………………… 120, 129	
OFDM …………………………………… 24, 26	
OFDMデコーダ ………………………………… 39	
OFDM復調 ………………………… 37, 59, 66, 71	
OFDM変調 …………………………………… 59	
PAT ………………………………… 128, 135, 141	
PCM …………………………………………… 13	
PCR ……………………………… 129, 134, 136, 195	
PES ……………………………………… 121, 195	
PID ………………………………… 127, 128, 144	
PMT …………………………………… 129, 136	
PRBS(擬似ランダム符号列) ……………… 96, 101	
PSI ……………………………………… 121, 128	
PSIP ………………………………………… 153	
PSK …………………………………………… 60	
PTS ……………………………………… 121, 195	
QAM ………………………………… 60, 61, 142	
QPSK ……………………………… 61, 80, 142	
RFチャネル …………………………………… 207	
RFフィルタ ……………………………… 43, 52	
RFフロントエンド …………………… 36, 39, 41	
RRT …………………………………………… 154	
RS(リード・ソロモン)符号化 ……………… 94	
SAWフィルタ ………………………………… 48	

SBR …………………………………………… 170	
SBTVD - T …………………………………… 217	
SD …………………………………………… 171	
SDT ……………………………… 131, 137, 141, 144	
SDTT ………………………………………… 196	
SFN(Single Frequency Network) ………… 113	
SFN混信 ……………………………………… 114	
SFN難視 ……………………………………… 114	
SI ……………………………………… 121, 200	
SP(Scattered Pilot) ……………………… 68, 87	
SPDIF ………………………………………… 184	
STB(セットトップ・ボックス) ……………… 35	
STT …………………………………………… 154	
S端子 …………………………………… 176, 177	
T - CON ……………………………………… 185	
T - DMB ……………………………………… 220	
TMCC …………………………………… 84, 146	
TMDSリンク ………………………………… 181	
TOT ……………………………… 131, 140, 141, 144	
TS - ID ……………………………………… 147	
TSパケット ……………………………… 93, 125	
TS名 …………………………………… 139, 140	
TSループ …………………………………… 139	
VCO ………………………………………… 134	
VCT …………………………………………… 153	
VLC …………………………………………… 160	
VSB(残留側波帯)方式 ……………………… 21	
XML ………………………………………… 196	
Y, C_B, C_R …………………………………… 178	
Y, P_B, P_R …………………………………… 178	
Y/C信号 ……………………………………… 177	

【あ・ア行】

アスペクト比 ………………………………… 173	
アダプテーション・フィールド ……… 124, 127	
圧縮 …………………………………… 156, 160	
アッテネータ法 ……………………………… 109	
アップ・コンバート ………………………… 185	
アナ-アナ変換 ……………………………… 14	
アナログAV端子 …………………………… 176	

アナログ放送	20
誤り訂正	36
アンテナレベル	111
位相雑音	46
位相変調	80
イベント	208
イベント共有	202
イベント・メッセージ	197
イベント・リレー	205
イメージ受信	43
色副搬送波	21
インターリーブ	69
インターレース	156
動きベクトル	161
動き補償	161
運用規定	118
映像キャリア(アナログ放送)	23
エネルギー拡散(逆拡散)	96, 97
エラー・フリー	101, 107
エリア限定ワンセグ・サービス	194
エレメンタリ・ストリーム	137, 141
エンジニアリング・サービス	138, 195
エントロピー符号化	157, 166
オプショナル・フィールド	121
オルタネート・スキャン	160
音声圧縮	167
音声キャリア(アナログ放送)	23
音声フォーマット	170
音声モード	175

【か・カ行】

ガード・インターバル	63, 74, 113, 139, 145
ガード・インターバル越えマルチパス	114
ガード・インターバル相関	65
ガード・バンド	25
階層伝送	59
階層変調	142
外符号	95
可逆圧縮	157

崖効果	106
画質補正	185
可変長符号化	157, 160
画面内予測符号化	165
カラー・サブキャリア(色副搬送波)	21
簡易BER測定法	101
簡易チューナ	38, 53
簡易動画	136, 193
記述子	129, 132, 136
基準信号	133
擬似ランダム符号列	96, 101
基底関数	158
逆方向予測符号化	162
ギャップ・フィラー	79
キャリア周波数同期	65
局部発振器	45
緊急地震速報	85
クリフ・エフェクト(崖効果)	106
携帯受信機	143
ケーブル・テレビ	56
限定受信方式	130, 137
固定受信機	143
コピー制御	177, 180, 188
コピー・ワンス	188
コンスタレーション	80
コンポーネント・タグ	141
コンポーネント端子(コンポーネント信号)	176, 178
コンポジット・ビデオ信号	21

【さ・サ行】

サービス	207
サービスID	130, 135, 148, 208
再送信	56
サイマル放送	193
サブ・チャネル	214
残留側波帯方式	21
時間インターリーブ	69
ジグザグ・スキャン	160
時分割多重	119

字幕	17, 136, 195
社団法人デジタル放送推進協会	16, 195
社団法人電波産業会	152, 33, 118
周波数インターリーブ	69, 192
周波数スキャン	139, 147
周波数成分	158
周波数選択性フェージング	71
受信機の要求仕様	34
受信限界	107
受信障害	112
受信測定器	107
受信マージン	81, 105
受信レベル	30, 111
順方向予測符号化	162
情報通信審議会	209
情報符号化	20
所要 BER	101
所要 C/N	56, 97
シリコン・チューナ	50
シングル・キャリア	26
シンボル・レート	27, 145
シンボル同期	65
スキャン方式	171
スクランブル鍵	187
スクランブル制御	127
スタート・フラグ	122
スタッフィング・データ	123
スライス	165
セクション	121, 123
セグメント	59, 144
セットトップ・ボックス	35
先行波	79
総務省	18, 209

【た・タ行】

ダイナミック・レンジ	52
ダイバーシティ受信	71
ダウン・ミックス	175
畳み込み符号	90, 91
ダビング10	188

端子電圧	31
短縮化RS符号	95
遅延波	78, 82
遅延プロファイル	82
チャネル	41, 207
チャネル・テーブル	149
中間周波数	41
中継局	114
聴覚心理重み付け処理	169
聴覚特性	168
直接波	82
直交関係	28
直交変調	62, 80
ツリー構造	137
デインターリーブ	69, 90
データ・キャリア	25
データ・カルーセル	136, 195, 197
データ放送	17, 194
デコーダ・モデル	133
デジタル変調	60
デスクランブル	141
デバイス鍵	187
デパンクチャ	93
デブロッキング・フィルタ	166
電界強度	31
伝送TSパケット	94
伝送信号パラメータ	34
伝送遅延時間	85
伝送路符号化	20
電波利用	18, 209
等価 C/N	111
動画圧縮	155
同期	133
同期バイト	126, 134
トラッキング・フィルタ	44
トランス・モジュレーション方式	58
トランスポート・エラー表示	127

【な・ナ行】

内符号	95

二重符号化 ･･････････････････････････････ 95
ヌル(Null)・パケット ････････････････････ 93
ヌル・パケットによるBER測定 ･･･････････ 103
ノイズ加算法 ･････････････････････････････ 108

【は・ハ行】

倍速駆動 ･･････････････････････････････････ 185
バイト・インターリーブ(バイト・デインターリーブ) ･･････････････････････････････････ 96
パイロット・キャリア ･･････････････････････ 84
パス・スルー方式 ････････････････････････････ 56
バスタブ特性 ･･････････････････････････････ 78
ハフマン符号化 ･･････････････････････････ 169
パンクチャード畳み込み符号 ･･････････････ 92
非可逆圧縮 ･･････････････････････････････ 157
ピクチャ ････････････････････････････ 162, 165
ビタビ復号法 ･････････････････････････････ 90
ビット・インターリーブ(ビット・デインターリーブ) ･････････････････････････････ 90, 91
標準規格 ････････････････････････････････ 118
フィルタ・バンク ････････････････････････ 169
ブースタ・アンプ ････････････････････････ 113
フェージング ･･････････････････････････････ 71
符号化率 ･･････････････････････････････････ 92
物理チャネル ･･････････････････････ 139, 140
部分受信 ･････････････････････ 142, 170, 192
フルセグ ･･････････････････････････････････ 35
フレーム間予測符号化 ･･･････････････････ 161
フレーム・バッファ ･･････････････････････ 163
プログラム ･･････････････････････････････ 208
プログラム番号 ････････････････････････ 130
ブロック ････････････････････････････････ 165
ブロック符号 ･････････････････････････････ 95
プロファイル/レベル ･･････････････ 167, 193
ペイロード ･････････････････････････ 122, 127
ペイロード・ユニット・スタート表示 ･･････ 127
編成チャネル ･･････････････････････ 138, 207
変調誤差比 ･････････････････････････ 80, 110
変調方式 ･････････････････････････････････ 60
ポインタ・フィールド ･････････････････････ 123

放送TS ･･････････････････････････････････ 145

【ま・マ行】

マクロ・ブロック ････････････････････････ 165
マスキング ･･････････････････････････････ 168
まだら放送 ･･････････････････････････････ 202
マッピング ･･･････････････････････････････ 62
マルチ・キャリア ･････････････････････････ 26
マルチパス ･････････････････････････ 82, 113
マルチビュー・テレビ ･･･････････････････ 203
マルチ編成 ･･････････････････････････････ 202
マルチメディア ･･･････････････････ 196, 210
マルチ・ワンセグメント放送 ･････････････ 194
ムーブ ･･････････････････････････････････ 188
無料スクランブル ･･･････････････････････ 186
モード ･･･････････････････････････ 34, 139, 145
文字スーパ ･･････････････････････････････ 136
モジュール ･･････････････････････････････ 197

【や・ヤ行】

優先度表示 ･･････････････････････････････ 127
予測符号化 ･･････････････････････････････ 161

【ら・ラ行】

ランレングス符号化 ････････････････････ 161
リード・ソロモン符号化 ･･････････････････ 94
リモート・コントロール・キーID
 ･･････････････････････ 139, 147, 207
量子化 ･･････････････････････････････････ 169
量子化マトリクス ･･････････････････ 159, 160
臨時サービス ･･･････････････････････････ 206
レター・ボックス ････････････････････････ 173
レベル・マージン ･･･････････････････････ 109
連結送信 ････････････････････････････････ 212
連続性カウンタ ･････････････････････････ 127

【わ・ワ行】

ワーク鍵 ････････････････････････････････ 187
ワンセグ ･･････････････････････ 35, 74, 150, 165, 191
ワンタッチ・ボタン番号 ･････････････････ 140

著者略歴

川口 英（かわぐち・えい）
1983年	芝浦工業大学 電子工学科卒業
	同年 リーダー電子(株)入社
1992年〜	電波関連測定器の開発を担当
現在	リーダー電子(株)技術開発部
	高周波グループマネージャー

執筆担当：第1章，第2章，第3章，第4章，Appendix 4-A，Appendix 4-B，Appendix 4-C，第5章，Appendix 5-A，第6章，第9章，第12章

辰巳 博章（たつみ・ひろあき）
1989年	大阪電気通信大学 通信工学科卒業
	同年 (株)ケンウッド入社
1998年〜	デジタル放送関連計測機器の開発を担当
2003年〜	リーダー電子(株)技術開発部
	デジタル放送グループ

執筆担当：Introduction，第7章，Appendix 7-A，Appendix 7-B，Appendix 7-C，第8章，Appendix 9-A，第10章，第11章，Appendix 11-A，

巻末付録

第7章で言及したデータ構造図などの図を，巻末付録としてまとめました．

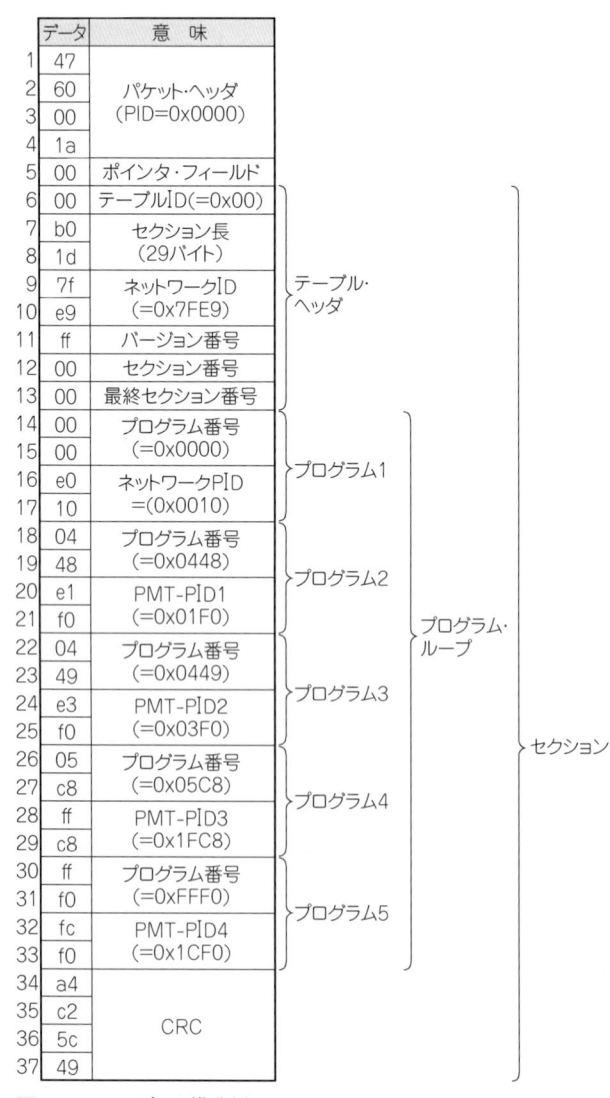

#	データ	意味		
1	47	パケット・ヘッダ (PID=0x0000)		
2	60			
3	00			
4	1a			
5	00	ポインタ・フィールド		
6	00	テーブルID(=0x00)	テーブル・ヘッダ	
7	b0	セクション長 (29バイト)		
8	1d			
9	7f	ネットワークID (=0x7FE9)		
10	e9			
11	ff	バージョン番号		
12	00	セクション番号		
13	00	最終セクション番号		
14	00	プログラム番号 (=0x0000)	プログラム1	プログラム・ループ
15	00			
16	e0	ネットワークPID =(0x0010)		
17	10			
18	04	プログラム番号 (=0x0448)	プログラム2	
19	48			
20	e1	PMT-PID1 (=0x01F0)		
21	f0			
22	04	プログラム番号 (=0x0449)	プログラム3	
23	49			
24	e3	PMT-PID2 (=0x03F0)		
25	f0			
26	05	プログラム番号 (=0x05C8)	プログラム4	
27	c8			
28	ff	PMT-PID3 (=0x1FC8)		
29	c8			
30	ff	プログラム番号 (=0xFFF0)	プログラム5	
31	f0			
32	fc	PMT-PID4 (=0x1CF0)		
33	f0			
34	a4	CRC		
35	c2			
36	5c			
37	49			

図7-17　PATデータ構造例

	データ	意味	
1	47	パケット・ヘッダ	
2	61	(PID=0x01F0)	
3	f0		
4	1c		
5	00	ポインタ・フィールド	
6	02	テーブルID(=0x02)	テーブル・ヘッダ
7	b0	セクション長	
8	aa	(170バイト)	
9	04	プログラム番号	
10	48	(サービスID=0x0448)	
11	d5	バージョン番号	
12	00	セクション番号	
13	00	最終セクション番号	
14	e1	PCR-PID(=0x01FF)	
15	ff		
16	f0	番組情報長(9バイト)	
17	09		
18	09	限定受信方式記述子	記述子第1ループ
19	04	記述子長(4バイト)	
20	00	CAタイプ	
21	05		
22	e9	ECM-PID(=0x0901)	
23	01		
24	c1	デジタル・コピー制御記述子	
25	01	記述子長(1バイト)	
26	84		
27	02	ストリーム・タイプ(0x02=MPEG-2video)	エレメンタリ・ストリーム1
28	e1	エレメンタリ(ES) PID	
29	00	(=0x0100)	
30	f0	ES情報長(6バイト)	
31	06		
32	52	ストリーム識別記述子	記述子第2ループ(ES1用)
33	01	記述子長(1バイト)	
34	00	コンポーネント・タグ	
35	c8	ビデオ・デコード・コントロール記述子	
36	01	記述子長(1バイト)	
37	47		
38	0f	ストリーム・タイプ(0x0F=AACaudio)	エレメンタリ・ストリーム2
39	e1	エレメンタリPID	
40	10	(=0x0110)	
41	f0	ES情報長(3バイト)	
42	03		
43	52	ストリーム識別記述子	記述子第2ループ(ES2用)
44	01	記述子長(1バイト)	
45	10	コンポーネント・タグ	

	データ	意味	
46	06	ストリーム・タイプ(0x06=PES)	エレメンタリ・ストリーム3
47	e1	エレメンタリPID	
48	30	(=0x0130)	
49	f0	ES情報長(14バイト)	
50	0e		
51	09	限定受信方式記述子	記述子第2ループ(ES3用)
52	04	記述子長(4バイト)	
53	00		
54	05		
55	ff		
56	ff		
57	52	ストリーム識別記述子	
58	01	記述子長(1バイト)	
59	30	コンポーネント・タグ	
60	fd	データ符号化方式記述子	
61	03	記述子長(3バイト)	
62	00		
63	08		
64	3d		
65	0d	ストリーム・タイプ(0x0D=type-D)	エレメンタリ・ストリーム4
66	e1	エレメンタリPID	
67	40	(=0x0140)	
68	f0	ES情報長(15バイト)	
69	0f		
70	52	ストリーム・識別記述子	記述子第2ループ(ES4用)
71	01	記述子長(1バイト)	
72	40	コンポーネント・タグ	
73	fd	データ符号化方式記述子	
74	0a	記述子長(10バイト)	
75	00		
76	0c		
77	33		
78	3f		
79	00		
80	03		
81	00		
82	00		
83	ff		
84	bf		
⋮			エレメンタリ・ストリーム5~10の記述(ここでは省略)
175	d4		
176	7a	CRC	
177	fa		
178	74		

図7-18 PMTデータ構造例

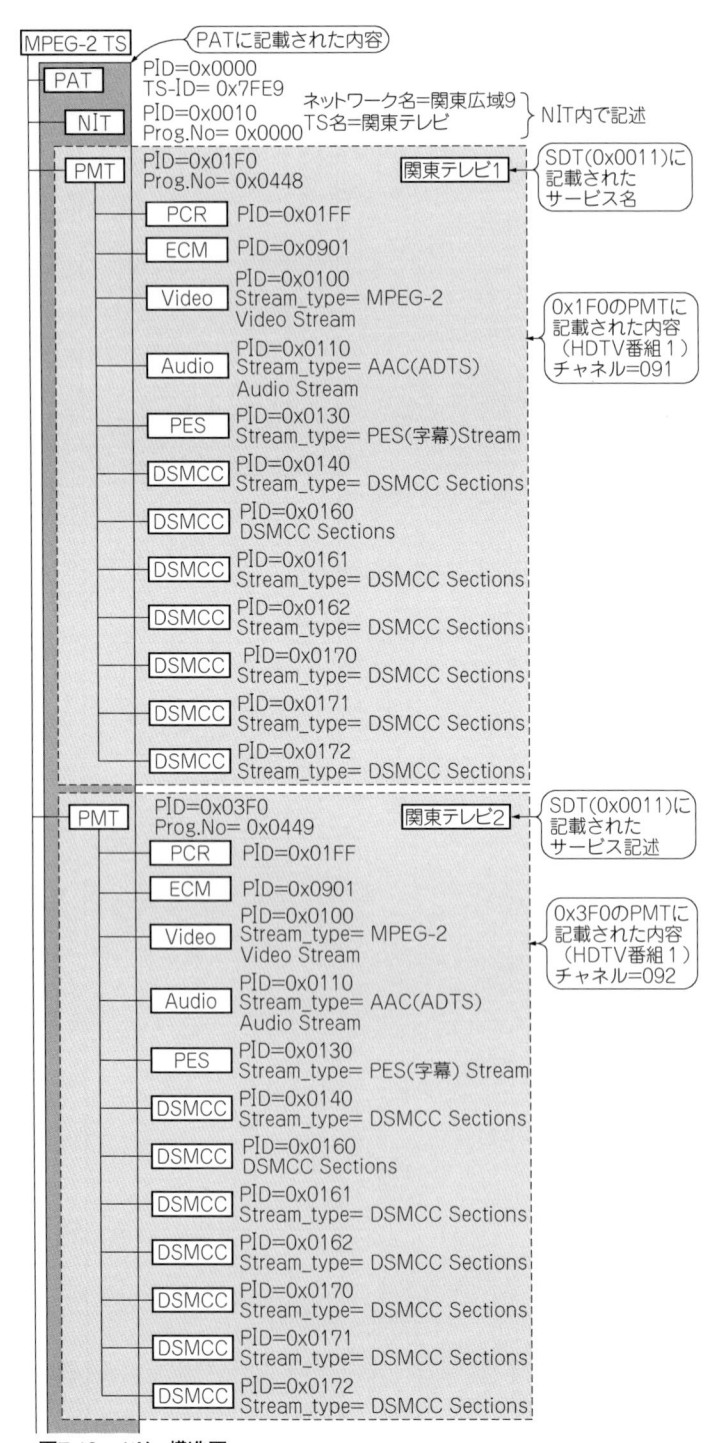

```
MPEG-2 TS
├─ PAT ── PATに記載された内容
│         PID=0x0000
│         TS-ID= 0x7FE9
├─ NIT    PID=0x0010     ネットワーク名=関東広域9  } NIT内で記述
│         Prog.No= 0x0000  TS名=関東テレビ
│
├─ PMT    PID=0x01F0            関東テレビ1   } SDT(0x0011)に
│         Prog.No= 0x0448                       記載された
│         │                                     サービス名
│         ├─ PCR    PID=0x01FF
│         ├─ ECM    PID=0x0901
│         ├─ Video  PID=0x0100
│         │        Stream_type= MPEG-2
│         │        Video Stream                } 0x1F0のPMTに
│         ├─ Audio  PID=0x0110                   記載された内容
│         │        Stream_type= AAC(ADTS)       （HDTV番組1）
│         │        Audio Stream                  チャネル=091
│         ├─ PES    PID=0x0130
│         │        Stream_type= PES(字幕)Stream
│         ├─ DSMCC  PID=0x0140
│         │        Stream_type= DSMCC Sections
│         ├─ DSMCC  PID=0x0160
│         │        DSMCC Sections
│         ├─ DSMCC  PID=0x0161
│         │        Stream_type= DSMCC Sections
│         ├─ DSMCC  PID=0x0162
│         │        Stream_type= DSMCC Sections
│         ├─ DSMCC  PID=0x0170
│         │        Stream_type= DSMCC Sections
│         ├─ DSMCC  PID=0x0171
│         │        Stream_type= DSMCC Sections
│         └─ DSMCC  PID=0x0172
│                  Stream_type= DSMCC Sections
│
└─ PMT    PID=0x03F0            関東テレビ2   } SDT(0x0011)に
          Prog.No= 0x0449                       記載された
          │                                     サービス記述
          ├─ PCR    PID=0x01FF
          ├─ ECM    PID=0x0901
          ├─ Video  PID=0x0100
          │        Stream_type= MPEG-2
          │        Video Stream                } 0x3F0のPMTに
          ├─ Audio  PID=0x0110                   記載された内容
          │        Stream_type= AAC(ADTS)       （HDTV番組1）
          │        Audio Stream                  チャネル=092
          ├─ PES    PID=0x0130
          │        Stream_type= PES(字幕) Stream
          ├─ DSMCC  PID=0x0140
          │        Stream_type= DSMCC Sections
          ├─ DSMCC  PID=0x0160
          │        DSMCC Sections
          ├─ DSMCC  PID=0x0161
          │        Stream_type= DSMCC Sections
          ├─ DSMCC  PID=0x0162
          │        Stream_type= DSMCC Sections
          ├─ DSMCC  PID=0x0170
          │        Stream_type= DSMCC Sections
          ├─ DSMCC  PID=0x0171
          │        Stream_type= DSMCC Sections
          └─ DSMCC  PID=0x0172
                   Stream_type= DSMCC Sections
```

図7-19　ツリー構造図

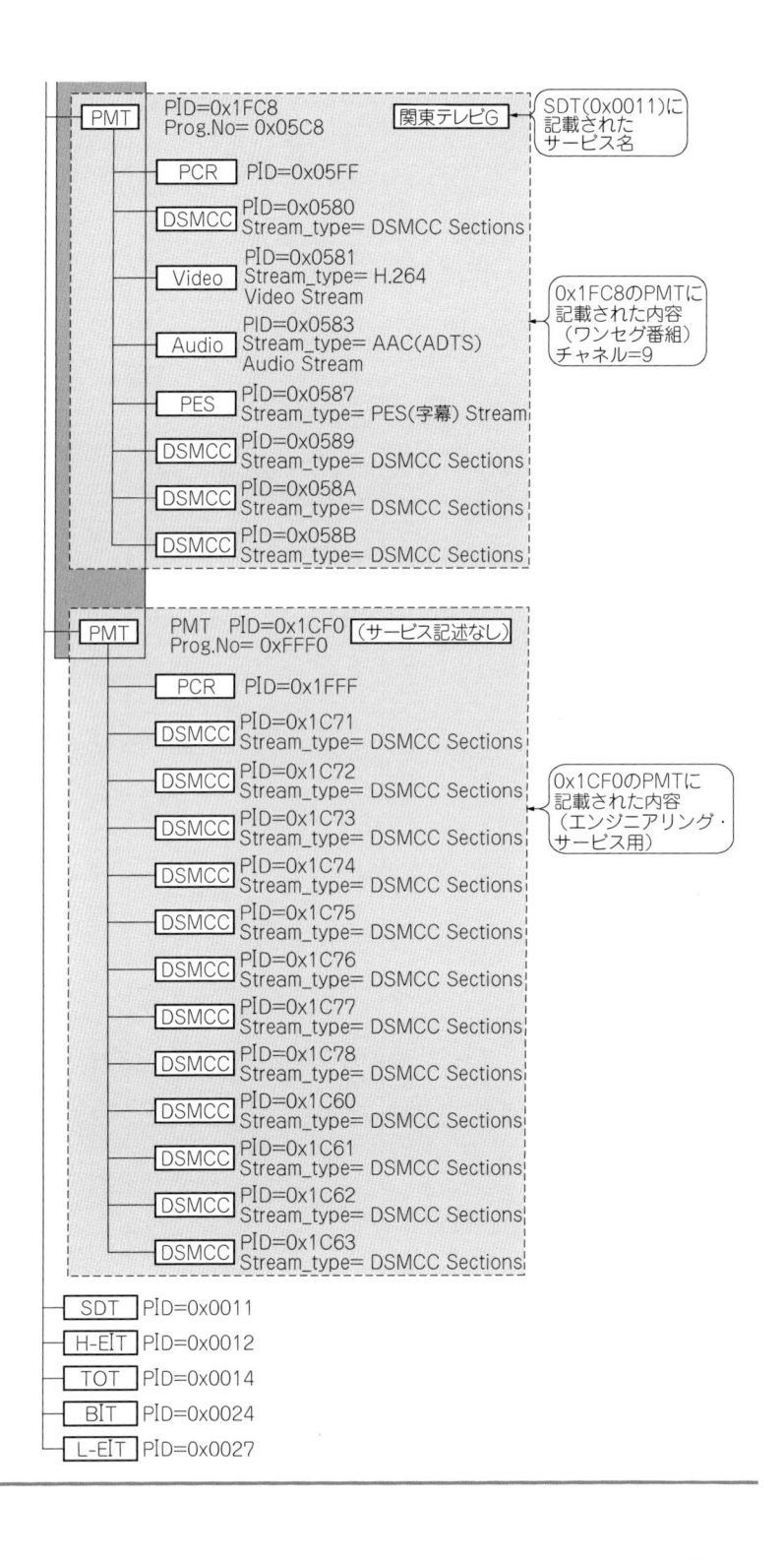

- PMT PID=0x1FC8
  Prog.No= 0x05C8   関東テレビG   ← SDT(0x0011)に記載されたサービス名
  - PCR PID=0x05FF
  - DSMCC PID=0x0580 Stream_type= DSMCC Sections
  - Video PID=0x0581 Stream_type= H.264 Video Stream
  - Audio PID=0x0583 Stream_type= AAC(ADTS) Audio Stream
  - PES PID=0x0587 Stream_type= PES(字幕) Stream
  - DSMCC PID=0x0589 Stream_type= DSMCC Sections
  - DSMCC PID=0x058A Stream_type= DSMCC Sections
  - DSMCC PID=0x058B Stream_type= DSMCC Sections

  ← 0x1FC8のPMTに記載された内容（ワンセグ番組）チャネル=9

- PMT PID=0x1CF0
  Prog.No= 0xFFF0 〔サービス記述なし〕
  - PCR PID=0x1FFF
  - DSMCC PID=0x1C71 Stream_type= DSMCC Sections
  - DSMCC PID=0x1C72 Stream_type= DSMCC Sections
  - DSMCC PID=0x1C73 Stream_type= DSMCC Sections
  - DSMCC PID=0x1C74 Stream_type= DSMCC Sections
  - DSMCC PID=0x1C75 Stream_type= DSMCC Sections
  - DSMCC PID=0x1C76 Stream_type= DSMCC Sections
  - DSMCC PID=0x1C77 Stream_type= DSMCC Sections
  - DSMCC PID=0x1C78 Stream_type= DSMCC Sections
  - DSMCC PID=0x1C60 Stream_type= DSMCC Sections
  - DSMCC PID=0x1C61 Stream_type= DSMCC Sections
  - DSMCC PID=0x1C62 Stream_type= DSMCC Sections
  - DSMCC PID=0x1C63 Stream_type= DSMCC Sections

  ← 0x1CF0のPMTに記載された内容（エンジニアリング・サービス用）

- SDT PID=0x0011
- H-EIT PID=0x0012
- TOT PID=0x0014
- BIT PID=0x0024
- L-EIT PID=0x0027

#	データ	意味	
1	47	パケット・ヘッダ (PID=0x0011)	
2	40		
3	11		
4	1d		
5	00	ポインタ・フィールド	
6	42	テーブルID(=0x42)	テーブル・ヘッダ
7	f0	セクション長 (113バイト)	
8	71		
9	7f	TS-ID (=0x7FE9)	
10	e9		
11	c1	バージョン番号・他	
12	00	セクション番号	
13	00	最終セクション番号	
14	7f	オリジナル・ネットワークID=(0x7FE9)	
15	e9		
16	ff	reserved	
17	04	サービスID(=0x0448)	
18	48		
19	f3	フラグ	
20	00	ステータス	
21	1d	サービス・ループ長 (29バイト)	
22	48	サービス記述子	
23	0f	記述子長(15バイト)	
24	01	サービス・タイプ (デジタルTV)	
25	00	サービス・プロバイダ名長	
26	0c	サービス名長(12バイト)	
27	34	関	サービス名
28	58		
29	45	東	
30	6c		
31	1b		
32	7c		
33	c6	テ	
34	ec	レ	
35	d3	ビ	
36	1b		
37	7e		
38	31	1	
39	c1	デジタル・コピー制御記述子	記述子ループ (サービス1用) サービス・ループ1
40	01	記述子長(1バイト)	
41	84		
42	cf	ロゴ伝送記述子	
43	07	記述子長(7バイト)	
44	01	ロゴ伝送タイプ	
45	fe	ロゴID	
46	00		
47	f0	ロゴ・バージョン	記述子ループ (サービス1用) サービス・ループ1
48	00		
49	04	ダウンロード・データ	
50	00		
51	04	サービスID(=0x0449)	
52	49		
53	f3	フラグ	
54	00	ステータス	
55	19	サービス・ループ長 (25バイト)	
56	48	サービス記述子	
57	0f	記述子長(15バイト)	
58	01	サービス・タイプ (デジタルTV)	
59	00	サービス・プロバイダ名長	
60	0c	サービス名長(12バイト)	
61	34	関	サービス名
62	58		
63	45	東	
64	6c		
65	1b		
66	7c		
67	c6	テ	
68	ec	レ	
69	d3	ビ	
70	1b		
71	7e		
72	32	2	
73	c1	デジタル・コピー制御記述子	記述子ループ (サービス2用) サービス・ループ2
74	01	記述子長(1バイト)	
75	84		
76	cf	ロゴ伝送記述子	
77	03	記述子長(3バイト)	
78	02	ロゴ伝送タイプ	
79	fe	ロゴID	
80	08		
81	05	サービスID(=0x05C8)	
82	c8		
83	e5	フラグ	
84	00	ステータス	
85	20	サービス・ループ長 (32バイト)	サービス・ループ3
86	48	サービス記述子	
87	0f	記述子長(15バイト)	記述子ループ (サービス3用)
88	c0	サービス・タイプ(データ)	
89	00	サービス・プロバイダ名長	
90	0c	サービス名長(12バイト)	

図7-21 SDTのデータ構造例

	データ	意味	
91	34	関	⎫
92	58		
93	45	東	
94	6c		
95	1b		サービス名
96	7c		
97	c6	テ	
98	ec	レ	
99	d3	ビ	⎭
100	1b		⎫
101	7e		記述子ループ
102	47	G	(サービス3用)
103	c1	デジタル・コピー 制御記述子	⎫
104	01	記述子長(1バイト)	
105	88		
106	cf	ロゴ伝送記述子	
107	0a	記述子長(10バイト)	サービス・
108	03	ロゴ伝送タイプ	ループ3
109	0e		
110	4b	K	
111	54	T	
112	56	V	
113	0f		
114	21	─	
115	5d		
116	0e		
117	47	G	⎭
118	40		
119	70	CRC	
120	ac		
121	0e		

#	データ	意味	
1	47	パケット・ヘッダ	
2	60	(PID=0x0010)	
3	10		
4	13		
5	00	ポインタ・フィールド	
6	40	テーブルID(=0x40)	テーブル・ヘッダ
7	F0	セクション長	
8	63	(99バイト)	
9	7f	ネットワークID	
10	e9	(=0x7FE9)	
11	c3	バージョン番号	
12	00	セクション番号	
13	00	最終セクション番号	
14	F0	ネットワーク記述子長	
15	10	(16バイト)	
16	40	ネットワーク名記述子	
17	0a	記述子長(10バイト)	
18	34	関	ネットワーク名
19	58		
20	45	東	
21	6c		
22	39	広	
23	2d		
24	30	域	記述子第1ループ
25	68		
26	23	9	
27	39		
28	fe	システム管理記述子	
29	02	記述子長(2バイト)	
30	03		
31	01		
32	f0	TSループ長(70バイト)	
33	46		
34	7f	TS-ID(=0x7FE9)	
35	e9		
36	7f	オリジナル・ネットワークID(=0x7FE9)	
37	e9		
38	f0	TS記述子長(64バイト)	
39	40		
40	41	サービス・リスト記述子	TSループ
41	0c	記述子長(12バイト)	
42	04	サービスID(=0x0448)	
43	48		記述子第2ループ(TS記述用)
44	01	サービス・タイプ(01=デジタルTV)	
45	04	サービスID(=0x0449)	
46	49		サービスIDとそのサービスのタイプ
47	01	サービス・タイプ(01=デジタルTV)	
48	05	サービスID(=0x05C8)	
49	c8		
50	c0	サービス・タイプ(C0=データ)	
51	ff	サービスID(=0xFFF0)	サービスIDとそのサービスのタイプ
52	f0		
53	a4	サービス・タイプ(A4=エンジニアリング・サービス)	
54	fa	地上分配システム記述子	
55	12	記述子長(18バイト)	
56	5a	エリアコード(東京)	
57	5a	/GI(1/8)/Mode(3)	
58	0c	RF周波数(13ch)	
59	f0		
60	0d	RF周波数(19ch)	
61	ec		TSループ
62	0f	RF周波数(27ch)	
63	3c		
64	10	RF周波数(34ch)	中継塔のRFチャネルも含めた送信チャネル周波数
65	62		
66	10	RF周波数(37ch)	
67	e0		
68	11	RF周波数(40ch)	
69	5e		記述子第2ループ(TS記述用)
70	12	RF周波数(46ch)	
71	5a		
72	12	RF周波数(47ch)	
73	84		
74	fb	部分受信記述子	部分受信階層で伝送されるサービスのリスト
75	02	記述子長(2バイト)	
76	05	サービスID(=0x05C8)	
77	c8		
78	cd	TS情報記述子	
79	18	記述子長(24バイト)	
80	09	リモートコントロールキーID(=9)	リモート・コントロール・キーID(チャネル番号に反映)
81	2a	TS名長(10)・伝送タイプ数(2)	
82	34	関	
83	58		
84	45	東	
85	6c		
86	25	テ	TS名(=放送局名)
87	46		
88	25	レ	
89	6c		
90	25	ビ	
91	53		

図7-22　NITのデータ構造例

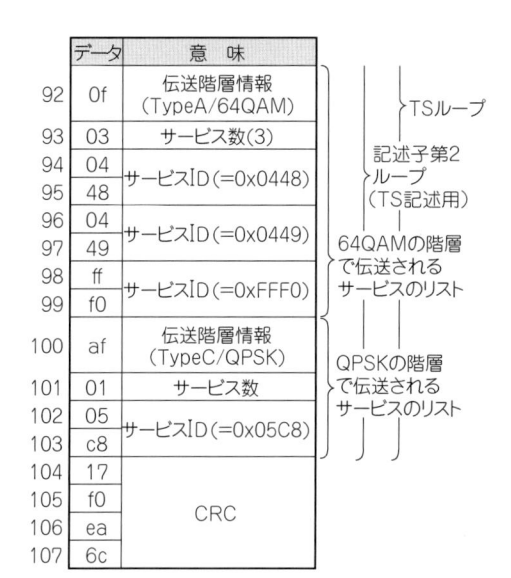

	データ	意 味	
92	0f	伝送階層情報 (TypeA/64QAM)	┐TSループ
93	03	サービス数(3)	記述子第2
94	04	サービスID(=0x0448)	ループ
95	48		(TS記述用)
96	04	サービスID(=0x0449)	64QAMの階層
97	49		で伝送される
98	ff	サービスID(=0xFFF0)	サービスのリスト
99	f0		
100	af	伝送階層情報 (TypeC/QPSK)	QPSKの階層
101	01	サービス数	で伝送される
102	05	サービスID(=0x05C8)	サービスのリスト
103	c8		
104	17	CRC	
105	f0		
106	ea		
107	6c		

この本はオンデマンド印刷技術で印刷しました
本書は，一般書籍最終版を概ねそのまま再現していることから，記載事項や文章に現代とは異なる表現が含まれている場合があります．事情ご賢察のうえ，ご了承くださいますようお願い申し上げます．

- ●本書記載の社名，製品名について ─ 本書に記載されている社名および製品名は，一般に開発メーカーの登録商標または商標です．なお，本文中では™，®，©の各表示を明記していません．
- ●本書掲載記事の利用についてのご注意 ─ 本書掲載記事は著作権法により保護され，また産業財産権が確立されている場合があります．したがって，記事として掲載された技術情報をもとに製品化をするには，著作権者および産業財産権者の許可が必要です．また，掲載された技術情報を利用することにより発生した損害などに関して，CQ出版社および著作権者ならびに産業財産権者は責任を負いかねますのでご了承ください．
- ●本書に関するご質問について ─ 文章，数式などの記述上の不明点についてのご質問は，必ず往復はがきか返信用封筒を同封した封書でお願いいたします．ご質問は著者に回送し直接回答していただきますので，多少時間がかかります．また，本書の記載範囲を越えるご質問には応じられませんので，ご了承ください．
- ●本書の複製等について ─ 本書のコピー，スキャン，デジタル化等の無断複製は著作権法上での例外を除き禁じられています．本書を代行業者等の第三者に依頼してスキャンやデジタル化することは，たとえ個人や家庭内の利用でも認められておりません．

JCOPY 〈出版者著作権管理機構委託出版物〉
本書の全部または一部を無断で複写複製（コピー）することは，著作権法上での例外を除き，禁じられています．
本書からの複製を希望される場合は，出版者著作権管理機構（TEL：03-5244-5088）にご連絡ください．

地デジ受信機のしくみ［オンデマンド版］

2010年 7月15日 初版発行
2011年 1月 1日 第2版発行
2021年12月15日 オンデマンド版発行

© 川口 英／辰巳 博章 2010
（無断転載を禁じます）

著 者 　川 口 　　英
　　　　辰 巳 博 章
発行人 　小 澤 拓 治
発行所 　CQ出版株式会社
〒112-8619　東京都文京区千石4-29-14
電話　編集　03-5395-2123
　　　販売　03-5395-2141

ISBN978-4-7898-5287-6
乱丁・落丁本はご面倒でも小社宛てにお送りください．
送料小社負担にてお取り替えいたします．

本文イラスト　神崎 真理子

印刷・製本　大日本印刷株式会社
編集担当　小澤 拓治
Printed in Japan